普通高等教育"十二五"规划教材

集散控制系统及工业控制网络

主编 刘 美

副主编 康 珏 宁 鹏

中国石化出版社

内 容 提 要

本书主要介绍集散控制系统、现场总线控制系统与紧急停车控制系统等工业控制网络的原理及应用,在介绍工业计算机控制系统基本知识的基础上,以 WebField JX-300XP 系统为对象,系统介绍集散控制系统的硬件、软件体系结构,通过具体工程项目,详细论述现场控制站、操作站、工程师站等设备的硬件、软件组态及具体工业应用等。此外,结合工业应用简要介绍几种其他常用的集散控制系统、现场总线控制系统及紧急停车控制系统。

本书可作为大中专院校和职业技术学院自动化、测控技术与仪器、电气工程及其自动化等专业及企业培训的教材,还适用于石油化工、装备制造、能源、轻工、环保、医药、食品等过程工业领域技术人员、管理人员和操作人员参考。

图书在版编目(CIP)数据

集散控制系统及工业控制网络 / 刘美主编.
—北京:中国石化出版社,2014.6(2023.1 重印)
普通高等教育"十二五"规划教材
ISBN 978-7-5114-2849-3

Ⅰ.①集… Ⅱ.①刘… Ⅲ.①集散控制系统-高等学校-教材
②工业控制计算机-计算机网络-高等学校-教材 Ⅳ.①TP273

中国版本图书馆 CIP 数据核字(2014)第 117607 号

中国石化出版社出版发行

地址:北京市东城区安定门外大街 58 号
邮编:100011 电话:(010)57512500
发行部电话:(010)57512575
http://www.sinopec-press.com
E-mail:press@sinopec.com
北京艾普海德印刷有限公司印刷
全国各地新华书店经销
*
787×1092 毫米 16 开本 15 印张 351 千字
2023 年 1 月第 1 版第 3 次印刷
定价:40.00 元

前　言

本书从工程应用及技术管理型人才的要求出发，较系统全面地介绍了集散控制系统(DCS)与现场总线(FCS)等工业控制系统和网络的原理及应用。书中融会了编者多年教学、科研和生产工作经验，从实际适用角度出发，内容实用、新颖，充分反映该领域的最新进展。本书可作为电子信息、计算机、自动化、通信、测控技术与仪器、电气工程及其自动化等相关专业学习 DCS 与 FCS 等工业控制系统和网络知识的教材，还可作为高职高专、函授、电大等相关专业教材使用，也可作为企业职工培训和科技人员及管理人员的参考书。

本书共九章。第一、二章介绍 DCS 与 FCS 等工业控制系统和网络的基础知识，第三章介绍 JX-300XP 系统的硬件、软件体系结构，现场控制站、操作站、工程师站的组态过程及实时监控的操作方法等，第四至七章结合工业应用简要介绍其他几种常用的 DCS，第八章介绍几种常用的 FCS 及应用，第九章介绍紧急停车控制系统(SIS)原理及应用。各章后附有习题和思考题可供读者参考。

本书由广东石油化工学院刘美担任主编，广东石油化工学院康珏和中国石化茂名分公司宁鹏担任副主编，广东石油化工学院卢均治、黄瑞龙、熊建斌和中国石化茂名分公司张宪举参加编写。刘美、熊建斌编写第一、二章，康珏、宁鹏编写第三、四章，黄瑞龙、熊建斌编写第五、八章，卢均治、张宪举编写第六、七、九章。

在编写过程中，浙大中控信息技术有限公司和中国石化茂名分公司提供了大量资料，给予了大力支持和帮助，广东石油化工学院陈政石和中国石化茂名分公司乙烯厂谭志波对本书进行了审阅，在此表示衷心感谢。

由于作者水平有限，书中错误、不妥之处在所难免，恳请读者批评指正。

编者

目　　录

第1章 绪 论

集散控制系统及工业控制网络技术是当代发展最迅速、应用最广泛、效益最显著的技术密集型与智力密集型技术之一，是推动新的技术革命、走新型工业化道路的关键技术之一。其研究开发及应用水平是工业生产和管理现代化的重要标志。

集散控制系统及工业控制网络是以微处理器为基础，综合了计算机技术、网络通信技术、自动控制技术、冗余及自诊断技术，采用多层分级的结构，适应现代化生产的控制与管理需求的集中分散型计算机控制与网络系统。集散控制系统及工业控制网络具有集中管理、分散控制、现场实时监控、网络通信服务的特点，综合运用控制理论、仪器仪表、电子装备、计算机、网络通信和相关工艺技术，对工业生产过程实现检测、控制、优化、调度、管理和决策，达到增加产量、提高质量、节省能耗、降低消耗、减少污染、确保安全等目的，目前已成为现代工业生产控制和管理的主流，广泛应用于石化、电力、冶金、制造、纺织、食品等行业。

1.1 集散控制系统及工业控制网络的基本概念

集散控制系统(Distributed Control Systems，DCS)是20世纪70年代中期发展起来的以微处理器为基础的集散型计算机控制系统，其主要特点是分散控制和集中管理。分散控制是指生产过程的控制可分散在各种控制装置或现场设备之中，每个控制装置只控制少量的回路。集中管理是指操作人员只需集中在控制室就能操纵和监视整个生产过程；狭义的集散控制系统是指现场仪表采用具有常规模拟仪表(含HART等通信协议)的仪表计算机控制系统；但随着通信技术的发展，集散控制系统的分散控制已从设备或装置级向现场级分散，现场连接的仪表是现场总线智能仪表，分散过程控制装置与现场仪表之间的连接采用现场总线，这样的集散控制系统被称为现场总线控制系统，它是集散控制系统向现场级的分散和延伸。本书将现场总线控制系统和狭义集散控制系统作为集散控制系统的第四代，即广义集散控制系统。随着无线通信技术的发展，集散控制系统将向有线通信和无线通信相结合方向发展。

工业控制网络系统是指将具有数字通信能力的测量控制仪表作为网络节点，采用公开、规范的通信协议，以现场总线作为通信的纽带，把现场控制设备连接成可相互沟通信息，共同完成自动控制任务的网络系统与控制系统。工业控制网络是随着自动控制、计算机、通信、网络等技术的发展，在工业生产适应现代化要求的情况下提出来的，是计算机网络、通信与自动控制技术结合的产物。工业控制网络是在现场总线技术的基础上发展形成的，具有比现场总线更宽更深的技术内涵，是计算机网络理论研究的重要组成部分，代表着自动控制理论与技术发展的重要方向。

1.2 集散控制系统的发展概况

从美国霍尼威尔(Honeywell)公司 1975 年 12 月正式向市场推出世界上第一个集散控制系统 TDC-2000 系统开始,集散控制系统的发展经历了四个阶段。

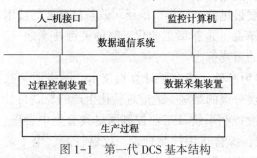

图 1-1 第一代 DCS 基本结构

(1) 第一阶段:1975 年至 1980 年的初创期

这个时期的集散控制系统主要由过程控制装置、数据采集装置、人-机接口、监控计算机和数据通信系统等组成,系统结构如图 1-1 所示。

此时的集散控制系统重点在过程控制装置,实现了人-机接口装置与过程控制装置相分离,使集中显示、操作、远程组态、全系统信息的综合管理与现场控制分离,体现了集中管理和分散控制的集散控制系统的基本特征,且在硬件制造、软件设计上应用了冗余技术。

典型产品有:美国霍尼威尔(Honeywell)公司的 TDC-2000,福克斯波罗(Foxboro)公司的 SPECTRUM,日本横河(YOKOGAWA)电机公司的 CENTUM 及德国西门子(Siemens)公司的 TELEPERM M 等。

(2) 第二阶段:1980 年至 1985 年的成熟期

大规模集成电路技术的迅速发展,16 位、32 位微处理机技术、局部网络技术、高分辨率 CRT 显示技术的采用,使集散控制系统进入了成熟期。成熟期的集散控制系统主要由局部网络、多功能过程控制站、增强型操作站、主计算机、系统管理站和网间连接器等部分组成。系统结构如图 1-2 所示。

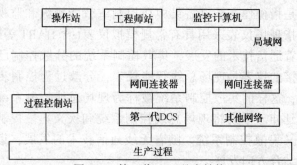

图 1-2 第二代 DCS 基本结构

这个时期的集散控制系统重点是实现全系统信息的综合管理,为此引入先进的局部网络(LAN)技术,使多个计算机互联,扩大了通信范围,便于多机信息资源共享、分散控制和信道复用,实现全系统的管理。但由于各厂家的网络通信协议各不相同,集散控制系统之间的数据通信存在一定困难。这一时期的典型产品有:Honeywell 的 TDC-3000,YOKOGAWA 的 CENTUM A、B、C,Taylor 公司的 MOD-300,Bailey 公司的 NETWORK90,西屋公司的 WDPF,ABB 公司的 MASTER,LEEDS&NORTHROP 公司的 MAX1 等。

(3) 第三阶段:1985 年以后的扩展期

第二代 DCS 存在的问题就是各公司采用的都是专利网络,各网络之间互不兼容,互不相通，这就给使用集散控制系统的企业在使用、系统改造和扩展、全厂的综合管理方面带来许多问题。解决这些问题的最好办法就是采用标准化开放型通信系统。1980 年，国际标准化组织(ISO)提出了开放系统互联参考模型(OSI)的 7 层模型，美国通用汽车公司等大企业制定出了以开放系统互连参考模型为基础的制造自动化协议(MAP)，许多公司推出的新型集散控制系统的特征是局部网络采用 MAP 协议或与 MAP 兼容的协议，这标志着集散控制系统进入到第三代。美国 Foxboro 公司在 1987 年推出的 I/A S 系统为最初的第三代 DCS 产品，紧随其后，各 DCS 的制造厂也纷纷推出了各自的第三代 DCS 产品，例如，Honeywell 公司带有 UCN 网的 TDC-3000；横河公司的带有 SV-NET 网的 CENTUM-XL；LEEDS&NORTHROP 公司的 MAX1000；Bailey 公司的 INFO-90 等。

第三代 DCS 系统的基本组成变化不大，结构的主要变化是局部网络采用 MAP 协议或与 MAP 兼容，或其本身就是实时 MAP 局部网络。其他单元无论是硬件还是软件也有较大改进，从系统的控制功能来看，系统所提供的控制功能已不再是常规控制、逻辑控制与批量控制，而是增加了各种自适应或自整定的控制算法，用户可在对被控制对象的特性了解较少的情况下应用所提供的控制算法，由系统自动搜索或通过一定的运算获得较好的控制器参数。同时，由于第三方应用软件可方便地应用，也为用户提供了更广阔的应用场所。

扩展期的集散控制系统的另一特点是系统的智能向现场延伸，系统中引入了智能变送器(smart transmitters)和现场总线(field bus)技术。智能变送器是在传统的变送器中引入微处理机，使其变为以微处理机为基础的数字设备，具有数字通信能力，通过现场总线与过程控制站或与局部网络节点相连接。现场总线是连接现场智能传感器、智能变送器及智能执行器等现场数字仪表的通信网络。

(4) 第四阶段：新一代集散控制系统

随着对控制和管理要求的不断提高，出现了管控一体化的第四代集散控制系统。新一代集散控制系统在结构上增加了底层的现场控制级，最高层增加了工厂信息网(Intranet)，并可与国际互联网(Internet)联网，第四代 DCS 的体系结构如图 1-3 所示。第四代集散控制系

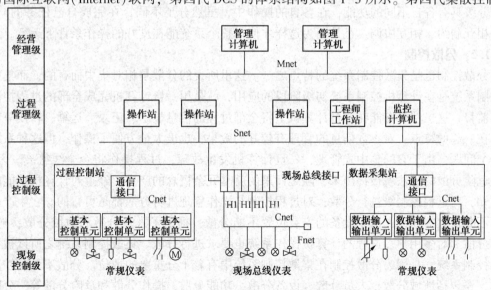

图 1-3　第四代 DCS 的体系结构图

统的典型产品有 Honeywell 公司 TPS 控制系统，横河公司 CENTUM-CS 控制系统，Foxboro 公司 I/A S 50/51 系列控制系统，ABB 公司 Advant 系列 OCS 开放控制系统等。

1.3 集散控制系统及工业控制网络的特点

1.3.1 集散控制系统的特点

集散控制系统之所以能被广泛应用，是因为它具有优良的特性。集散控制系统与模拟电动仪表相比较，具有连接方便、显示方式灵活、显示内容多样、采用软连接方法使控制策略更改容易、数据存储量大等特点；而与计算机集中控制系统比较，它又具有操作监督方便、功能分散、危险分散等优点。

1.3.1.1 分级递阶控制

集散控制系统是一种分级递阶控制系统，它在垂直方向分级，在水平方向分散。即使是最简单的集散控制系统最少也会在垂直方向分为两级，即过程控制级和操作管理级。在水平方向上，各过程控制级相互之间是相互协调的分级，它们在把数据向上传送到操作管理级的同时，还会接收操作管理级下达的指令，数据在各个水平分散的设备间相互进行着交换。

随着集散控制系统规模的扩大，系统垂直分级和水平分散范围也会不断增加。像 ERP、MES 等就是在垂直方向向上扩展的集散控制系统，而类似 FCS 这种系统则是一种在垂直方向向下扩展的集散控制系统。

不同分级具有各自不同的分工范围，这是分级递阶系统的优点之一，而同级设备相互之间的操作由上一级协调。集散控制系统中，通过分散过程控制级进行采集生产过程的各种数据信息，把它们转换为数字量后，对其进行运算以获得数据输出量，经转换后送往执行机构。在操作管理级，操作人员在接受到生产过程的数据后，会对各种生产过程进行判断和分析，选择合适的操作方案，并将得出的结果传送至分散过程控制级。在集散控制系统中，不同的分级具有各自不同的功能，在各自的操作中，虽然分工不同，在完成自己任务的同时，也会相互制约、相互协调，正是因为这样才使得整个系统能在良好的操作条件下运行。

1.3.1.2 分散控制

分散控制也是集散控制系统的特点之一。这里所说的分散是相对集中而言的，而集中式的控制系统是在计算机控制系统初级阶段的应用，就是用一台计算机完成全部的过程控制和操作监督；这虽然具有能在一台计算机上将全部过程的信息显示、记录、运算、转换等功能结合在一起的特点，对参数信息的管理有较好的效果，也极大地方便了操作，但这种系统存在安全问题，由于它的集中式管理，一旦计算机发生故障，过程操作将会全线瘫痪。因此，有关危险分散的想法就被提出来，随之而来的就是冗余概念的产生。经过对计算机功能的分析可知，对过程控制级进行分散，对过程控制与操作管理进行分散都是可行的。在生产过程规模不断扩大的今天，由于设备的安装位置不断分散，提出了人员分散和地域分散；随之，操作分散和对多用户多进程的计算机操作系统也要求进行分散。集散控制系统之所以被称为分散控制系统，是因为分散控制在集散控制系统中有着十分重要的地位。分散不仅是控制的分散，还包括地域分散、人员分散、设备分散、功能分散、操作分散和危险分散等，分散的主要目的是使危险分散的同时，提高设备的可利用率。

经过比较和分析，人们开始意识到分散控制系统是弥补集中式计算机控制系统不足的良好方法之一。人们通过不断的实践，逐渐完善分散控制系统的性能，使得它成为过程控制控制领域的主流。

1.3.1.3 信息管理与集成

集散控制系统有利于生产过程数据的管理和信息的集成。长久以来，生产过程的数据只是被用在对生产过程的控制当中，很多的信息被忽略、搁置，没有发挥其应有的作用，如对设备的故障预测和诊断等。从系统运行的角度出发，信息集成能够保证系统中每个部分，在运行的每个阶段，都可以将正确的信息，在适合的时间、地点，以正确的方式传送给需要这些信息的操作人员。

信息集成表现于通过集散控制系统将单一的生产过程控制信息的集成发展为信息集成化和网络化，并实现管控一体化；不同的计算机系统、不同的集散控制系统可以集成在一个系统中，这样使得它们可以实现信息的共享；不同设备之间的互连和互操作，使得系统内的各种各样的信息包括从原料和产品之间的各种过程信息和管理信息，相互间通过无缝集成，从而实现了企业资源的共享。信息集成也体现出了集散控制系统正在从单一的控制系统向开放的网络系统迅速发展的趋势，人们可以通过因特网、工业控制网络等，实现对生产过程的访问、管理调度，甚至对生产过程进行操纵。

1.3.1.4 自治和协调

分散过程控制装置是集散控制系统中的一个自治系统，它具有数据采集、信号处理、计算以及数据输出等功能。操作管理装置和通信系统都是一个自治系统，操作管理装置具有完成数据显示、操纵信号、操作监视和发送等功能。通信系统完成分散过程控制装置与操作管理装置之间的数据通信。

集散控制系统还是一个相互协调的系统，虽然它的各个组成部分是自治的，但是任何一个组成部分出现故障都会对其他部分造成影响。比如，当操作管理装置出现故障，将会使操作人员无法知道过程的运行情况，无法获得生产数据，进行过程控制装置的故障分析；通信系统出现故障，会使数据传送出错。不同部件的故障对整个系统造成的影响大小是不一样的，因此，在集散控制系统的选型和系统配置时，应该着重考虑重要部位，采用设置可靠性较高的部件和冗余措施。

1.3.1.5 开放系统

集散控制系统是开放系统。开放系统是一种以规范化与实际存在的接口标准作为依据而建立的计算机系统、网络系统以及相关的通信系统。这些标准能够为各种应用系统的标准平台提供系统的互操作性、软件的可移植性、信息资源管理的灵活性以及更大的用户可选择性。集散控制系统的开放性具体表现在以下方面：

① 移植性（Portability）是第三方应用软件具有可以在系统所提供的平台上运行的能力。从系统应用的角度看，它是系统易操作性的体现，从系统安全性来看，存在安全性问题。所以，设置可移植标准，有必要规范第三方软件的功能和有关的接口标准，保护用户的数据、程序、人员等已有资源，减少人员培训和应用开发、维护的费用。

② 操作性（Interoperability）指的是不同的计算机系统与通信网能互相连接在一起，它们可以在相互之间正确并有效地进行数据的互通，并且可以在数据互通的基础上协同工作，互相共享资源，以便完成应用的功能。互操作性使网络上的各个节点，能够通过网络而获得其

他节点的数据、资源和相应的处理能力。现场总线控制系统中，可以不必考虑该产品是否是原制造商的产品，因为符合标准的各种检测、变送和执行机构的产品能够进行互换和互操作。

③ 适宜性(Scalability) 是开放系统对系统的适应能力。也就是说系统对计算机的运行环境的要求越来越宽松，人们都知道某些较低级别的系统中能够运行的应用软件也能够在高级别的系统中运行。反之，较为困难，但就是因为集散控制系统的可适宜性使得高级别系统中的应用软件在低级别的系统中运行变成可能。

④ 可用性(Availability) 表示对用户友好的程度。也就是说，系统的技术能力可以有效并容易地被特定的用户使用，经过特殊的培训和用户支持，用户会拥有在特定的环境下，完成一定范围的任务的能力。由于系统是采用标准的通信协议、开放的，所以用户选择产品的灵活性增强。

为了实现系统的开放，需要对通信系统提出较高的要求，即使用统一的通信协议，如TCP/IP 协议簇、IEEE802 通信协议、基金会现场总线通信协议等。

1.3.2　工业控制网络的特点

工业控制网络是在现场总线技术的基础上发展的，通过它的运作可以把现场的设备相互之间的信息进行自由的交流，因此能够完成控制系统的任务，并且完成速度更快。工业控制网络具有可以与实现各地遵守相同标准的其他不同设备相互连接的良好开放性，以及拥有实现互连设备间、系统间的信息传递沟通和交互的操作特性。

另一方面，工业控制网络还具有通信实时性，可以提供相互对应的实时通信功能，具有良好的时间管理机制。由于工业控制网络能够使用同轴电缆、光纤、电力线和红外线等多种传输介质，因此，工业控制网络可以适应各种不同的现场环境。与普通的计算机网络系统相比，工业控制网络具有以下的特点：

① 可靠性和安全性高；
② 具有实时性和时间确定性；
③ 信息多为短帧结构，且交换频繁；
④ 网络协议简单实用；
⑤ 网络结构具有分散性；
⑥ 易于实现与信息网络的集成。

1.4　集散控制系统及工业控制网络的发展趋势

1.4.1 信息化和扁平化

在集散控制系统中，大量过程数据以字母、数字、字符串等形式表示，并传送和存储。因信息不随承载它的物理媒体的变化而变化，采用不同承载媒体，数据表示形式可以不同，因此，为了对生产过程的大量数据进行处理，应采用与其承载媒体无关的信息。

信息系统就是这样的系统，它的输入是数据，输出是经加工处理后的信息；信息系统通常由数据输入、数据传送、数据处理、数据存储和信息输出等部分组成。

随着对信息系统研究的深入，集散控制系统在垂直方向上向上扩展组成信息系统，包括企业资源计划(Enterprise Resource Planning，ERP)、制造执行系统(Manufacturing Execution System，MES)等。

(1) 充分利用底层数据

随着集散控制系统垂直方向的扩展，大量底层数据被用于设备管理，实现预见性维修；被用于故障分析，实现故障前预警等。管理人员对底层数据的重要性越来越关注，如何从大量的底层数据中进行数据挖掘，提取有效信息，是提高企业管理水平的重要方面，它已经在企业管理中发挥重要的指导作用。

(2) 企业信息化层次模型

基于 ISA SP88 的 ISA SP95 标准规定了企业信息化层次模型，ISA SP95 标准把企业信息集成为五层，其中，第一、二层是过程控制层，它们的对象是设备，第三、四层是制造执行系统 MES，MES 提供实现从接受订货到制成最终产品的全过程的生产活动优化信息。

MES 是面向车间层的生产管理技术与实时信息系统，它是实施企业制造战略，实现车间生产敏捷化的基本技术手段。MES 强调控制和协调，使现代制造业信息系统成为不仅有良好的计划系统，而且是能使计划落实到实处的执行系统。通常要求 MES 能精确地进行易于管理的批量记录，证明产品符合法规。

第五层是企业资源计划 ERP。该层主要包括财务管理、生产控制(包括长期生产计划，制造)、物流管理(包括采购、库存管理、市场和销售)和人力资源管理等基本功能模块，通常它们与产品不直接相关。

ERP 是企业资源管理平台，其重点是企业的资源，其核心思想是财务 ERP，最终为企业决策层提供企业财务状况，用于企业决策。MES 是制造管理系统，其管理对象是生产车间，其核心是信息集成，它为经营计划管理层与底层控制之间构建起桥梁。

自动化集成体系架构从原来的五层模型向三层模型演变，实现了体系结构的扁平化。图1-4所示为自动化集成体系的五层结构和三层结构。

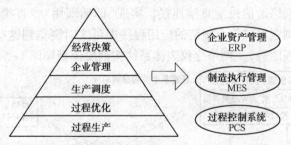

图 1-4　自动化集成体系结构的五层模型和
三层(ERP/MES/PCS)模型

当企业规模扩大时，过去有效的方法是增加管理层次，而现今则是增加管理幅度。当管理层次减少而管理幅度增加时，金字塔状的组织形式就被"压缩"成扁平状。

1.4.2　网络化

以 Internet 为代表的计算机网络迅速发展，相关应用技术日渐完善，从而突破传统通信方式的时空限制和地域障碍，使更大范围内的通信变得容易。Internet 拥有的硬件和软件资源正在越来越多的领域得到应用。

基于 Web 的企业信息网络 Intranet 是目前企业内部信息网的主流。应用 Internet 的开放互联通信标准,使 Intranet 成为基于 TCP/IP 协议的开放系统,它能方便地与外界连接,尤其是与 Internet 连接。

(1) 工业以太网

传统以太网为办公自动化等实时性要求不高的领域设计,它采用总线式拓扑结构和多路存取载波侦听冲突检测(CSMA/CD)通信方式。对实时性要求较高的工业控制应用,重要数据的传输过程会造成传输延滞,传输延滞在 2~30ms 之间,这是以太网的“时间不确定性”,也是影响以太网长期无法进入过程控制领域的重要原因之一。

以太网技术得到发展,从工厂和企业信息管理层的应用向底层渗透,应用于工厂控制级的通信。以太网的发展使以太网用于工业控制和管理成为可能。工业以太网展示出“一网到底”的工业控制网络化前景,即以太网正从企业管理层一直延伸到企业现场总线控制层,并被工业界认为是未来工业控制网络的最佳解决方案。

(2) 仪表网络化

仪表网络化是实现工业控制网络的关键。网络化仪表除具有常规仪表各种功能外,还带有通信功能,可以通过通信线路直接实现与计算机联网通信,它是自动化仪表新的发展方向。仪表网络化系统不受时间和地域限制,安装简单方便,数据传输稳定可靠。

一般的智能仪表都具有双向通信功能,但这种双向通信功能离真正意义上的网络通信还有一定距离。网络化仪表,例如现场总线智能仪表,是适合在远程测控中使用的仪表,是仪器测控技术、计算机技术、网络通信技术与微电子技术深度融合的结果。

网络化设备既可像普通智能仪表那样按设定程序进行自动测量、控制、存储、显示测量结果和控制状态,同时应具有重要的网络应用特征,经授权的仪器使用者,可通过 Internet 远程对仪表进行功能操作,获取测量结果,并对仪器实时监控、设置参数和故障诊断,也能在 Internet 上动态发布信息。它与计算机一样,成为控制网络中的独立节点,因此,网络化仪表能够很方便地与网络通信线缆直接连接,实现“即插即用”,直接将现场过程数据采集传送上网;用户通过浏览器或符合规范的应用程序即可实时浏览到这些信息(包括处理后的数据、仪器仪表的面板图等)。网络化仪表体系结构抽象模型如图 1-5 所示。

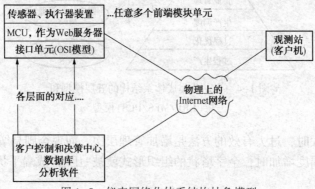

图 1-5 仪表网络化体系结构抽象模型

(3) 现场总线和无线连接

1) 现场总线

当控制系统分散到现场级时，就构成现场总线控制系统。狭义集散控制系统的现场仪表设备采用常规模拟仪表设备，因此，各现场模拟仪表设备与分散过程控制装置之间需要有信号线连接，进行信号传送。随着模拟仪表设备的增加，连接线缆数量也相应增加。而在现场总线控制系统中，现场仪表设备与控制器之间通过现场总线连接实现数据通信，现场设备与控制器之间的连接电缆数量会大大减少，并使危险分散到现场级。需要注意的是，模拟仪表设备与分散过程控制装置之间电缆传送的信号是模拟信号，即标准的 4~20mA 电流信号(含HART 信号)等。而现场总线仪表设备与控制器之间线缆传送的信号是数字信号，即现场总线通信信号(含总线供电)。

现场总线的技术基础是一种全数字化、双向、多站的通信系统，是应用于各种计算机控制领域的工业总线。现场总线控制技术已经被广泛应用于汽车、造纸、纺织、烟草、机械、石油化工、电力、楼宇自控等各个控制领域，由于其巨大的技术优势，已经成为工业控制领域的发展趋势。

2) 无线连接

现场总线控制系统仍需要有线缆连接现场总线仪表设备，为此，需开发和研制无线连接的现场无线仪表设备，它将现场总线电缆减少到最少，成本降至最低。此外，现场无线仪表设备与控制器之间用无线通信方式实现数据交换，提高了传输速率。

通信行业在提高吞吐率和降低成本方面的努力和产品可靠性的提高，使无线通信产品有了更广阔的市场。随着无线设备和基础设施成本的降低，安装无线仪表设备的成本比安装有线通信的基础设施低很多。

目前无线通信技术领域中，无线技术，即 2.5G、3G 乃至将来的 4G 技术，固定无线接入技术，包括城域网、局域网等，集群通信技术，覆盖范围、频谱利用率、抗无线通信的信道衰落等，已经成为无线通信的热点，并正在快速发展。

(4) 功能安全

2000 年 2 月，国际电工委员会(IEC)发布功能安全基础标准 IEC61508，该标准解决了困扰多年的对复杂安全系统功能安全保障的理论与实践问题。IEC61508 标准实现了安全技术和管理理论的突破，它首次提出安全完整性等级(Safety Integrity Level，SIL)。功能安全正成为国内外自动化及安全控制领域中一个快速发展的技术热点。目前在国际上，IEC61508已成为用户的一种必需。

安全功能是对某个具体潜在危险事件的保护措施。功能安全是指安全相关系统在出现危险条件下能够正确执行其安全功能。通常，采用安全完整性等级 SIL 来评估安全仪表系统(Safety Instrument System，SIS)的安全等级。安全仪表系统 SIS 指传感器、逻辑控制器和最终执行元件等按照一定的安全完整性等级，能够实现一个或多个安全仪表功能(Safety Instrumented Function，SIF)的系统。通常，安全仪表系统独立于过程控制系统，独立完成安全保护功能。一些集散控制系统制造商推出经认证的可伸缩智能安全仪表系统。由于安全和过程控制应用在同一系统环境下，甚至在同一控制器中执行，因此，一些制造商还提供各种应用之间安全、实时的交互操作，去除在系统工程阶段和操作应用时必须面对两套系统(过程控制系统和安全保护系统)的麻烦和由此带来整个生命周期内的额外费用。集散控制系统与安全仪表系统的集成，使应用项目的工程、培训、操作、维护及备品备件等费用下降，实现系统优化。

安全保护系统和过程控制系统被集成在同一环境下时，集散控制系统的自我诊断能力和经过认证的防火墙机制，可完全消除系统安全回路和过程控制回路相互影响产生的故障。

（5）标准化

标准化工作正在进行，编程语言的标准化工作已经取得成果。IEC61131-3 可编程控制器编程语言标准的制订为集散控制系统的编程提供了基础。IEC61499 标准更进一步完善了编程语言标准，可采用标准功能模块解决很复杂的控制问题。IEC61804 标准在集散控制系统的控制组态等方面提出了有效的解决方案。

在人机界面系统软件的标准化方面，也有了一定的进展。标准化图形库、标准化图形符号、标准化数据库和标准化组态操作等规范的提出，为人机界面设计创造了条件。

除了软件标准外，在硬件标准化方面也取得成效。例如，采用标准化集成芯片、标准化电路设计和优化设计方法、标准化机柜等。

1.5 PLC、DCS、FCS 控制系统比较

目前，在工业过程控制中，有三大主流控制系统，它们是 DCS、PLC 和 FCS。它们在自动化技术发展的过程中扮演了非常重要的角色，从目前来看，虽然 FCS 是现在和未来的重要发展方向，但由于受到一些主观和客观因素的制约，它现在还不能完全取代其他控制系统。

1.5.1 三大控制系统的基本要点

（1）DCS 控制系统

集散控制系统是集 4C(Communication、Computer、Control、CRT)技术于一身的工业计算机控制系统。它主要用于大规模的连续过程控制系统中，如石化、电力等。其核心是通信，即数据公路，其基本要点是：

① 基于从上到下的树状系统，其中通信是关键；

② PID 在控制站中，控制站连接计算机与现场仪表、控制装置等设备；

③ 整个系统为树状拓扑和并行连接的结构，从控制站到现场设备之间存在大量的信号电缆；

④ 信号系统的组成包括开关信号和模拟信号；

⑤ 从设备信号到 I/O 端子板是一对一的物理连接，再通过控制站挂接到局域网(LAN)；

⑥ 可以做成完善的冗余系统；

⑦ DCS 是一个集现场仪表(现场测控站)、控制、操作(操作员站或工程师站)于一身的 3 级结构。

（2）PLC 控制系统

最初的 PLC 是为了取代传统的继电器接触器控制系统而开发的，所以它适合在以开关量为主的系统中使用。计算机技术和通信技术的飞速发展，是对大型的 PLC 功能极大的增强，以至于它后来逐步完成 DCS 的功能。另外加上 PLC 自身在价格上的优势，所以在许多过程控制系统中 PLC 也得到了广泛的应用。由大型 PLC 构成的过程控制系统的要点是：

① 从上到下的结构，PLC 既可以作为独立的 DCS，也可作为 DCS 子系统；

② PID 放在控制站中，可以实现连续 PID 控制等各种功能；

③ 可用一台 PLC 为主站，多台同类型的 PLC 为从站；也可以用多台 PLC 为主站，多台同类型 PLC 为从站，构成 PLC 网络。

（3）FCS 控制系统

FCS 控制系统的核心是总线协议，基础是数字智能现场设备，本质是信息处理现场化，其要点是：

① 它可以在本质安全、危险区域和生产过程等过程控制系统中使用，也可以用于机械制造业、楼宇控制系统中，是一种应用范围非常广泛的控制系统；

② 现场设备具有高度智能化，提供数字安全信号的特点；

③ 所有现场设备挂接到一条总线上；

④ 系统通信是互联的、双向的、开放的，系统是多变量的、多节点的、串行的数字系统；

⑤ 实现控制功能彻底分散。

1.5.2 FCS 与 DCS 的区别

FCS 兼备了 DCS 与 PLC 的特点，而且跨出了革命性的一步。目前，新型的 DCS 与新型的 PLC 之间进行了取长补短、交叉与融合，例如，DCS 的顺控制功能已非常强，而 PLC 的闭环控制能力也不差，并且两者都能做成大型网络。将 DCS 和 FCS 进行对比如下：

① FCS 是全开放的系统，其技术标准也是开放的；FCS 的现场设备之间具有互操作性，装置能相互兼容，用户可以选择不同的厂商、不同的品牌产品，以达到最佳的系统集成；而 DCS 系统是封闭的，各个厂家的产品不能兼容。

② FCS 实现了全数字化的信号传输，其通信可以从最底层的传感器和执行器到最高层，从而为企业的 MES 和 ERP 提供强有力的支持，更重要的是它还可以对现场装置进行远程诊断、维护和组态；DCS 的通信受到很大的限制，即使它也可以连接到因特网，但它连不到底层，所以它能够提供的信息量也是有限的，它不能对现场设备进行远程操作。

③ FCS 是全分散式的结构，它废弃了 DCS 的 I/O 单元控制和控制站，把控制功能下放到现场设备，实现了彻底的分散，使系统维护变得非常容易；DCS 的分散只是到控制器一级，它强调控制器的功能，数据公路更是关键，其系统不容易进行扩展。

④ FCS 全数字化的控制系统精度高，允许误差可以达到±0.1%；而 DCS 的信号是二进制或模拟式，必须有 A/D、D/A 的环节，所以其允许误差只能达到±0.5%。

⑤ FCS 可以将 PID 闭环测试应用到现场的变送器或执行器中，从而缩短了采样和控制的周期，目前可以从 DCS 的每秒 2~5 次，提高到每秒 10~20 次，从而改善了调节性能。

⑥ 由于 FCS 省去大量硬件设备、电缆和电缆安装辅助设备，节约了大量的安装、调试和维护费用，所以它的造价要低于 DCS。

1.5.3 PLC、DCS 和 FCS 之间的融合

对于这三种控制系统，每一种都有它的长处和特色，当一种新技术出现后，在一定的时期之内，它们之间相互融合的程度会远超过它们之间的相互排斥程度。对于三大控制系统也是这样，比如 PLC 在 FCS 中仍然是主要角色，许多 PLC 都配置上了总线和接口，使得 PLC

不仅是 FCS 主站的主要选择对象，也是从站的主要装置。当然 DCS 也不甘落后，现在的 DCS 可以把现场总线技术包容进来，从而对过去的 DCS 控制站进行了彻底的改造。现在，第四代的 DCS 既保持了其可靠性高、高端信息处理能力强的特点，也使得底层真正实现了分散控制。关于 PLC、DCS 和 FCS 之间的融合，目前，在中小型项目中使用其单一的系统，但在大型的工程项目中，使用的多半是 DCS、PLC 和 FCS 的混合系统。

习题及思考题

1. 集散控制系统有什么优点？为什么集散控制系统要分散控制集中管理？
2. 集散控制系统为什么是开放系统？
3. 现场总线控制系统与集散控制系统如何实现分散控制、集中管理？
4. 目前，无线连接是否能够替代现场总线？还存在什么问题？
5. DCS、PLC 和 FCS 三大控制系统的基本要点和区别？

第2章　集散控制系统及工业控制网络的基础知识

2.1　集散控制系统及工业控制网络的构成方式

2.1.1　集散控制系统的构成方式

集散控制系统在体系结构上可分为四级，自下而上分别是：现场控制级、过程控制级、过程操作管理级及全厂优化和经营管理级，各级的特点和功能见表2-1。

表2-1　集散控制系统各级特点和功能

名称	现场控制级	过程控制级	过程操作管理级	全厂优化经营管理级
特点	① 多信息系统 ② 双向的多变量通信 ③ 更高的精确度和可靠性 ④ 系统自诊断、自校正功能更强 ⑤ 维护、校验更方便 ⑥ 互操作性 ⑦ 多端存取 ⑧ 成本和安装费用低	① 高可靠性 ② 实时性 ③ 控制功能强 ④ 通信速度高，信息量大 ⑤ 集散控制系统的关键部分，性能好坏极大地影响信息的实时性、控制质量的好坏和管理决策的正确性	① 人机交互界面，其质量与操作效果有直接关系 ② 采用屏幕显示过程流程和过程数据，及有关的操作按键等 ③ 操作应方便、简捷 ④ 存储数据量大，显示信息量大 ⑤ 报警和故障诊断处理 ⑥ 数据通信	① 包含制造执行系统 MES 和企业资产计划系统 ERP 的主要或部分内容 ② 实现整个工厂层的互操作 ③ 实现与各业务经营管理软件的全开放 ④ 支持资产的绩效管理 ⑤ 提供统一的涵盖全厂各控制专业的工程环境
功能	① 实时采集过程数据，将数据转换为现场总线数字信号 ② 输出过程操纵命令，实现对过程的操纵和控制 ③ 进行直接数字控制，例如实现单回路控制、串级控制等 ④ 完成与过程装置控制级的数据通信 ⑤ 对现场控制级设备进行监测和诊断	① 实时采集过程数据，进行数据转换和处理 ② 数据的监视和存储 ③ 实施连续、离散、批量、顺序和混合控制的运算，并输出控制作用 ④ 数据和设备的自诊断，数据通信	① 数据显示和记录 ② 过程操作(含组态操作、维护操作) ③ 数据存储和压缩归档 ④ 系统组态、维护和优化运算 ⑤ 数据通信 ⑥ 报表打印和操作画面硬拷贝	① 优化控制：从局部优化到全局优化 ② 协调和调度各车间生产计划和各有关部门的关系 ③ 主要数据显示、存储和打印 ④ 数据通信

集散控制系统从整体结构来看，由分散过程控制装置、集中操作和管理系统、通信系统三大基本部分组成。分散过程控制装置由多回路控制器、单回路控制器、多功能控制器、可编程逻辑控制器和数据采集装置等组成，实现的功能相当于现场控制级和过程控制装置级。操作站、工程师站、服务器、管理机和外部设备，例如打印机、数据存储装置等组成集中操作和管理系统，过程操作管理级、全厂优化和经营管理级归属操作与管理系统部分，可以实现人机的信息交互。

集散控制系统的通信系统与集散控制系统的四级体系结构（见图 1-3）相对应，其计算机网络分别为：现场网络（Field Network，Fnet）、控制网络（Control Network，Cnet）、监控网络（Supervision Network，Snet）和管理网络（Management Network，Mnet），它们是实现集散控制系统各级之间数据通信的连接纽带，可以实现各级之间的数据通信。根据系统的不同，通信系统的拓扑结构和通信方式也可不同。各级网络的功能和特征见表 2-2。

表 2-2　集散控制系统各网络的功能和特征

名称	现场网络	过程控制网络	监控网络	管理网络
功能	完成现场设备的数据通信，实现网络数据库共享	是集散控制系统与生产过程的接口，负责各操作站与过程的信息传输，主要传送的信息包括过程的实时数据、组态、诊断等现场控制的信息	人机界面，集中各分散过程控制装置的信息，通过监视和操作，把操作命令下达各分散过程控制装置	用于工厂级的信息传送和管理以及大容量文件的高速传输，资源信息的共享，并可将本地控制系统接入企业 Intranet
特征	① 需适应恶劣的工业生产过程环境 ② 真正的分散控制，监视和控制分离 ③ 开放性和互操作性， ④ 独立性和可靠性的要求相对较高	① 与现场设备连接 ② 实时性强 ③ 良好的安全性和冗余化措施	① 信息量大 ② 易操作性，应具有良好的操作性 ③ 容错性好，良好的人机界面	① 可冗余的高可靠性系统 ② 丰富的功能软件包 ③ 优良、高性能、方便的人机接口 ④ 大量数据的高速处理与存储

2.1.2　工业控制网络的构成方式

集散控制系统向现场级分散构成了现场总线控制系统。所以，它的构成要素与集散控制系统类似，即它是递阶控制系统、分散控制系统，具有冗余化结构。在过程自动化和制造自动化中，现场总线用来实现智能化现场设备与高层设备之间互连、全数字、串行、双向传输、多分支结构的通信系统。

现场总线是应用于现场智能设备之间的一种广泛应用于制造工业自动控制和过程工业自动控制领域的通信总线。按现场应用的不同要求和规模，现场总线可分为执行器传感器现场总线、设备现场总线和全服务现场总线。根据国际电工委员会 IEC/SC65C 的定义，安装在制造或过程区域的现场装置与控制室内的自动控制装置之间的数字式、串行和多点通信的数据总线称为现场总线。

（1）执行器传感器现场总线（Actuator Sensor Bus）

执行器传感器现场总线是用于现场设备的底层现场总线。其结构简单，成本低，数据信息短，需快速和有预知的响应时间，适用于简单的开关装置和输入输出位的这类通信，数据宽度仅限于"位"。它具有简化现场接线、不支持本安回路、不支持总线供电、传输距离在500m以下等特点。典型的执行器传感器现场总线有Seriplex总线、AS-i总线。连接到执行器传感器现场总线的设备主要是接近开关、液位开关、开关式控制阀、电磁阀、电动机和其他两位式操作的设备。

（2）设备现场总线（Device Bus）

设备现场总线是中间层的现场总线，其特点是成本适中，数据信息包括离散量和模拟量，要求有快速通信和预知的响应时间，它支持总线供电，不支持本安回路，可采用双绞线作为通信媒体，适用于以字节为单位的设备和装置的通信，例如，用于分析器、编码器、流程参数传感器、电机启动器、接触器、电磁阀等的信息传输。典型的设备现场总线有Interbus-S总线、DeviceNet总线、Profibus DP总线、ControlNet总线、SDS总线和CAN总线等。

（3）全服务现场总线（Field Bus）

全服务现场总线即数据流现场总线，它是最高层的现场总线。其特点是开放性、互操作性及分散控制等。它的通信数据信息长，最大传输距离根据采用通信媒体的不同而变化。传输时间较长，传输数据类型较多。该总线以报文通信为主，包括一些复杂的对过程控制装置的操作和控制等功能。这类总线有基金会现场总线（FF）、Profibus-PA总线、World-FIP现场总线、HART总线和LON总线等。其中，HART总线是过渡性的现场总线。三类典型现场总线的性能比较如表2-3所示。

表2-3 三类典型现场总线的性能比较

名称	报文长度	传输距离	数据传输速率	信号类型	设备费用	组件费用	本质安全性能	功能性	设备能源	优化	诊断
传感器现场总线	<1字节	短	快	离散	低	非常低	没有	弱	多种	无	无
设备现场总线	256字节	短	中到快	离散和模拟	低到中	低	没有	中	无	无	最小
全服务现场总线	256字节	长	中到快	离散和模拟	低到中	中	有	强	多种	有	广泛

现场总线类型根据应用场合的不同来选择。用于过程控制的现场总线主要有HART、基金会现场总线、Profibus、CAS等。用于汽车工业的现场总线主要有CAN、DeviceNet和AS-i等。用于楼宇自动化的现场总线主要有LON、BACnet等。用于机械工业自动化的现场总线有DeviceNet、Modbus、ControlNet、Profibus DP、CAN等。

2.2 集散控制系统及工业控制网络的组态软件

任何的集散网络系统都包括硬件系统和软件系统两部分。集散控制系统与工业控制网络系统的软件系统包括系统软件和应用软件。其中，集散控制系统采用分布结构，包括系统软件、应用软件、通信管理软件、组态生成软件及诊断软件等；工业控制网络的组态软件以太控制网络高级应用协议为 DCOM 或 CORBA 的网络操作系统（NTOS）为 Linux、Unix 和 Windows，底层协议为 IEEE802.3。

2.2.1　集散控制系统常用组态软件

2.2.1.1　组态基本概念

组态（Configuration）是在实现工业生产过程控制时，集散控制系统需要根据设计的要求，事先将硬件设备和各种软件功能模块组织起来，以使系统按特定的状态运行。即用集散控制系统所提供的功能模块、组态编辑软件以及组态语言，组成所需的系统结构和操作画面，完成所需功能的过程。集散控制系统一般的组态包括画面组态、系统组态和控制组态。

随着电子设备的迅速发展，集散控制系统的硬件除采用标准工业 PC 外，同时采用各种成熟通用的 I/O 接口设备、各类智能仪表、现场设备以及工业控制网络的组态等；集散控制系统的软件方面直接采用现有的一些成熟的组态软件，实现系统设计，既缩短了软件开发的周期，又充分应用组态软件所提供的多种通用工具模块，可以完成复杂工程所需求的功能，设计者将更多精力集中在控制算法、控制策略和提高控制质量等核心问题上；设计者可以从用户操作方便、生产容易组织以及容易管理的角度，设计和实现用组态软件开发的系统具有与 Windows 人机友好交互的界面。

2.2.1.2　集散控制系统常用的组态软件

（1）FIX 系列

20 世纪 80、90 年代，Intellution 公司开发了一系列组态软件，包括 DOS 版、16 位 Windows 版、32 位 Windows 版、OS/2 版和其他一些版本。这些组态软件功能较强，但实时性较差。Intellution 公司推出最新 iFIX 模式的组态软件体系结构，这种软件体系结构架构新颖，功能较完善，但系统庞大，资源耗费非常严重。

（2）InTouch

20 世纪 90 年代末，美国 Wonderware 公司推出 16 位 Windows 环境下的组态软件，这种组态软件使用方便、图形功能比较丰富，I/O 硬件驱动丰富，工作稳定。特别是，32 位 7.0版本以上，增加网络、数据库管理方面，并实现实时关系数据库。

（3）WinCC

WinCC 是由德国西门子公司开发的组态软件，这种组态软件较先进，使用方便、容易学习，但是，在数据管理和网络结构方面比 InTouch 和 iFIX 差，兼容性较差，若用户选择其他公司的硬件，则需开发相应的 I/O 驱动程序。

（4）组态王

该软件以 Windows 98/Windows NT4.0 中文操作系统为平台，充分利用了 Window 图形功能的特点，用户界面友好，易学易用。该软件是由北京亚控公司开发、国内出现较早的组态软件。

（5）MCGS

北京昆仑通态公司开发的 MCGS 组态软件设计思想比较独特，有很多特殊的概念和使用方式，有较大的市场占有率。在网络方面有独到之处，但效率和稳定性还有待提高。

（6）ForecControl（力控）

大庆三维公司的 ForecControl 也是国内较早出现的组态软件之一，在结构体系上具有明显的先进性，最大的特征之一就是其基于真正意义的分布式实时数据库的三层结构，且实时数据库为可组态的"活结构"。

（7）SCKey

浙大中控技术有限公司开发、用于为 JX-300X DCS 进行组态的基本组态软件 SCKey，采用简明的下拉菜单和弹出式对话框，以及分类的树状结构管理组态信息，用户界面友好，易学易用。

2.2.1.3 组态输入法

组态信息的输入因各制造商的产品不同而变化，但归纳起来，组态信息的输入方法有两种。

（1）功能表格或功能图法

功能表格是由制造商提供的用于组态的表格，早期常采用与机器码或助记符相类似的方法，而现在则采用菜单式，逐行填入相应参数。功能图主要用于表示连接关系，模块内的各种参数则通过填表建立数据库等方法输入。

（2）编制程序法

采用厂商提供的编程语言允许采用高级语言，编制程序输入组态信息。在顺序逻辑控制组态或辅助控制系统组态时常采用编制程序法。

2.2.1.4 组态软件特点

尽管各种组态软件的具体功能各不相同，但它们还是具有以下的共同特点。

（1）实时多任务

在实际工程控制中，同一台计算机往往需要同时进行实时数据的采集、处理、存储、检索、管理、输出、算法的调用，实现图形和图标的显示，完成本级输出、实时通信等多个任务。这是组态软件的一个重要特点。

（2）接口开放

组态软件将大量的"标准化技术"应用在实际中，用户可以根据自己需要进行二次开发，例如使用 VB、C++ 等编程工具自行编制所需的设备构建，装入设备工具箱，不断充实设备工具箱。

（3）强大数据库

配有实时数据库，可存储各种数据，完成与外围设备的数据交换。

（4）扩展性强

用户在不改变原有系统的前提下，具有向系统内增加新功能的能力。

（5）较高的可靠性和安全性

由于组态软件需要在工业线程使用，因而可靠性是必须保证的。组态软件提供了能够自由组态控制菜单、组态系统的操作权限，例如工程师权限、操作员权限等，当具有某些权限时才能对某些功能进行操作，防止意外的或非法的进入系统修改参数或关闭系统。

2.2.2 组态软件的功能与使用

（1）组态软件主要解决的问题

① 如何与控制设备间进行数据交换，并将来自设备的数据与计算机图形画面上的各元素关联起来；

② 处理数据报警和系统报警；

③ 存储历史数据和支持历史数据的查询；

④ 各类报表的生产和打印输出；

⑤ 具有与第三方程序的接口，方便数据共享；

⑥ 为用户提供灵活多变的组态工具，以适应不同应用领域的需求。

（2）组态软件的工业控制系统的一般组建过程

① 组态软件的安装　安装要求争取安装组态软件，并将外围设备的驱动程序、通信协议等安装就绪。

② 工程项目系统分析　首先要了解控制系统的构成和工艺流程，弄清被控对象的特征，明确技术要求，然后再进行工程的整体规划，包括系统应该实现哪些功能、需要怎样的用户界面窗口、哪些动态数据显示、数据库中如何定义及定义哪些数据变量等。

③ 设计用户操作菜单　为便于控制和监视系统的运行，通常应根据时间需要建立用户自己的菜单以范本操作，例如设立一按钮来控制电动机的启/停。

④ 画面设计与编辑　画面设计分为画面建立、画面编辑和动画编辑与链接几个步骤。画面由用户根据实际工艺流程编辑制作，然后将画面与已定义的变量关联起来，使画面上的内容随生产过程的运行而实时变化。

⑤ 编写程序进行调试　用户编写好程序之后需进行调试。调试前一般要借助于一些模拟手段进行初调，检查工艺流程、动态数据、动画效果等是否正确。

⑥ 综合调试对系统进行全面的调试后，经验收方可投入试运行，在运行过程中及时完善系统的设计。

2.2.3 工业控制网络的组态软件

以太控制网络高级应用协议为 CORBA 或 DCOM，网络操作系统为 Windows、Linux 或 Unix，底层协议为 IEEE802.3。

（1）以太控制网络操作系统

实时控制网络软件是集实时控制、数据处理信息传输、信息共享、网络管理于一体的、庞大的、复杂的软件工程，最突出的特点是它的实时性。针对实时性的要求，实时应用程序通常由若干个分系统和若干个进程组成，这些进程必须在严格协调下运行，这就要求有高性能、实时的控制网络操作系统的支持。这类实时控制网络操作系统必须提供固定优先级调度策略、文件同步、抢占式内核、异步输入输出、存储保护等实时特性，满足实时应用的要求。

可供以太控制网络采用的实时操作系统有 RT-Linux、Windows NT/Windows NT Embedded 4.0、Windows NT 2008 及 Digital Unix。

1）RT-Linux 网络操作系统

1991 年，芬兰赫尔辛基大学的 Linux Torvalds 开始开发 Linux。经过几年之后，Linux 成为了正式的操作系统。Linux 操作系统与其他操作系统显著不同的一点就在于 Linux 中的网络功能是操作系统本身所固有的，Linux 从其初期的发布版本系统开始就包含了相对完整的网络功能，也就是说，Linux 系统中网络与操作系统的结合更为紧密。近几年，Linux 作系统取得了突飞猛进的发展。

Linux 网络操作系统的特点：

① 有利于共享软件的发展策略，具有全新的软件开发模式。Linux 是基于 Intel PC 的操作系统。它是由分布在全世界的数以万计的程序员设计和实现的，而不是由一个团队开发的。

② Linux 工作相对稳定，而且对系统的配置要求较低。

③ Linux 操作系统是自由软件，自由意味着可以自由得到或自由再发行，也就是说，没有任何条款能限制它，或者说，如果想得到源代码，就能毫不费力地得到；用户可以修改它，或使用其部分代码，改正这些代码等；用户可以在自由软件上做任何想做的工作。

④ Linux 操作系统支持 TCP/IP 协议，为 Linux 操作系统在以太控制网络的应用创造了有利的条件。

⑤ 以 Linux 操作系统为核心，可构成 RT-Linux，使其具有实时操作系统的功能。

在网络版 Linux 操作系统的基础上，可似构建 RT-Linux。RT-Linux 完全支持以太控制网络系统，是一个资源开销小、功能强的网络操作系统。

2）Windows NT 网络操作系统

在研究以太控制网络系统中，Windows NT 网络操作系统备受工业控制界的重视。Windows NT 网络操作系统的技术优势有以下几个方面：

① 系统的可靠性高，安全性好，且支持多种硬件平台。

② 支持多种通信协议：支持 NetBEUI 协议，NW link 协议及 TCP/IP 协议。提供安全可靠简单的 TCP/IP 网络配置。

③ 支持客户/服务器机制：Windows NT 网络操作系统全面支持客户/服务器机制，提供强大的服务器功能，管理各类资源。

④ 支持多种网络服务：利用 Windows NT 网络操作系统可以访问网络上的共享资源。

⑤ Windows NT 的内核通过处理中断、异常、调度线程来管理进程，同时采用了先进的多任务技术。

⑥ Windows NT 采用面向对象的编程方式，具有丰富成熟的开发工具和知识库，广泛支持第三方软件。

这些技术优势使过程控制领域在以大控制网络系统中可能利用 Windows NT 网络操作系统。当以太网络控制系统中接入的控制器要求强实时操作系统支持时，最近微软推出的 Windows NT Embedded 4.0，完全集成 Windows NT 技术，可供应用参考。Windows NT Embedded 4.0 丰富的功能都是建立在 Windows NT 技术基础上。

Windows NT Embedded 4.0 的功能特点包括：

① 图形用户界（Graphical User Interface，GUI）。Windows NT Embedded 4.0 可提供 Windows NT 中图形用户界面功能的全集，且支持高分辨率的显示设备。

② 支持网络功能。Windows NT Embedded 4.0 支持 TCP/IP 协议、安全套接层（Secure Sockets Layer，SSL）、点对点协议（Point to Point Protocol，PPP），支持更高级的网络服务，如远程登录、DCOM、简单服务管理协议（Simple Networks Management Protocol，SNMP）也支持多种网络结构，如以太网、令牌网等。

③ 系统服务口实时操作系统能为高端应用提供系统服务，如多级安全机制、远程管理、日志和 NTFS 文件系统等。

④ 支持实时操作系统能力。Windows NT Embedded 4.0 具有硬实时操作系统能力。

⑤ 全面兼容第三方软件。Windows NT Embedded 4.0 支持设备驱动程序、数据库、网络协议以及应用程序。

⑥ 支持多种硬件平台。Windows NT Embedded 4.0 支持 Intel x86，Pentium，AMD K5/K6，Cyrix 5x86 等。

⑦ 较低的目标设备要求。Windows NT Embedded 4.0。定制目标操作系统时，可根据不同对象的要求，选取不同的功能组件，一般只需要 16MB 内存和 16MB 常备存储空间。

3）Digital Unix 实时操作系统

从某种意义上说，实时操作系统 Digital Unix 的构成原理与实时操作系统 RT-Linux 是一致的。

Digital Unix 的实时特性：实时操作系统 Digital Unix 是 Compaq 公司的一个操作系统产品，通过在 Unix 操作系统的基础上增加一个功能强大的实时应用库 POSIX1003.1b，对实时应用提供有力的支持。为了实现实时性和可预测性，Digital Unix 提供了一系列的实时功能，包括进程间的通信与同步、快速的中断响应、灵活的调度策略、文件同步、异步输入输出、存储管理和满足定时需求的工具等。Digital Unix 的主要实时功能有：抢占式内核、固定优先级调度策略、文件同步、异步输入输出、存储器加锁、实时钟的定时器、实时信号队列以及进程间的通信。这些特性的协调工作形成 Digital Unix 操作系统的实时环境，满足实时应用的要求。

Digital Unix 抢占式内核：实时应用中的所有进程以两种模式与操作系统相互作用，即用户模式（user mode）和核心模式（kernel mode）。Digital Unix 提供抢占式内核的功能，可允许操作系统快速响应进程的抢占请求。运行在核心模式的进程可以为更高优先级的进程抢占。抢占式内核采用了保护内核数据结构完整性机制，使系统在响应更高优先级进程的抢占请求时，保证被抢占进程数据的安全。在实时应用中，各个进程依据其实时任务处理的重要程度进行优先级排序。异常事件处理的优先级应定为最高，当控制对象发生异常事件时，操作系统必须无条件调用异常事件处理进程，保证实时应用的顺利进行。

Digital Unix 的调度策略：调度策略决定如何将 CPU 资源分配给系统中的进程。Digital Unix 支持两种不同的调度接口：通用分时接口（nice 接口）和实时接口（POSIX1003.1b），实时接口支持非实时（分时）调度策略、固定优先级调度策略和抢占式调度策略。固定优先级调度策略由先进先出（SCHED-FIFO）和循环轮转（SCHED-RR）两种调度策略组成，实时应用中通常采用固定优先级调度策略，进程的优先级完全由用户指定，在任何时候其优先级都不允许系统改变。Digital Unix 为每一个优先级定义一个进程队列，相同优先级的进程依据先进先出的原则进行排队，不同优先级的进程依据优先级的高低进行排队。

（2）以太控制网络的网络层与传输层协议

以太控制网络的物理层与数据链路层采用 IEEE802.3 标准。

以太控制网络的网络层与传输层采用 TCP/IP 协议的优势是：

① TCP/IP 协议已是国际公认的工业标准，易于建造开放的以太控制网络。

② TCP/IP 编程接口，易于开发以太控制网络的应用软件。

③ 在局域网中，网络性能比较好，出现差错的几率小，合理利用 TCP 和 UDP 的优点，能满足以太控制网络的实时性与可靠性要求。

2.3 集散控制系统及工业控制网络的通信网络

2.3.1 集散控制系统通信网络

依据集散控制系统的特点，上一层的指令要传送给下一层，并且收集下一层的信息，这就要通过计算机网络来完成通信。集散控制系统中采用的通信网络是用于工业生产过程控制和管理的，与一般的办公室自动化采用的局域网不同，它具有以下的特点。

(1) 实时性好，动态响应快

集散控制系统的应用对象是实际的工业生产过程。其主要数据通信的信息是操作管理信息与实时的过程信息。因此，在集散控制系统中应用的通信网络要有快速的响应性和良好的实时性，对于一些有快速响应要求的阀门、开关、电机等的运转都应在毫秒级。

(2) 可靠性高

对于一些连续生产的工业过程，集散控制系统应用的通信网络也必须连续运行，任何短暂性中断都会造成不可估计的损失。为此，相应的通信网络应该具有极高的可靠性。通常，集散控制系统都通过采用冗余技术来解决可靠性的问题。

(3) 适应恶劣的工业现场环境

集散控制系统运行于工业环境中，必须能适应各种恶劣的工业现场环境。现场总线更是直接敷设在工业现场，所以，要求集散控制系统应用的通信网络采用差错控制并且应该有强抗扰性，降低数据传输的误码率。

(4) 开放系统互连和互操作性

为了使不同制造厂商生产的集散控制系统具有兼容性，能互相连接，并且进行通信，因此集散控制系统采用的通信网络都应符合开放系统互联的标准。这样，才能使不同计算机之间能够互相连接。同样，随着现场总线的应用，各生产商所生产的集散控制系统，它的现场总线应该能与不同厂商的符合现场总线标准的智能变送器、执行器和其他智能仪表进行通信，实现互操作(Interop-erable)性。

目前，现场总线的标准正在制订中。国际上两种有代表性的现场总线标准及芯片已完成，并在进行试验工作，符合现场总线标准的要求应是集散控制系统通信网络所具有的特性。

2.3.2 工业控制网络的通信网络

工业以太网络的通信模型与 OSI 参考模型的结构不同，工业以太网的物理层和数据链路层采用 IEEE 802.3 规范，网络层和传输层采用 TCP/IP 协议层，应用层的一部分可以沿用普通以太网络的互联网应用协议，工业控制网络通信协议层次如表 2-4 所示。

表 2-4　工业控制网络通信协议层次

应 用 协 议
TCP/UDP
IP
以太网 MAC
以太网物理层

目前以太网的优势是所用的互联网应用协议，如果工业以太网想保持在控制领域的生命力，则不应改变自己已有的优势部分。所以主要在工业 ISO/OSI 模型的应用层来使以太网标准化，在应用层添加与自动控制相关的应用协议。由于历史遗留的原因，必须考虑现有的其他控制网络的连接与映射关系、网络管理及应用参数等问题。目前在应用层的标准制定方面比较困难，尚未有达成共识的解决方案。

2.3.3　通信设备的分类

集散控制系统中的通信设备包含分散过程控制装置与现场总线之间的通信设备、分散过程控制装置与操作管理装置之间的通信设备。

在双绞线、同轴电缆和光缆中，双绞线是最常用的通信设备，常在现场级的传感器执行器网络中应用。而同轴电缆和光缆在控制网络、企业网和工厂网中都得到广泛应用。

通信网络中各种网络通信的连接器件，可用于通信设备与通信媒体之间的连接。它们用于物理层连接时应符合相应通信协议对接口的有关规定。例如，RJ-45 连接头、RS-232、RS-422 等的各种引脚的连接插座和插头、以太网粗缆与细缆的各种连接头等。

为了能实现远程通信或通过因特网实现对生产过程的监视和控制，各种无线通信的有关设备是必需的。并且各种中继器、集线器、网桥、交换机、路由器、网关等设备也是实现通信所必要的。根据不同的应用范围和应用规模，不同的集散控制系统采用不同的网络通信设备来实现。

中继器是物理层设备。能使信号得到再生和放大，因此，常用于扩大通信网络的传输范围。中继器是识辨设备，能够精确地复制所接收到的数据(包括错误的数据)，它的复制速度快(以太网中可达 10Mbps)，延迟小。中继器只是信号复制设备，只能连接两个同种介质访问类型，不能识别数据帧的内容和格式，不能将数据链路报头类型转换为另一种类型。

集线器也称为配线集中器。集线器不需要电缆连接，可通过将数个节点连接在一起来取代传统的总线，并在节点之间共享信号。集线器工作在物理层，它逐位复制经由物理通信介质传输的信号，使信号得到加强。集线器可在一组节点中共享信号，因此，常用于管理许多网络中各种电缆类型。集线器除了具有与中继器相同功能(对信号复制功能)外，还具有信号共享功能。

网桥是在 OSI 模型的数据链路层操作的一种设备。它可将局域网网段甚至几个局域网连接在一起。网桥可将具有相同介质访问类型的局域网(例如两个 HSE 现场总线网段，或两个 H1 现场总线网段)连接在一起，也可将具有不同介质访问类型的局域网(例如一个 HSE，一个是 H1）连接在一起。

路由器是网络层设备。它有多个可连接端口。路由器能查看每个数据报上逻辑网络地址，能利用自身内置的路由表来决定数据报到达目的地的最佳路径，并将数据报发送到相应路由端口，由该路由端口转发出去。

网关是协议转换器。它在两种不同类型的通信协议体系之间转换数据，因此，工作在 ISO 的较高层。通常用于连接公有网络和专用网络，例如作为工厂企业网与现场总线工业网连接的路由器。

集散控制系统的通信系统采用冗余结构，保证了通信系统的可靠性。

作为通信系统的附件，终端器用于通信信号反射的抑制，提高信噪比。根据不同的通信协议，终端器的特征阻抗不同，例如，FF H1 现场总线采用 100Ω 终端器。

为防止雷电对集散控制系统的冲击，需采用多级的浪涌保护器，它能够在最短时间内将雷电的能量释放，从而不被引入到集散控制系统，避免对系统元器件的损害。

通信系统的检测仪器是需要的。例如，在现场总线控制系统中，对现场总线测试用的 FBT-3 总线监视器，用于信号衰减测试的信号发生器等。

2.3.4　通信系统的构成

根据应用规模的大小，集散控制系统通信系统的构成各不相同。

从网络拓扑结构看，通信系统可以组成总线型、星型、环型、树型和混合型。从通信协议看，通信系统的物理层和数据链路层可采用 HDLC、IEC61158、IEEE803.2、IEEE803.3、IEEE802.4、IEEE802.5 和 IEEE802.11 等不同的通信协议，在高层可采用 TCP/IP 协议和网络管理协议等。从应用看，通信系统可组成工厂网、企业网、传感器执行器控制网等。对不同层次，还可进行细分，例如，分散过程控制装置中可包含输入输出总线和现场总线两层，也可只有输入输出总线一层结构。上层的操作和管理层也可只有工厂级的通信网络，也可根据管理的需要，设置 ERP、MES 等层次。分散过程控制装置可采用不同的现场总线接口，与不同的现场总线连接，构成不同的现场总线控制系统。

（1）构成小型集散控制系统通信系统

为保证通信系统的可靠性，小规模的集散控制系统需要两个交换机，冗余配置。交换机与上位工作站、控制器之间可采用电缆连接，也可采用光缆连接。交换机之间既可用上传接口（1G），也可用交换机的数据接口（100M）。根据交换机的规模，这种通信系统构成可连接几百个操作站、控制器，组成较大规模的控制系统。

（2）构成中型集散控制系统通信系统

中等规模的集散控制系统通信系统由 3~7 个交换机组成环型结构。交换机之间采用光缆连接，每个交换机还与其他两个交换机连接。也可组成星型结构。它有两个根交换机，其他交换机是从交换机，每个从交换机与两个根交换机连接，组成冗余系统。一般，控制器和工作站可连接到从交换机，如果需要，也可直接连接到根交换机。

（3）构成大型集散控制系统通信系统

大型集散控制系统通信系统由多个交换机组成倒树型的网状 Mesh 结构，工作站和控制器等网络节点可连接到任何一个交换机。

习题及思考题

1. 试述集散控制系统构成方式。

2. 什么是递阶控制系统？它主要有哪些结构？说明它们的特点。

3. 为什么说集散控制系统是递阶控制系统？

4. 分散控制系统主要是什么分散？集散控制系统为什么是分散控制系统？

5. 常用的集散控制系统有哪些结构类型？不同制造商的集散控制系统在结构上有什么区别吗？

6. 现场总线控制系统构成与传统集散控制系统构成的主要区别是什么？

7. 集散控制系统的操作管理装置的主要构成有哪些？其构成特点是什么？

8. 集散控制系统中通信网络有哪些特点？

第 3 章 WebField JX-300XP 集散控制系统

3.1 JX-300XP 系统概述

JX-300XP 集散控制系统属于浙大中控 SUPCON 技术有限公司 WebField 系列，它是在 JX-100、200、300、300X 的基础上，开发出来的新一代集散控制系统。该系统充分应用了最新信号处理技术、高速网络通信技术、可靠的软件平台和软件设计技术以及现场总线技术，吸收了近年来快速发展的通信技术和微电子技术，采用了高性能的微处理器和成熟的先进控制算法，全面提高了系统的功能和性能，具有全智能化、任意冗余、扩展性好和灵活配置等特点，已被广泛应用于小、中、大规模的工业生产控制过程。

3.1.1 系统的整体结构

JX-300XP 系统的整体结构如图 3-1 所示。

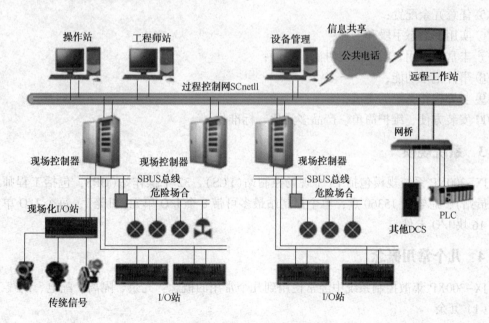

图 3-1 JX-300XP 系统结构示意图

JX-300XP 系统的基本组成包括工程师站（Engineering Station，ES）、操作站（Operating System，OS）、现场控制站（Field Control Station，FCS）和通信网络。

（1）现场控制站（FCS）

现场控制站包括主控制卡（CPU 卡或主机卡）、数据转发卡（扩展 I/O 单元）、I/O 卡件（1~16 块）、内部 I/O 总线网络（SBUS），可以完成对生产过程的实时监督和控制，直接与工业现场进行信息交互。主控制卡是系统的核心部件，数据转发卡是连接 I/O 卡件和主控制卡的智能通道。

（2）工程师站（ES）

工程师站由工业 PC 机、显示器、键盘、打印机等组成，是工程师进行系统组态和维护的平台。

（3）操作站（OS）

操作站的硬件配置与工程师站基本一致，是操作人员完成过程监控管理任务的人机界面。

（4）通信网络

实现工程师站、操作站、现场控制站的通信。

3.1.2 系统特点

JX-300XP 系统作为新一代开放式的集散控制系统，具有如下的特点：

① 高速、可靠、开放的通信网络 SCnet Ⅱ；

② 分散、独立、功能强大的控制站；

③ 多功能的协议转换接口；

④ 全智能化设计；

⑤ 任意冗余配置；

⑥ 实用的组态手段和工具；

⑦ 丰富、实用、友好的实时监控界面；

⑧ 事件记录功能；

⑨ 与异构化系统的集成；

⑩ 安装方便、维护简单、产品多元化、标准化。

3.1.3 系统规模

JX-300XP 系统规模包括 15 个现场控制站（FCS），32 个操作站（OPS，包括工程师站和操作员站），总容量 15360 点；单个控制站最多可带 8 个 I/O 单元（机笼），每个 I/O 单元可放置 16 块 I/O 卡件。

3.1.4 几个常用概念

JX-300XP 集散控制系统中经常使用到几个常用的概念：冗余、隔离、配电、跳线。

（1）冗余

集散控制系统各装置中的自诊断可以及时检出故障，使系统的运行不受故障的影响，主要就是采用了冗余技术。冗余有两种方式：工作冗余和后备冗余，俗称"热备用"和"冷备用"。在 JX-300XP 系统中，可以冗余配置的设备包括：过程控制网、SBUS 总线、主控制卡、数据转发卡以及各类模拟量卡件。过程控制网、SBUS 总线、主控制卡、数据转发卡均采用 1:1 冗余，其他卡件可以采用（1:1）~（n:1）冗余；一般情况卡件的冗余通过跳线设置，并满足地址冗余的要求，地址冗余就是互为冗余的卡件必须放置在地址为 I、I+1 的槽位中，I 为偶数。操作站一般采用工作冗余的方式。

（2）隔离

隔离主要是针对I/O卡件，可以分为统一隔离、分组隔离和点点隔离。统一隔离指卡件内所有通道只采用一个隔离电源供电，并与控制站的电源隔离。分组隔离就是把卡件中的通道分为两组，每组采用一个隔离电源供电，在卡件的配置上，要考虑同组内的信号点是否相互存在干扰，一般配置类型相同的信号。点点隔离就是卡件内的每一条通道均单独采用一个隔离电源供电，并且都与控制站的电源隔离，这种隔离方式卡件的各通道间的相互影响最小，抗干扰能力最强。

（3）配电

配电的设置主要用于电流信号的输入卡件，如输入信号来自二线制的变送器，就需要进行配电的设置。配电就是卡件通过配电跳线的设置对外输出24VDC电压，给二线制的变送器提供工作电源。对不需要配电的四线制的变送器，卡件通过配电跳线的设置不对外输出24VDC电压。图3-2为点点隔离电流信号的输入卡件的接口示意图，图中通过DC/DC对外提供隔离电源，当JP1的1、2端短接时，就可以为需要配电的现场变送器提供电源，当JP1的2、3端短接时，现场变送器不需要配电。

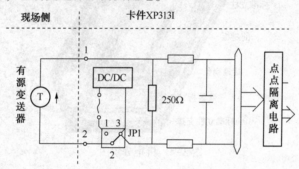

图3-2　XP313I卡件的接口示意图

（4）跳线

一些硬件上的功能如冗余、配电、断电保护和卡件地址等，都是通过跳线的选择来实现的。跳线按针脚数可分为2针跳线和3针跳线，2针跳线的功能一般有短接或不短接两种选择，而3针跳线功能一般分1-2短接或2-3短接，如图3-3所示。

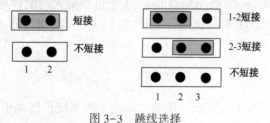

图3-3　跳线选择

3.2　现场控制站硬件

现场控制站硬件主要由机柜、机笼、电源和各类系统卡件(包括主控制卡、数据转发卡和各种I/O卡件)组成。一个控制站的最大配置为两个机柜，8个I/O单元，包括2块主控制卡(其中1块为冗余配置)、8块数据转发卡(其中4块为冗余配置)，16×8块I/O卡件(可进行冗余配置)，AI模拟输入点数384点，控制回路：64个常规回路，128个自定义回路，运算周期50ms~5s可选。

3.2.1 机柜

机柜采用拼装结构，其分解图如图3-4所示。

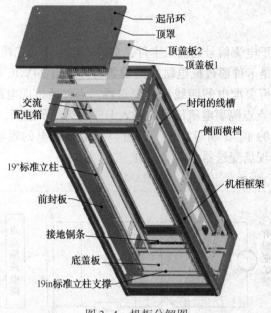

图3-4 机柜分解图

机柜外壳均采用金属材料(钢板或铝材)，活动部分(如柜门与机柜主体)之间保证良好的电气连接，为内部的电子设备提供完善的电磁屏蔽，机柜应可靠接地，接地电阻应小于4Ω。机柜顶部安装两个散热风机，底部安装有可调整尺寸的电缆线入口，侧面安装有可活动的汇线槽。机柜是控制站各部件的承载主体，机柜中放置有电源机笼、卡件机笼、交换机、配电箱和散热风扇等，安装时由外部焊接或螺栓固定，内部架装。

机柜的尺寸为：2100mm×800mm×600mm，1个机柜最大的配置是1个电源机笼(最多配置4个电源模块)，4个I/O卡件机笼(冗余)和相关的端子板、2个交换机、1个交流配电箱。

3.2.2 机笼

机笼结构如图3-5、图3-6所示。机笼背面有1组系统扩展端子、4个SBUS-S2连接器(DB9针型插座)、1组电源接线端子和16个I/O端子接口插座。SBUS-S2连接器如图3-7所示，用于机笼与机笼之间的互联，电源端子给机笼中所有的卡件提供5V和24V直流电源。I/O端子接口配合端子板把I/O信号引至对应的卡件上。

机笼分为电源机笼和卡件机笼，电源机笼用来放置电源模块，一个机柜中只有一个电源机笼，一个电源机笼最多可以配置4个电源模块，如图3-8所示。卡件机笼主要用来放置各类卡件，卡件机笼框架内部固定有20条导轨，用于固定卡件，通过母板上的欧式接插件

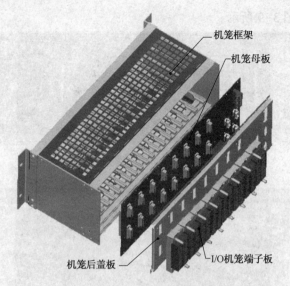

图 3-5　机笼结构示意图 1

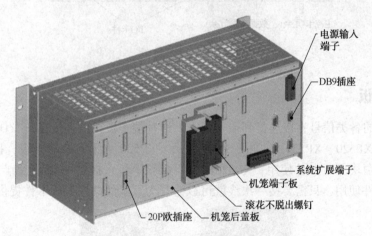

图 3-6　机笼结构示意图 2

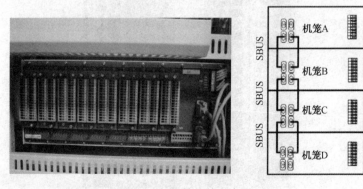

图 3-7　机笼连接示意图

和母板(印刷电路板)上的电气连接实现对卡件的供电和卡件之间的总线通信,卡件机笼上的 20 个槽位,每个槽位有具体的分工,可以放置 2 块主控制卡、2 块数据转发卡和 16 块 I/

O 卡件，卡件排布如图 3-9 所示。

图 3-8　电源机笼

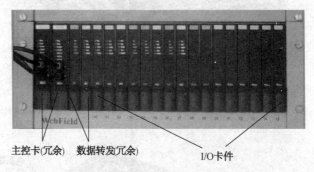

主控卡(冗余)　数据转发(冗余)　　　　I/O卡件

图 3-9　卡件排布

3.2.3　端子板

现场传输的各类信号直接连接到端子板上，通过端子板把信号传递到 I/O 卡件内部，端子板的型号有 XP520、XP520R，如图 3-10 所示。XP520 为不冗余端子板，提供 32 个接线点，供相邻的两块 I/O 卡件使用；XP520R 为冗余端子板，提供 16 个接线点，供互为冗余的两块 I/O 卡件使用，只需要接一次线就可以为互为冗余的两块 I/O 卡件提供信号。

XP520端子板　　　　XP520R端子板

图 3-10　端子板

3.2.4 电源

系统采用双路交流供电，两路 220V 交流电冗余配电，一路交流电来自 UPS 不间断供电，一路由厂用电源给系统供电，如图 3-11 所示。图中 DCS101-1、DCS101-2、DCS101-3、DCS101-4 分别连接系统的 4 个电源模块 1#、2#、3#、4#。1# 和 2# 电源模块分别来自厂用电源和 UPS，它们互为冗余，负责为机笼 A 和机笼 B 提供 5V 和 24V 电压，3# 和 4# 电源模块分别来自厂用电源和 UPS，互为冗余，负责为机笼 C 和机笼 D 提供 5V 和 24V 电压，每个电源模块都输出 5V 和 24V 电压，通过机笼背面的电源接线端子对机笼进行供电，供电接线图如图 3-12 所示。电源配置可按照系统容量及对安全性的要求灵活选用单电源供电、冗余双电源供电等配电模式。

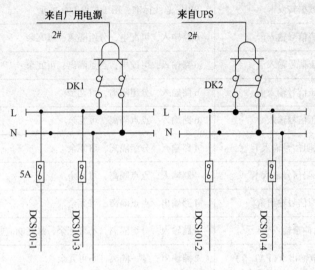

图 3-11 AC 供电

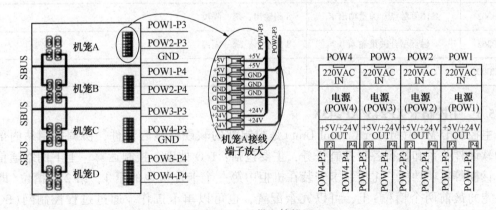

图 3-12 DC 供电接线图

3.2.5 系统卡件

系统卡件安装在卡件机笼内的卡件插槽中，由主控制卡、数据转发卡和各种 I/O 卡件组成。它们根据系统的规模进行配置，并按照一定的规则进行排布，共同完成信号的采集、处理、输出、控制、计算和通信等功能。表 3-1 为控制站的系统卡件类型和性能一览表。

表 3-1 系统卡件类型和性能

型号	卡件名称	性能及输入/输出点数
XP243	主控制卡（SCnet Ⅱ）	负责采集、控制和通信等，10Mbps
XP243X	主控制卡（SCnet Ⅱ）	负责采集、控制和通信等，16.5Mbps
XP244	通信接口卡（SCnet Ⅱ）	RS232/RS485/RS422 通信接口，可与 PLC、智能设备等通信
XP233	数据转发卡	SBUS 总线标准，用于扩展 I/O 单元
XP313	电流信号输入卡	6 路输入，可配电，分组隔离，可冗余
XP313I	电流信号输入卡	6 路输入，可配电，点点隔离，可冗余
XP314	电压信号输入卡	6 路输入，分组隔离，可冗余
XP314I	电压信号输入卡	6 路输入，点点隔离，可冗余
XP316	热电阻信号输入卡	4 路输入，分组隔离，可冗余
XP316I	热电阻信号输入卡	4 路输入，点点隔离，可冗余
XP322	模拟信号输出卡	4 路输出，点点隔离，可冗余
XP335	脉冲量输入卡	4 路输入，分组隔离，不可冗余，最高响应频率 10KHz
XP341	位置调节输出卡（PAT 卡）	2 路输出，统一隔离，不可冗余
XP361	电平型开关量输入卡	8 路输入，统一隔离
XP362	晶体管触点开关量输出卡	8 路输出，统一隔离
XP363	触点型开关量输入卡	8 路输入，统一隔离
XP000	空卡	I/O 槽位保护

3.2.5.1 主控制卡 XP243/XP243X

主控制卡 MCU（Master Control Unit）是控制站的软硬件核心部件，协调控制站内部所有的软硬件关系和执行各项控制任务，主要包括：I/O 处理、控制运算、上下网络通信控制、诊断等各项功能。主控制卡安装在机柜中第一个卡件机笼的第 1、第 2 个槽位（即 I/O 机笼的最前两个槽位）上，可以冗余配置，也可以单卡工作。通过过程控制网（SCnet Ⅱ）与操作站和工程师站连接，接收上层发出的管理信息，并向上一级传递现场装置的特性数据和采集到的实时数据，向下通过数据转发卡和 SBUS 总线网络实现与 I/O 卡件的信息交换。

（1）结构及面板

主控制卡的结构如图 3-13 所示。

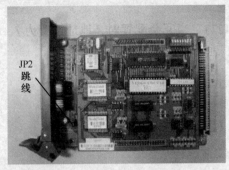
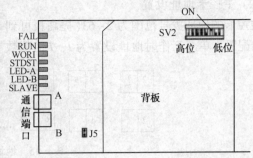

图 3-13 主控制卡结构图

主控制卡由底板和背板两块 PCB 板组成，为保护组态和过程数据不因系统断电而丢失，在两块 PCB 板之间安装了纽扣锂电池，锂电池的接通与断开由 JP2 跳线进行控制，JP2 跳线插入短路块时（ON），后备锂电池工作，JP2 跳线拔出时，锂电池停止工作。一般主控制卡工作时，锂电池都应保持工作状态，如果需要清除主控制卡中的组态信息，可以直接拔出 JP2 跳线。

主控制卡面板指示如图 3-14 所示，面板上有 2 个互为冗余的 SCnet Ⅱ 通信端口 PORT-A、PORT-B 以及 7 个 LED 状态指示灯。PORT-A 通信端口 A，通过双绞线 RS485 连接器与冗余网络 Scnet Ⅱ 的 A 网络相连；PORT-B 通信端口 B，通过双绞线 RS485 连接器与冗余网络 Scnet Ⅱ 的 B 网络相连。

面板指示灯的名称和状态说明如表 3-2 所示。

图 3-14 主控制卡正面图

表 3-2 面板指示灯说明

指示灯		名称	颜色	单卡上电启动	备用卡上电启动	正常运行	
						工作卡	备用卡
FAIL		故障报警或复位指示	红	亮变暗闪一下变暗	亮变暗	暗	暗
RUN		运行指示	绿	暗变亮	与 STDBY 配合交替闪	闪（频率为采样周期的两倍）	暗
WORK		工作/备用指示	绿	暗变亮	暗	亮	暗
STDBY		准备就绪	绿	亮变暗	与 RUN 配合交替闪（状态拷贝）	暗	闪（频率为采样周期的两倍）
通道	LED-A	A#网络通信指示	绿	暗	暗	闪	闪
	LED-B	B#网络通信指示	绿	暗	暗	闪	闪
Slave		I/O 采样运行状态	绿	暗	暗	闪	闪

（2）主控卡地址设置

主控卡的地址拨号范围为 2~63（提高板可到 127）。当冗余配置时，地址设置为 I、$I+1$，非冗余配置，单卡工作时地址设置为 I，I 为偶数。地址设置如图 3-15 所示。

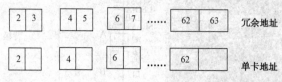

图 3-15　地址设置

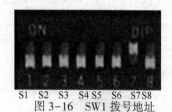

S1　S2　S3　S4 S5　S6　S7 S8
图 3-16　SW1 拨号地址

主控制卡的网络（Scnet Ⅱ）节点地址设置是利用拨号开关 SW1 来进行的。开关 SW1 安装在主控卡的背板上，共 8 位分别用 S1~S8 表示，如图 3-16 所示，其中 S1 为保留位、设置为 OFF 状态，其余从高位到低位的顺序是 S2 到 S8，主控卡的地址范围为 2~63，详细对应设置如表 3-3 所示。

表 3-3　主控制卡的网络地址设置

地址选择 SW1					地址
S4	S5	S6	S7	S8	
OFF	OFF	OFF	ON	OFF	02
OFF	OFF	OFF	ON	ON	03
OFF	OFF	ON	OFF	OFF	04
OFF	OFF	ON	OFF	ON	05
OFF	OFF	ON	ON	OFF	06
OFF	OFF	ON	ON	ON	07
OFF	ON	OFF	OFF	OFF	08
OFF	ON	OFF	OFF	ON	09
OFF	ON	OFF	ON	OFF	10
OFF	ON	OFF	ON	ON	11
…	…	…	…	…	…

3.2.5.2　数据转发卡 XP233

数据转发卡 DT（Data Transmission Module）XP233 是机笼的核心单元，是主控卡连接 I/O 卡件的中间环节，它一方面驱动 SBUS 总线，另一方面管理本机笼的 I/O 卡件。XP233 具有冷端温度采集功能，负责整个 IO 单元的冷端温度采集，冷端温度测量元件采用专用的电流环回路温度传感器，可以通过导线将冷端温度测量元件延伸到任意位置处（如现场的中间端子柜），节约热电偶补偿导线。通过 XP233，一块主控卡可扩展 1~8 个卡件机笼，即可以扩展 1~128 块不同功能的 I/O 卡件。

数据转发卡与SBUS连接示意图如图3-17所示。

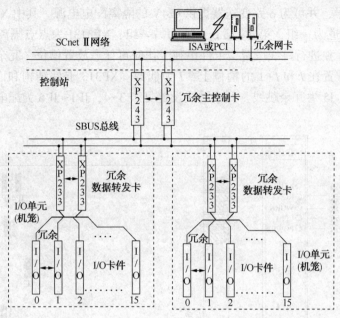

图3-17 数据转发卡与SBUS连接示意图

数据转发卡结构和面板指示如图3-18所示。其中SW1为地址设置开关,数据转发卡地址利用拨号开关SW1的S1、S2、S3、S4共4位来设置。其中S1为低位,S4为高位,数据转发卡地址范围为0~15。J2为冗余跳线,设置时,互为冗余的两块数据转发卡件的J2跳线必须都用短路块插上(ON)。

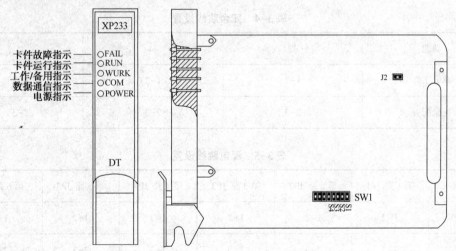

图3-18 数据转发卡结构简图

3.2.5.3 系统I/O卡件

控制站卡件除了主控制卡、数据转发卡外,还设置了多种I/O卡件。常用的I/O卡件见表3-1。

(1)电流信号输入卡(XP313/XP313I)

XP313/XP313I 具有模拟量信号调理功能，接收 6 路 Ⅱ 型标准电流 0~10mA、Ⅲ 型标准电流 4~20mA 信号，并可为 6 路变送器提供 +24V 的隔离配电电源。其中 XP313 为分组隔离型，第 1~第 3 通道为一组，第 4~第 6 通道为另一组，XP313I 为点点隔离型。XP313 卡件冗余和配电需要单独进行跳线设置，卡件单独工作时可任意放置槽位，冗余工作时相互冗余的两块卡件必须放置在 I 和 I+1 的槽位上，I 为偶数。XP313 卡件结构和面板如图 3-19 所示。图中 J2、J4、J5 为冗余跳线，冗余跳线设置见表 3-4，JP1~JP6 为配电跳线，配电跳线设置见表 3-5。

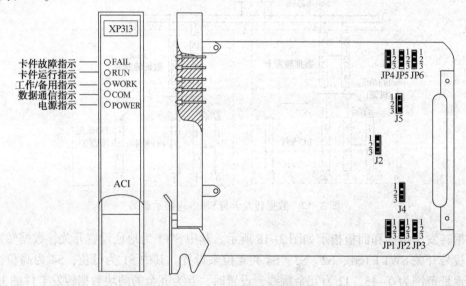

图 3-19　XP313 卡件结构和面板

表 3-4　冗余跳线设置

功能	J2	J4	J5
单卡工作	1-2	1-2	1-2
冗余配置	2-3	2-3	2-3

表 3-5　配电跳线设置

功能	第 1 路 JP1	第 2 路 JP2	第 3 路 JP3	第 4 路 JP4	第 5 路 JP5	第 6 路 JP6
需要配电	1-2	1-2	1-2	1-2	1-2	1-2
不需配电	2-3	2-3	2-3	2-3	2-3	2-3

XP313 端子接线如图 3-20 所示。配电与不配电的接线端子正负端对调。XP313 与变送器连接时应注意以下几点：

① 对组组隔离卡件，同组内建议信号模式一致，即都对外配电或都对外不配电；同一组内不允许既有配电信号又有不配电信号；

② 接负载后，卡件输出电压会下降，一般变送器工作电压为 16~26VDC；

③ 卡件配电电压为 24V 是指卡件不接负载的电压；

④ XP313I 电流信号输入卡是通道隔离型、6 通道电流信号（Ⅱ型或Ⅲ型）输入卡，分别用 6 个 DC/DC 为 6 路变送器提供+24V 隔离电源，都与控制站的电源隔离。

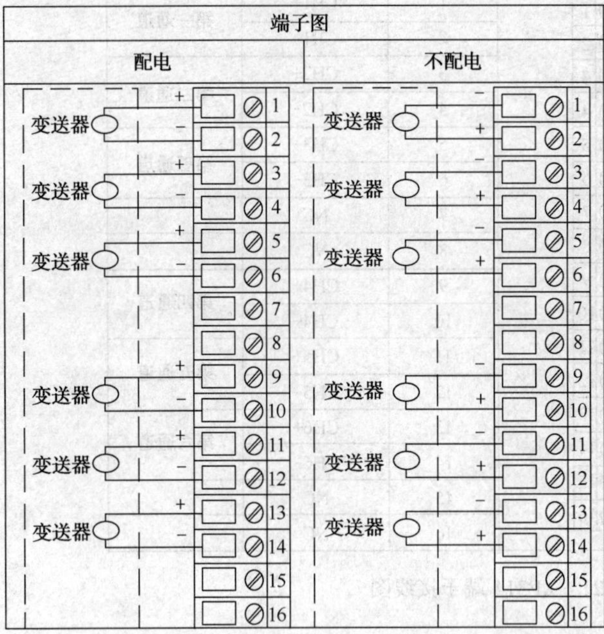

端子图		端子号	端子定义		备注
配电	不配电		配电	不配电	
		1	CH1+	CH1-	第一通道
		2	CH1-	CH1+	
		3	CH2+	CH2-	第二通道
		4	CH2-	CH2+	
		5	CH3+	CH3-	第三通道
		6	CH3-	CH3+	
		7	NC	NC	
		8	NC	NC	
		9	CH4+	CH4-	第四通道
		10	CH4-	CH4+	
		11	CH5+	CH5-	第五通道
		12	CH5-	CH5+	
		13	CH6+	CH6-	第六通道
		14	CH6-	CH6+	
		15	NC	NC	
		16	NC	NC	

图 3-20 XP313 端子接线图

（2）电压信号输入卡（XP314/XP314I）

电压信号输入卡是一块智能型的、带有模拟量信号调理的 6 路信号采集卡，每一路可分别接收Ⅱ型、Ⅲ型标准电压信号、毫伏信号以及各种型号的热电偶信号，并将其转换成数字信号送给主控制卡 XP243。当处理热电偶信号时，具有冷端温度补偿功能，XP314 为分组隔离型，XP314I 为点点隔离型，所处理的信号类型和范围如表 3-6 所示。

表 3-6 信号类型和范围

输入信号类型	测量范围
B 型热电偶	0~1800℃
E 型热电偶	-200~900℃
J 型热电偶	-40~750℃
K 型热电偶	-200~1300℃
S 型热电偶	200~1600℃
T 型热电偶	-100~400℃
毫伏	0~100mV 或 0~20mV
标准电压	0~5V 或 1~5V

电压信号输入卡可单独工作，也可冗余配置，冗余时地址配置必须是 I 和 I+1 的槽位，

I 为偶数。冗余跳线用 J2 设置，单卡工作时 J2 跳线 1-2，冗余配置时 J2 跳线 2-3。由于 XP314 为分组隔离型卡件，同组内不要放置相互有干扰的信号，如果是热电偶输入信号，同组的热电偶分度号要一致。XP314 端子接线如图 3-21 所示。

端子图	端子号	端子定义	备注
热电偶 + □1 − □2	1	CH1+	第一通道
	2	CH1-	
热电偶 + □3 − □4	3	CH2+	第二通道
	4	CH2-	
毫伏信号 + □5 − □6	5	CH3+	第三通道
	6	CH3-	
□7	7	NC	
□8	8	NC	
热电偶 + □9 − □10	9	CH4+	第四通道
	10	CH4-	
热电偶 + □11 − □12	11	CH5+	第五通道
	12	CH5-	
毫伏信号 + □13 − □14	13	CH6+	第六通道
	14	CH6-	
□15	15	NC	
□16	16	NC	

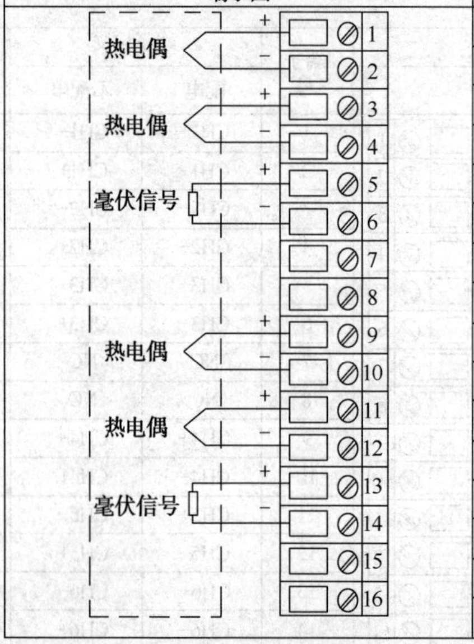

图 3-21 XP314 端子接线图

（3）热电阻输入卡（XP316/XP316I）

热电阻信号输入卡是一块专用于测量热电阻信号、组组隔离、可冗余的 4 路 A/D 转换卡，每一路分别可接收 Pt100、Cu50 两种热电阻信号，冗余跳线设置同 XP313。XP316 端子接线如图 3-22 所示。使用中要求三线电阻值基本相等，单线电阻值小于 30Ω。

端子图	端子号	定义	备注
□1	1	CH1A	第一通道
□2	2	CH1B	
□3	3	CH1C	
□4	4	NC	
□5	5	CH2A	第二通道
□6	6	CH2B	
□7	7	CH2C	
□8	8	NC	
□9	9	CH3A	第三通道
□10	10	CH3B	
□11	11	CH3C	
□12	12	NC	
□13	13	CH4A	第四通道
□14	14	CH4B	
□15	15	CH4C	
□16	16	NC	

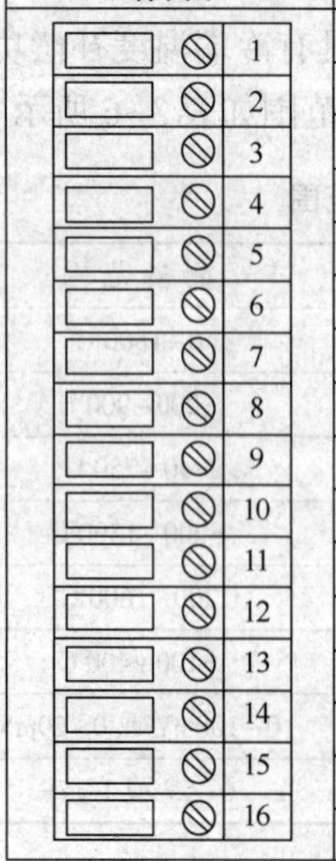

图 3-22 XP316 端子接线图

（4）电流信号输出卡（XP322）

XP322 为 4 路点点隔离型电流（Ⅱ型或Ⅲ型）信号输出卡，具有自检和实时检测输出状况功能，允许主控制卡监控正常的输出电流。通过跳线设置，可以改变卡件的负载驱动能力。XP322 卡件结构和面板如图 3-23 所示。图中 JP1 为冗余设置跳线，JP3～JP6 为负载能力跳线，负载跳线设置见表 3-7。XP322 端子接线如图 3-24 所示。

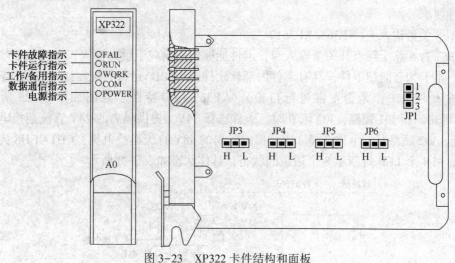

图 3-23　XP322 卡件结构和面板

表 3-7　负载跳线设置

元件编号	对应通道号	负载能力	
		LOW 档	HIGH 档
JP3～JP6	第1～第4通道	Ⅱ型 1.5kΩ	Ⅱ型 2kΩ
		Ⅲ型 750Ω	Ⅲ型 1kΩ

端子图		端子号	定义	备注
执行器 + −	1 2	1	CH1+	第一通道
		2	CH1−	
执行器 + −	3 4	3	CH2+	第二通道
		4	CH2−	
执行器 + −	5 6	5	CH3+	第三通道
		6	CH3−	
执行器 + −	7 8	7	CH4+	第四通道
		8	CH4−	
	9	9	NC	
	10	10	NC	
	11	11	NC	
	12	12	NC	
	13	13	NC	
	14	14	NC	
	15	15	NC	
	16	16	NC	

图 3-24　XP322 端子接线图

使用 XP322 卡时应注意,对于进行了组态,但没有使用的通道有如下要求:

① 接上额定值以内的负载或者直接将正负端短接;

② 组态为 II 型信号时,设定其输出值为 0mA;组态为 III 型信号时,设定其输出值为 20mA。

上述两个要求在实际使用中视情况只需采用其中一种即可。对于没有组态的通道则无需满足上述要求。

(5) 开关量输入卡(XP363/XP361)

XP363 为 8 路干触点开关量输入卡,卡件能够快速响应干触点输入,实现数字信号的准确采集。本卡为智能型卡件,具有卡件内部软硬件(如 CPU)运行状况在线检测功能(包括对数字量输入通道工作是否正常进行自检)。XP363 接口特性示意图如图 3-25 所示。从图 3-25 可知,当 J01 短路,J02 断开时,卡件选择 24V,提供隔离的 24V 直流巡检电压;当 J01 断开,J02 短路时,卡件选择 48V,提供隔离的 48V 直流巡检电压,CH1~CH8 为开关状态指示,用 4 个 LED 灯指示 8 个通道的状态,具体状态如表 3-8 所示。

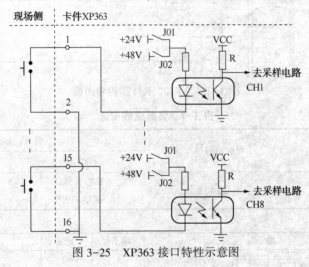

图 3-25　XP363 接口特性示意图

表 3-8　面板指示灯说明

LED 灯指示状态		通道状态指示
CH1/2	绿-红闪烁	通道 1:ON,通道 2:ON
	绿	通道 1:ON,通道 2:OFF
	红	通道 1:OFF,通道 2:ON
	暗	通道 1:OFF,通道 2:OFF
CH3/4	绿-红闪烁	通道 3:ON,通道 4:ON
	绿	通道 3:ON,通道 4:OFF
	红	通道 3:OFF,通道 4:ON
	暗	通道 3:OFF,通道 4:OFF
CH5/6	绿-红闪烁	通道 5:ON,通道 6:ON
	绿	通道 5:ON,通道 6:OFF
	红	通道 5:OFF,通道 6:ON
	暗	通道 5:OFF,通道 6:OFF

LED 灯指示状态		通道状态指示
CH7/8	绿-红闪烁	通道7：ON，通道8：ON
	绿	通道7：ON，通道8：OFF
	红	通道7：OFF，通道8：ON
	暗	通道7：OFF，通道8：OFF

XP361 卡是 8 路数字信号输入卡。它能够快速响应电平信号输入，实现数字信号的准确采集。8 路数字信号采用光电隔离方式，具有内部软硬件运行状况在线检测功能。XP361 接口特性示意图如图 3-26 所示。

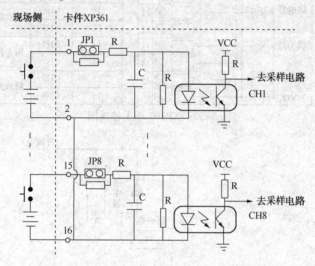

图 3-26　XP361 接口特性示意图

JP1~JP8 分别对应 8 个通道，通过 JP1~JP8 的跳线设置可以对 8 路电平信号范围进行选择，JP1~JP8 的跳线方法相同，如果电平信号为 12~30V，则 JP1~JP8 跳线设置为短接，如果电平信号为 30~54V，则 JP1~JP8 跳线设置为断开。CH1~CH8 为开关状态指示，面板指示与 XP363 相同。

（6）开关量输出卡（XP362）

XP362 是智能型 8 路无源晶体管开关触点输出卡，该卡件可通过中间继电器驱动电动控制装置。本卡件采用光电隔离。隔离通道部分的工作电源通过 DC/DC 电路转化而来，不提供中间继电器的工作电源。本卡件具有输出自检功能。XP362 端子接线如图 3-27 所示。

XP362 卡件可用于阀门开关的联锁保护或通过外挂中间继电器驱动大功率的感性负载，继电器接线示例如图 3-28 所示。

3.2.5.4　常用卡件排布规范

应用 JX 300XP 系统对一个工程项目进行设计，在工程实施前，需要进行合理的前期设计，包括根据测点清单选择合适的卡件，进行相关的统计，从而确定系统的规模，最后设计系统卡件的排布，画出卡件布置图。在进行卡件排布时要遵循以下原则：

（1）信号点分配到各控制站原则

① 同一工段的测点尽量分配到同一控制站；

端子图		端子号	定义	备注
	1	1	CH1+	第一路
	2	2	CH1-	
	3	3	CH2+	第二路
	4	4	CH2-	
	5	5	CH3+	第三路
	6	6	CH3-	
	7	7	CH4+	第四路
	8	8	CH4-	
	9	9	CH5+	第五路
	10	10	CH5-	
	11	11	CH6+	第六路
	12	12	CH6-	
	13	13	CH7+	第七路
	14	14	CH7-	
	15	15	CH8+	第八路
	16	16	CH8-	

图 3-27 XP362 端子接线图

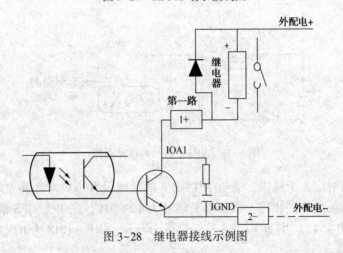

图 3-28 继电器接线示例图

② 同一控制回路需要使用到的测点必须分配到同一控制站;

③ 同一联锁条件需要使用到的测点必须分配到同一控制站;

④ 按照标准测点清单进行信号点分配及测点统计;

⑤ 条件允许的情况下,在同一控制站中留有几个空余槽位,为以后的设计修改或系统扩展留有余量。

(2)同一控制站测点分配原则

① 为统计出的测点选择好卡件后,要按照测点类型顺序进行排布。一般按照温度(TI)-压力(PI)-流量(FI)-液位(LI)-分析(AI)-其他 AI 信号-AO 信号-DI 信号-DO 信号-其他类型信号的顺序分配信号点,信号点按字母或数字顺序从小到大排列。不同类型信号之间空余 2~3 个位置,填上空位号;配电与不配电信号不要排列到不隔离的相邻端口上,最好排布到不同卡件上;

② 同一类型卡件尽量分配到同一机笼中;

③ 热备用卡件组安排在同类卡件的最后排布。

（3）备用空位号的命名原则

① 模拟量输入测点用 NAI＊＊＊＊，描述采用"备用"；

② 模拟量输出测点用 NAO＊＊＊＊，描述采用"备用"；

③ 开关量输入测点用 NDI＊＊＊＊，描述采用"备用"；

④ 开关量输出测点用 NDO＊＊＊＊，描述采用"备用"。

其中，"＊＊＊＊"第一位为主控卡地址，第二位为数据转发卡地址，第三位为 I/O 卡地址，第四位为通道地址。地址为整数。

3.3　操作站硬件

操作站是集散控制系统不可缺少的硬件组成部分，主要负责对控制站采集的信号点进行监视，对控制站下达各项指令，同时保存实时和历史数据。操作站的硬件包括工控 PC 机（计算机主机、显示器、键盘等）、操作台（立式、平面式操作台等）、打印机、软件狗（工程师站软件狗，操作员站配置操作员站软件狗）。操作站的地址范围 129~200。

3.4　网络硬件

网络硬件包括网卡、通信电缆以及其他网络辅助配件等，主要负责系统中各不同设备之间的信息传输。JX-300XP 集散系统的通信网络由信息管理网、过程信息网、过程控制网、控制总线等构成，以实现工程师站、控制站之间的信息交换。系统网络结构如图 3-29 所示。

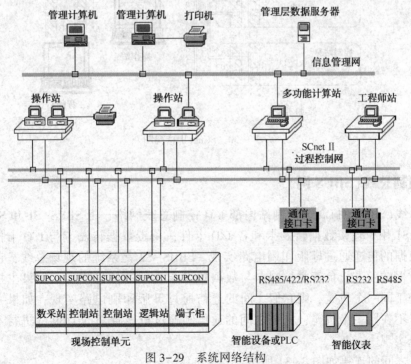

图 3-29　系统网络结构

3.4.1 信息管理网

采用以太网网络，用于工厂级的信息传送和管理以及大容量文件的高速传输，资源信息的共享，并可将本地控制系统接入企业 Intranet。它连接了中央管理计算机、工作站、网络管理器等，是实现全厂综合管理的信息通道，网络结构为星型和总线型。

3.4.2 过程信息网(C 网)

过程信息网(C 网)主要负责各操作站之间的信息传输，主要为实时数据、实时报警、历史数据、时间同步操作日志等的实时数据和历史数据查询。

3.4.3 过程控制网 SCnetⅡ(A 网、B 网)

过程控制网 SCnetⅡ是直接连接工程师站、操作站与控制站等的双重化通信网络，主要负责各操作站与主控制卡之间的信息传输，传送的信息包括过程的实时数据、组态、诊断等现场控制的信息。通过挂接网桥转接，可与高层管理网络或其他厂家设备连接。

SCnetⅡ总貌图如图 3-30 所示。

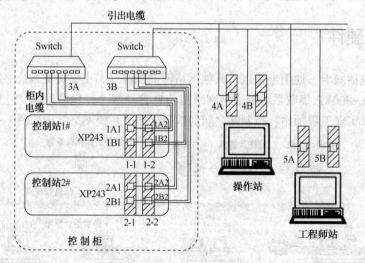

图 3-30　SCnetⅡ总貌图

3.4.4 控制总线(SBUS 网)

控制总线(SBUS 网)属于控制站内部 I/O 控制总线网络，由 SBUS-S1 和 SBUS-S2 构成。SBUS-S1 用于连接数据转发卡和各 I/O 卡件，负责数据转发卡与 I/O 卡件之间的数据通信，数据的传递通过母版印刷电路实现。SBUS-S2 是系统的现场总线，用于连接主控制卡和数据转发卡，负责主控制卡与数据转发卡之间的信息交换；如果主控制卡与数据转发卡处于同一个机笼，则它们之间的通信通过母版印刷电路实现，如果主控制卡与数据转发卡不在同一个机笼，它们之间的通信则通过机笼背面的 DB9 线进行不同机笼的网络连接来实现。

各网络之间的连接如图 3-31 所示。

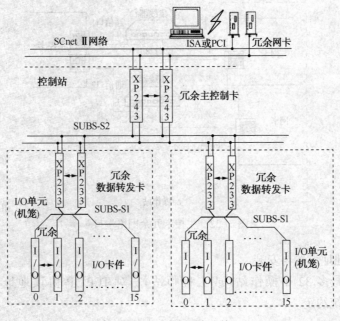

图 3-31 系统网络连接

3.4.5 网络地址设置与安装

（1）主控卡地址设置

SCnetⅡ中，最多 15 个控制站，对 TCP/IP 协议地址设置范围采用如表 3-9 所示的系统约定主控制卡网络地址。

表 3-9 主控制卡网络地址

类 别	地址范围		备 注
	网络码	IP 地址	
控制站地址	128.128.1	2~63	每个控制站包括两块互为冗余主控制卡。同一块主控制卡享用相同的 IP 地址，两个网络码
	128.128.2	2~63	

① A 网的网络码为：128.128.1；

② 控制站主控制卡在 A 网 IP 地址为：128.128.1.XXX；

③ B 网的网络码为：128.128.2；

④ 控制站主控制卡在 B 网 IP 地址为：128.128.2.XXX；

⑤ C 网的网络码为：128.128.5.XXX。

其中，最后字母"XXX"是主控卡的拨码地址，地址范围为 2~63，由主控制卡上的拨码开关 SW2 对主控制卡的 IP 地址进行设置。

注：网络码 128.128.1 和 128.128.2 代表两个互为冗余的网络。在控制站表现为两个冗余的通信口，就是主控卡面板上的 PORT-A 和 PORT-B 端口，如图 3-32 所示。图中上为 PORT-A 端口，下为 PORT-B 端口。

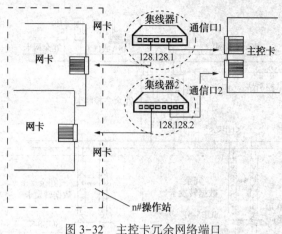

图 3-32　主控卡冗余网络端口

（2）操作站地址设置与安装

SCnetⅡ中，最多 32 个操作站（或工程师站），对 TCP/IP 协议地址设置范围采用如表 3-10所示的系统约定。

表 3-10　操作站/工程师站网络地址设置

类　　别	地　址　范　围		备　　注
	网络码	IP 地址	
操作站地址	128.128.1	129~200	每个操作站包括两块互为冗余的网卡，两块网卡使用相同的 IP 地址，但应设置不同的网络码
	128.128.2	129~200	

SCnetⅡ中的网卡属于以太网适配卡，安装网卡时打开计算机机箱，打开挡板，将网卡插入主板上的 PCI 插槽即可，操作站的网卡可采用单网卡配置，也可采用双网卡冗余配置。

网卡安装完成后，进入 Windows 操作系统，设置网卡的 IP 地址。地址设置的具体操作步骤如下：

右键单击"网上邻居"图标，选择属性，打开网络连接窗口，在网络连接窗口中右键单击要设置的网卡图标，弹出属性对话框，双击"Internet 协议（TCP/IP）"，弹出 IP 地址设置对话框，然后在"IP 地址（I）"中填入：128.128.X.XXX，在"子网掩码（U）"中填入：255.255.255.0，单击确定即可。其中"128.128.X.XXX"中的"128.128.X"为网卡地址的网络码，"XXX"为 IP 地址。若为双网卡冗余配置，用同样的方法对另一网卡进行设置。

如：操作站网卡在 A 网 IP 地址为：128.128.1.XXX

操作站网卡在 B 网 IP 地址为：128.128.2.XXX

其中"XXX"为操作站的 IP 地址：129~200，如果某工程师站的地址为 130，它的 3 块网卡的地址分别为：A 网 IP 地址为 128.128.1.130，B 网 IP 地址为 128.128.2.130，C 网 IP 地址为 128.128.5.130。

（3）网络连接

每个操作站可以配置 3 块网卡，也可以只用 2 块，即"本地连接 1"和"本地连接 2"分别作为过程控制网的 A 网和 B 网，"本地连接 3"作为过程信息网连接 C 网，可选用。

3.5 硬件选型和配置实例介绍

以具体的加热炉项目为例，介绍其硬件选型和配置。

根据加热炉项目要求的测点清单(见附录1)，分类统计出同类信号的点数，从而得到这些信号点数需要的卡件数量，根据卡件数量，统计出端子板数量，如果卡件需要冗余配置，则卡件数量多一倍。

3.5.1 卡件选择

① 由测点清单(附录1)，填写选择卡件配置表，如表3-11所示。

表3-11 选择卡件配置

序 号	位 号	描 述	I/O	类 型	选择卡件
1	TI106	原料加热炉炉膛温度	TC	K	XP314
2	TI107	原料加热炉辐射段温度	TC	K	XP314
3	TI108	原料加热炉烟囱段温度	TC	E	XP314
4	TI103	反应物加热炉入口温度	TC	K	XP314
5	TI104	反应物加热炉出口温度	TC	K	XP314
6	TI102	反应物加热炉炉膛温度	TC	K	XP314
7	TI111	原料加热炉热风道温度	TC	E	XP314
8	NAI2012	备用	TC		XP314
9	NAI2013	备用	TC		XP314
10	NAI2014	备用	TC		XP314
11	NAI2015	备用	TC		XP314
12	NAI2016	备用	TC		XP314
13	TI101	原料加热炉出口温度	TC	RTD	XP316
14	NAI2022	备用	TC		XP316
15	NAI2023	备用	TC		XP316
16	NAI2024	备用	TC		XP316
17	LI101	原料油储罐液位	AI	不配电 4~20mA	XP313
18	NAI2042	备用	AI		XP313
19	NAI2043	备用	AI		XP313
20	PI102	原料加热炉烟气压力	AI	不配电 4~20mA	XP313
21	NAI2045	备用	AI		XP313
22	NAI2046	备用	AI		XP313
23	FI001	原料加热炉原料油流量	AI	不配电 4~20mA	XP313
24	NAI2062	备用	AI		XP313
25	NAI2063	备用	AI		XP313
26	FI104	原料加热炉燃气流量	AI	不配电 4~20mA	XP313

序号	位号	描述	I/O	类型	选择卡件
27	FI102	反应物加热炉燃气流量	AI	不配电 4~20mA	XP313
28	NAI2066	备用	AI		XP313
29	LV1011	储罐液位 A 阀调节	AO	正输出	XP322
30	LV1012	储罐液位 B 阀调节	AO	正输出	XP322
31	PV102	烟气压力调节	AO	正输出	XP322
32	FV104	原料燃料气流量调节	AO	正输出	XP322
33	NAO20101	备用	AO		XP322
34	NAO20102	备用	AO		XP322
35	NAO20103	备用	AO		XP322
36	NAO20104	备用	AO		XP322
37	KI301	泵开关指示	DI		XP363
38	KI303	泵开关指示	DI		XP363
39	KI305	泵开关指示	DI		XP363
40	NDI20124	备用	DI		XP363
41	NDI20125	备用	DI		XP363
42	NDI20126	备用	DI		XP363
43	NDI20127	备用	DI		XP363
44	NDI20128	备用	DI		XP363
45	KO302	泵开关操作	DO		XP362
46	KO304	泵开关操作	DO		XP362
47	KO306	泵开关操作	DO		XP362
48	NDI20134	备用	DO		XP362

② 根据测点清单，填写测点统计表，如表 3-12 所示。

表 3-12　点数及卡件统计表

信号类型		卡件型号	点数	卡件数目	配套端子板型号	端子板数目	备用点数
模拟量信号	电流信号	XP313	5	1*2	XP520R	2	7
	热电偶	XP314	7	2	XP520	1	5
	热电阻	XP316	1	1	XP520	1	3
	输出	XP322	4	1*2	XP520R	2	4
开关量信号	输入	XP363	6	1	XP520	1	2
	输出	XP362	6	1	XP520	1	2
总计			29	11		8	23

③ 根据统计表，填写系统规模配置表，如表 3-13 所示。

表 3-13 系统规模配置表

内 容	主 控 卡	数据转发卡
型号	XP243	XP233
数量	2	2
配置	冗余	冗余

④ 填写控制系统 I/O 卡件布置图 如表 3-14 所示。

表 3-14 系统 I/O 卡件布置图

1	2	3	4	00	01	02	03	04	05	06	07	08	09	10	11	12	13	14	15
冗余		冗余						冗余				冗余							
XP243	XP243	XP233	XP233	XP314	XP313	XP316		XP333	XP331	XP332		XP322	XP322	XP322		XP363	XP362		

3.5.2 硬件安装

① 根据《I/O 卡件布置图》把卡件插入相应槽内。

② 设置地址，根据主控卡和数据转发卡的地址，进行设置，如表3-15 和表3-16所示。

表 3-15 主控卡拨号开关状态

卡 件 地 址	拨号开关状态(填写 ON 或 OFF)				
	S4	S5	S6	S7	S8
02	0	0	0	1	0
03	0	0	0	1	1

表 3-16 数据转发卡跳线

卡 件 地 址	地址跳线状态(填写 ON 或 OFF)				冗余跳线 J2 状态
	S4	S3	S2	S1	
0	0	0	0	0	ON
1	0	0	0	1	ON

③ 设置跳线。根据"测点清单"和"I/O 卡件布置图"，设置卡件的跳线，如表 3-17 所示。

表 3-17　I/O 卡件跳线设置

卡件型号	卡件地址 xx-xx-xx	卡件跳线及状态		选择端子板
XP313	02-00-04	□单卡　■冗余 J2　1-**2-3** J4　1-**2-3** J5　1-**2-3**	配电跳线 JP1　**1-2**-3 JP2　**1-2**-3 JP3　**1-2**-3 JP4　**1-2**-3 JP5　**1-2**-3 JP6　**1-2**-3	□ XP520 ■ XP520R □ 其他
XP313	02-00-05	□单卡　■冗余 J2　1-**2-3** J4　1-**2-3** J5　1-**2-3**	配电跳线 JP1　**1-2**-3 JP2　**1-2**-3 JP3　**1-2**-3 JP4　**1-2**-3 JP5　**1-2**-3 JP6　**1-2**-3	□ XP520 ■ XP520R □ 其他
XP314	02-00-00	■单卡　□冗余 J2　**1-2**-3		■ XP520 □ XP520R □其他
XP314	02-00-01	■单卡　□冗余 J2　**1-2**-3		■ XP520 □ XP520R □其他
XP316	02-00-02	■单卡　□冗余 J2　**1-2**-3		■ XP520 □ XP520R □其他
XP322	02-00-06	□单卡　■冗余 J2　**1-2**-3	负载能力跳线 JP3　H・L JP4　H・L JP5　H・L JP6　H・L	□ XP520 ■ XP520R □其他
XP322	02-00-07	□单卡　■冗余 J2　**1-2**-3	负载能力跳线 JP3　H・L JP4　H・L JP5　H・L JP6　H・L	□ XP520 ■ XP520R □其他
XP363	02-00-08			■ XP520 □ XP520R □其他
XP362	02-00-09			■ XP520 □ XP520R □其他

3.6 系统组态软件

AdvanTrol-Pro 软件包是基于 Windows2000 操作系统的自动控制应用软件平台，在 SUPCON WebField 系列集散控制系统(Distributed Control System，DCS)中完成系统组态、数据服务和实时监控功能。

AdvanTrol-Pro 软件包可分成两大部分，一部分为系统组态软件，包括：用户授权管理软件(SCReg)、系统组态软件(SCKey)、图形化编程软件(SCControl)、语言编程软件(SCLang)、流程图制作软件(SCDrawEx)、报表制作软件(SCFormEx)、二次计算组态软件(SCTask)、ModBus 协议外部数据组态软件(AdvMBLink)等；另一部分为系统运行监控软件，包括：实时监控软件(AdvanTrol)、数据服务软件(AdvRTDC)、数据通信软件(AdvLink)、报警记录软件(AdvHisAlmSvr)、趋势记录软件(AdvHisTrdSvr)、ModBus 数据连接软件(AdvMBLink)、OPC 数据通信软件(AdvOPCLink)、OPC 服务器软件(AdvOPCServer)、网络管理和实时数据传输软件(AdvOPNet)、历史数据传输软件(AdvOPNetHis)等。

3.6.1 用户授权管理软件(SCReg)

在软件中将用户级别共分为十个层次：观察员、操作员-、操作员、操作员+、工程师-、工程师、工程师+、特权-、特权、特权+。不同级别的用户拥有不同的授权设置，即拥有不同范围的操作权限。对每个用户也可专门指定(或删除)其某种授权。

3.6.2 系统组态软件(SCKey)

SCKey 组态软件主要是完成 DCS 的系统组态工作。如设置系统网络节点、冗余状况、系统控制周期；I/O 卡件的数量、地址、冗余状况、类型；设置每个 I/O 点的类型、处理方法和其他特殊的设置；设置监控标准画面信息；常规控制方案组态等。系统所有组态完成后，最后要在该软件中进行系统的联编、下载和传送。该软件用户界面友好，操作方便，充分支持各种控制方案。

SCKey 组态软件通过简明的下拉菜单和弹出式对话框建立友好的人机交互界面，并大量采用 Windows 的标准控件，使操作保持了一致性，易学易用。该软件采用分类的树状结构管理组态信息，使用户能够清晰把握系统的组态状况。另外，SCKey 组态软件还提供了强大的在线帮助功能，当用户在组态过程中遇到问题时，只须按 F1 键或选择菜单中的帮助项，就可以随时得到帮助提示。

3.6.3 二次计算组态软件(SCTask)

二次计算组态软件(SCTask)是 AdvanTrol-Pro 软件包的重要组成部分之一，用于组态上位机位号、事件、任务，建立数据分组分区，历史趋势和报警文件设置，光字牌设置，网络策略设置，数据提取设置等。目的是在 SUPCON WebField 系列控制系统中实现二次计算功能、提供更丰富的报警内容、支持数据的输入输出、数据组与操作小组绑定等。把控制站的一部分任务由上位机来做，既提高了控制站的工作速度和效率，又可提高系统的稳定性。SCTask 具有严谨的定义、强大的表达式分析功能和人性化的操作界面。

3.6.4 流程图制作软件(SCDrawEx)

流程图制作软件(SCDrawEx)是 SUPCON WebField 系列控制系统软件包的重要组成部分之一,是一个具有良好用户界面的流程图制作软件。它以中文 Windows2000 操作系统为平台,为用户提供了一个功能完备且简便易用的流程图制作环境。

3.6.5 报表制作软件(SCFormEx)

报表制作软件(SCFormEx)是全中文界面的制表工具软件,是 SUPCON WebField 系列控制系统组态软件包的重要组成部分之一。该软件提供了比较完备的报表制作功能,能够满足实时报表的生成、打印、存储以及历史报表的打印等工程中的实际需要,并且具有良好的用户操作界面。

自动报表系统分为组态(即报表制作)和实时运行两部分。其中,报表制作部分在 SC-FormEx 报表制作软件中实现,实时运行部分与 AdvanTrol 监控软件集成在一起。

3.6.6 图形化编程软件(SCControl)

图形化编程软件(SCControl)是 SUPCON WebField 系列控制系统用于编制系统控制方案的图形编程工具。按 IEC61131-3 标准设计,为用户提供高效的图形编程环境。

图形化编程软件集成了 LD 编辑器、FBD 编辑器、SFC 编辑器、ST 语言编辑器、数据类型编辑器、变量编辑器。该软件编程方便、直观,具有强大的在线帮助和在线调试功能,用户可以利用该软件编写图形化程序实现所设计的控制算法。在系统组态软件(SCKey)中使用自定义控制算法设置可以调用该软件。

3.6.7 语言编程软件(SCLang)

语言编程软件(SCLang)又叫 SCX 语言,是 SUPCON WebField 系列控制系统控制站的专用编程语言。在工程师站完成 SCX 语言程序的调试编辑,并通过工程师站将编译后的可执行代码下载到控制站执行。SCX 语言属高级语言,语法风格类似标准 C 语言,除了提供类似 C 语言的基本元素、表达式等外,还在控制功能实现方面作了大量扩充。用户可以利用该软件灵活强大的编辑环境,编写程序实现所设计的控制算法。

3.6.8 实时监控软件(AdvanTrol)

实时监控软件(AdvanTrol)是控制系统实时监控软件包的重要组成部分,是基于 Windows2000 中文版开发的 SUPCON WebField 系列控制系统的上位机监控软件,用户界面友好。其基本功能为:数据采集和数据管理。它可以从控制系统或其他智能设备采集数据以及管理数据,进行过程监视(图形显示)、控制、报警、报表、数据存档等。

实时监控软件所有的命令都化为形象直观的功能图标,只须用鼠标单击即可轻而易举地完成操作,再加上操作员键盘的配合使用,生产过程的实时监控操作更是得心应手,方便简捷。

实时监控软件的主要监控操作画面有:

(1)调整画面

通过数值、趋势图以及内部仪表来显示位号的信息。调整画面显示的位号类型有：模入、自定义半浮点量、手操器、自定义回路、单回路、串级回路、前馈控制回路、串级前馈控制回路、比值控制回路、串级变比值控制回路、采样控制回路等。

（2）报警一览画面

用于显示系统的所有报警信息，根据组态信息和工艺运行情况动态查找新产生的报警并显示符合条件的报警信息。在报警信息列表中可以显示实时报警信息和历史报警信息两种状态。实时报警列表每过一秒钟检测一次位号的报警状态，并刷新列表中的状态信息。历史报警列表只是显示已经产生的报警记录。

（3）系统总貌画面

是各个实时监控操作画面的总目录，主要用于显示过程信息，或作为索引画面，进入相应的操作画面，也可以根据需要设计成特殊菜单页。每页画面最多显示32块信息，每块信息可以为过程信息点(位号)和描述、标准画面(系统总貌、控制分组、趋势图、流程图、数据一览等)索引位号和描述。过程信息点(位号)显示相应的信息、实时数据和状态。标准画面显示画面描述和状态。

（4）控制分组画面

通过内部仪表的方式显示各个位号以及回路的各种信息。信息主要包括位号名(回路名)、位号当前值、报警状态、当前值柱状显示、位号类型以及位号注释等。每个控制分组画面最多可以显示8个内部仪表，通过鼠标单击可修改内部仪表的数据或状态。

（5）趋势画面

根据组态信息和工艺运行情况，以一定的时间间隔记录一个数据点，动态更新趋势图，并显示时间轴所在时刻的数据。每页最多显示8×4个位号的趋势曲线，在组态软件中进行操作组态时确定曲线的分组。运行状态下可在实时趋势与历史趋势画面间切换。点击趋势设置按钮可对趋势进行设置。

（6）流程图画面

是工艺过程在实时监控画面上的仿真，由用户在组态软件中产生。流程图画面根据组态信息和工艺运行情况，在实时监控过程中动态更新各动态对象，如数据点、图形等。

（7）数据一览画面

根据组态信息和工艺运行情况，动态更新每个位号的实时数据值。最多可以显示32个位号信息，包括序号、位号、描述、数值和单位共五项信息。

（8）故障诊断画面

对系统通信状态、控制站的硬件和软件运行情况进行诊断，以便及时、准确地掌握系统运行状况。

3.7 组态项目要求

3.7.1 工艺简介

加热炉是石油化工生产中的主要设备之一，广泛应用在石油炼制和石油化工生产中，它利用直接火焰加热物料，可将物料加热到很高的温度(1000～1100℃)，亦可作为反应器使用。对于加热炉，工艺介质受热升温或同时进行汽化，其温度的高低会直接影响后一工序的操作工况或产品质量。当加热炉温度过高时，会使物料在加热炉里分解，甚至造成结焦而产生事故，因此，一般加热炉的出口温度都需要严格控制。

本设计中就是以浙江中控 WebField JX-300XP 为硬件蓝本，运用其配备的 AdvanTrol Pro 学习版软件对加热炉进行安全可靠，高性能的分布式控制设计。

加热炉控制流程图如图 3-33 所示。

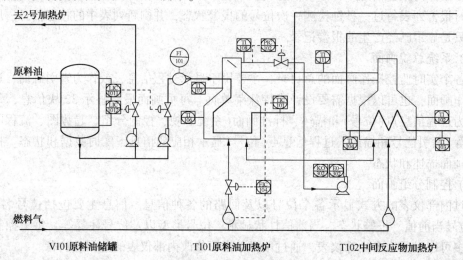

图 3-33　加热炉控制流程图

3.7.2　项目要求

3.7.2.1　用户管理要求

用户名称及权限如表 3-18 所示。

表 3-18　用户权限设置

权限	用户	用户密码	相 应 权 限
特权	系统维护	1111	PID 参数设置、报表打印、报表在线修改、报警查询、报警声音修改、报警使能、查看操作记录、查看故障诊断信息、查找位号、调节器正反作用设置、屏幕拷贝打印、手工置值、退出系统、系统热键屏蔽设置、修改趋势画面、重载组态、主操作站设置
工程师	工程师	1111	PID 参数设置、报表打印、报表在线修改、报警查询、报警声音修改、报警使能、查看操作记录、查看故障诊断信息、查找位号、调节器正反作用设置、屏幕拷贝打印、手工置值、退出系统、系统热键屏蔽设置、修改趋势画面、重载组态、主操作站设置
操作员	原料加热炉操作	1111	报表打印、报警查询、查看操作记录、查看故障诊断信息、屏幕拷贝打印、修改趋势画面、重载组态
操作员	反应物加热炉操作	1111	报表打印、报警查询、查看操作记录、查看故障诊断信息、屏幕拷贝打印、修改趋势画面、重载组态

3.7.2.2 组态要求

（1）测点清单

统计的测点清单，见附录1。

（2）控制方案

① 原料油罐液位控制，单回路 PID，回路名 LIC101，控制回路方框图如图 3-34 所示。

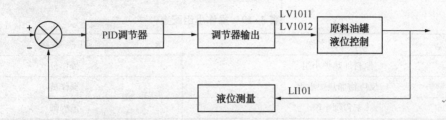

图 3-34 原料油罐液位控制方框图

② 原料加热炉烟气压力控制，单回路 PID，回路名 PIC102，控制回路方框图如图 3-35 所示。

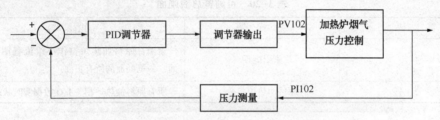

图 3-35 加热炉烟气压力控制方框图

③ 原料加热炉出口温度控制，串级控制：内环为 FIC102（加热炉燃料流量控制）；外环为 TIC101（加热出口温度控制），控制回路方框图如图 3-36 所示。

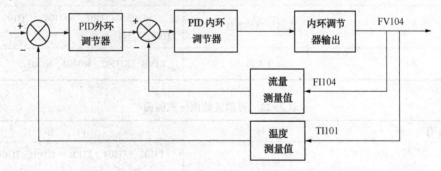

图 3-36 加热炉出口温度串级控制方框图

（3）控制站及操作站配置

① 控制系统由 1 个控制站、1 个工程师站、2 个操作员站组成。控制站 IP 地址为 02，工程师站 IP 地址为 130，操作员站 IP 地址为 131~132；

② 要求主控制卡和数据转发卡均冗余配置；

③ 2 个操作员站分别监控原料加热炉和反应物加热炉的过程参数和画面；

④ 工程师站可以同时查看原料加热炉和反应物加热炉中的所有参数和画面。

3.7.3 监控画面要求

3.7.3.1 操作小组配置要求

系统分 3 个操作小组，即：工程师小组、原料加热炉操作小组、反应物加热炉操作小组。操作小组配置如表 3-19 所示。

表 3-19 操作小组配置

操作小组名称	切换等级
原料加热炉小组	操作员
反应物加热炉小组	操作员
工程师小组	工程师

3.7.3.2 原料加热炉小组设置要求

当原料加热炉操作员进行监控时，可浏览的画面如表 3-20 ~ 表 3-25 所示。

表 3-20 可浏览总貌画面

页码	页标题	内容
1	索引画面	索引：原料加热炉操作小组流程图、分组画面、一览画面的所有页面
2	原料加热炉参数	所有原料加热炉相关 I/O 数据实时状态

表 3-21 可浏览分组画面

页码	页标题	内容
1	常规回路	PIC102、FIC104、TIC101
2	原料加热炉参数	PI102、FI101、FI104、TI106、TI107、TI108、TI111
3	开关量	KI301、KO302、KO304、KI303

表 3-22 可浏览数据一览画面

页码	页标题	内容
1	数据一览	PI102、FI104、FI101、TI101、TI106、TI107、TI108、TI111

表 3-23 可浏览趋势画面

页码	页标题	内容
1	温度	温度实时/历史趋势
2	压力	压力实时/历史趋势
3	液位	液位实时/历史趋势

表 3-24 光 字 牌

序 号	名 称	包 含 数 据
1	原料加热炉温度	TI106、TI107、TI108、TI111
2	原料加热炉压力	PI102
3	原料储罐液位	LI101

表 3-25 可浏览流程图画面

页 码	页 标 题	内 容
1	原料加热炉流程	绘制原料加热炉部分流程图

报表记录要求：以 10min 为周期记录 TI101、TI106 、TI107、TI108 的实时数据并自动每小时打印报表，如表 3-26 所示。

表 3-26 报表制作格式

原料加热炉报表(班报表)

_____班_____组 记录员_____　　　　日期：_____年_____月_____日

时间	＊＊：00	＊＊：10	＊＊：20	＊＊：30	＊＊：40	＊＊：50	平均值
位号	描述			数据			
TI101	原料加热炉出口温度						
TI106	原料加热炉炉膛温度						
TI107	原料加热炉辐射段温度						
TI108	原料加热炉烟囱段温度						

3.7.3.3 反应物加热炉小组设置要求

当反应物加热炉操作员进行监控时，可浏览的画面如表 3-27~表 3-32 所示。

表 3-27 可浏览总貌画面

页 码	页 标 题	内 容
1	索引画面	索引：反应物加热炉操作小组流程图、分组画面、一览画面的所有页面
2	反应物加热炉参数	所有反应物加热炉相关 I/O 数据实时状态

表 3-28 可浏览分组画面

页 码	页 标 题	内 容
1	开关量	KI303、KI305、KO304、KO306
2	反应物加热炉参数	TI102、TI103、TI104、FI102

表 3-29　可浏览数据一览画面

页　码	页　标　题	内　容
1	数据一览	TI102、TI103、TI104、FI102

表 3-30　可浏览趋势画面

页　码	页　标　题	内　容
1	温度	温度实时/历史趋势
2	流量	流量实时/历史趋势

表 3-31　光 字 牌

序　号	名　称	包含数据
1	反应物加热炉温度	TI102、TI103、TI104
2	反应物加热炉流量	FI102

表 3-32　可浏览流程图画面

页　码	页　标　题	内　容
1	反应物加热炉流程	绘制反应物加热炉部分流程图

报表记录要求：以 10min 为周期记录 TI101、TI106 、TI107、TI108 的实时数据并自动每小时打印报表。报表格式与表 3-26 原料加热炉报表相同。

3.7.3.4　工程师小组设置要求

可浏览所有操作小组的画面，当工程师小组进行监控时，可浏览的画面如表 3-33～表 3-36 所示。

表 3-33　可浏览总貌画面

页　码	页　标　题	内　容
1	索引画面	索引：工程师操作小组流程图、分组画面、一览画面的所有页面
2	数据总貌	所有 I/O 数据实时状态

表 3-34　可浏览分组画面

页　码	页　标　题	内　容
1	常规回路	PIC102、FIC104、TIC101、LIC101
2	原料加热炉参数	PI102、FI104、FI101、TI101、TI106、TI107、TI108、TI111
2	反应物加热炉参数	TI102、TI103、TI104、FI102
3	开入量	KI301、KI303、KI305
	开出量	KO302、KO304、KO306

表3-35　可浏览趋势画面

3个小组的趋势画面相同			
趋势显示要求			
页码	页标题	位号	趋势设置中的坐标显示方式
1	加热炉液位和流量	LI101	百分比
		FI104	工程量
		FI102	工程量
2	加热炉温度	TI106	工程量
		TI107	百分比
		TI102	百分比
		TI103	百分比
		TI104	工程量
		TI108	百分比
		TI101	工程量

表3-36　流程图画面

页　码	页　标　题	内　容
1	系统流程	绘制如图3-33流程图画面
2	原料加热炉流程	绘制原料加热炉部分流程图
3	反应物加热炉流程	绘制反应物加热炉部分流程图

3.8　系统组态

3.8.1　系统软件安装

系统软件安装步骤如下：

① 将系统安装盘放入工程师站光驱中，Windows系统自动运行安装程序，出现图3-37所示对话框。

图3-37　系统软件安装对话框1

② 选择"工程师站安装"，点击"下一步"进入下一个对话框。若出现图3-38所示对话框。选择"U. S. English"，点击"OK"确定。不要重新启动计算机，等安装完补丁后，再重新

启动计算机。

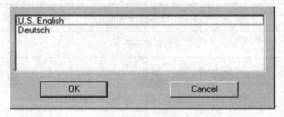

图 3-38 系统软件安装对话框 2

重新启动系统后，在桌面上出现系统组态和实时监控的快捷启动键，如图 3-39 所示。

图 3-39 桌面快捷图标

3.8.2 系统组态

系统组态是指在工程师站上为控制系统设定各项软硬件参数的过程。由于 DCS 的通用性和复杂性，系统的许多功能及匹配参数需要根据具体场合而设定。例如：系统由多少个控制站和操作站构成；系统采集什么样的信号、采用何种控制方案、怎样控制、操作时需显示什么数据、如何操作等等。另外，为适应各种特定的需要，集散系统备有丰富的 I/O 卡件、各种控制模块及多种操作平台。在组态时一般根据系统的要求选择硬件设备，当与其他系统进行数据通信时，需要提供系统所采用的协议和使用的端口。

3.8.2.1 软件应用流程

DCS 的组态过程是一个循序渐进、多个软件综合应用的过程，在应用 AdvanTrol-Pro 软件对控制系统进行组态时，可针对系统的工艺要求，逐步完成对系统的组态。

（1）系统组态工作流程框图

系统组态工作流程如图 3-40 所示。

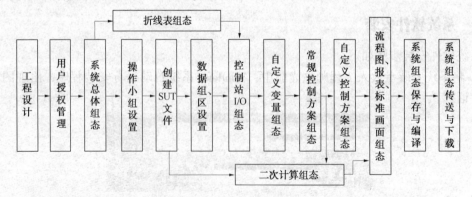

图 3-40 系统组态工作流程

（2）系统组态工作流程

① 工程设计。工程设计包括测点清单设计、常规（或复杂）对象控制方案设计、系统控

制方案设计、流程图设计、报表设计以及相关设计文档编制等。工程设计完成以后，应形成包括《测点清单》、《系统配置清册》、《控制柜布置图》、《I/O卡件布置图》、《控制方案》等在内的技术文件。

工程设计是系统组态的依据，只有在完成工程设计之后，才能动手进行系统的组态。

② 用户授权管理。用户授权管理操作主要由SCReg软件来完成。通过在软件中定义不同级别的用户来保证权限操作，即一定级别的用户对应一定的操作权限。每次启动系统组态软件前都要用已经授权的用户名进行登录。

③ 系统总体组态。系统组态是通过SCKey软件来完成的。系统总体结构组态是根据《系统配置清册》确定系统的控制站与操作站。

④ 操作小组设置。对各操作站的操作小组进行设置，不同的操作小组可观察、设置、修改不同的标准画面、流程图、报表、自定义键等。操作小组的划分有利于划分操作员职责，简化操作人员的操作，突出监控重点。

⑤ 数据组(区)设置。完成数据组(区)的建立工作，为I/O组态时位号的分组分区作好准备。

⑥ 自定义折线表组态。对主控制卡管理下的自定义非线性模拟量信号进行线性化处理。

⑦ 控制站I/O组态。根据《I/O卡件布置图》及《测点清单》的设计要求完成I/O卡件及I/O点的组态。

⑧ 控制站自定义变量组态。根据工程设计要求，定义上下位机间交流所需要的变量及自定义控制方案中所需的回路。

⑨ 常规控制方案组态。对控制回路的输入输出只是AI和AO的典型控制方案进行组态。

⑩ 自定义控制方案组态。利用SCX语言或图形化语言编程实现联锁及复杂控制等，实现系统的自动控制。

⑪ 二次计算组态。二次计算组态的目的是在DCS中实现二次计算功能、优化操作站的数据管理，提供更丰富的报警内容、支持数据的输入输出。让控制站的一部分任务由上位机来做，既提高了控制站的工作速度和效率，又可提高系统的稳定性。

二次计算组态包括：光字牌设置、网络策略设置、报警文件设置、趋势文件设置、任务设置、事件设置、提取任务设置、提取输出设置等。

⑫操作站标准画面组态。系统的标准画面组态是指对系统已定义格式的标准操作画面进行组态，其中包括总貌、趋势、控制分组、数据一览等四种操作画面的组态。

⑬流程图制作。流程图制作是指绘制控制系统中最重要的监控操作界面，用于显示生产产品的工艺及被控设备对象的工作状况，并操作相关数据量。

⑭报表制作。编制可由计算机自动生成的报表以供工程技术人员进行系统状态检查或工艺分析。

⑮系统组态保存与编译。对完成的系统组态进行保存与编译。

⑯系统组态传送与下载。将在工程师站已编译完成的组态传送到操作员站，或是将已编译完成的组态下载到各控制站。

3.8.2.2 系统组态实例

按照系统组态工作流程图，说明系统组态的过程及操作步骤。组态中所用的数据和设置来自3.7节中的项目要求。

（1）组态前期准备工作

① 统计 I/O 数量、类型、量程、报警、单位等，确定位号、描述，填写测点清单，选择卡件类型。

② 确定系统配置：控制站、操作站、操作小组数量、IP 地址。

③ 确定卡件布置情况，填写卡件布置图。

④ 根据各实验装置工艺流程，确定系统控制方案、监控流程画面初图、要显示的报表内容。

（2）用户授权管理

用户授权管理组态的目的是确定 DCS 操作和维护管理人员并赋以相应的操作权限。不同的用户管理对应不同的权限。如，用户管理：工程师，对应的权限：退出系统、查找位号、PID 参数设置、重载组态、报表打印、查看故障诊断信息等。

启动用户授权管理软件步骤如下：

① 点击命令【开始】/【程序】/【AdvanTrol-Pro】/【用户权限管理】，弹出图 3-41 所示对话框。对话框中的"用户名称"为系统缺省用户名"SUPER_ PRIVILEGE_ 001"。

② 在"用户密码"中输入缺省密码"SUPER_ PASSWORD_ 001"，点击"确定"，进入到用户授权管理界面。在用户信息窗中，右键点击"用户管理"下的"特权"一栏，出现右键菜单如图 3-42 所示。

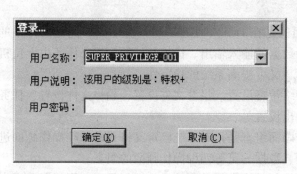

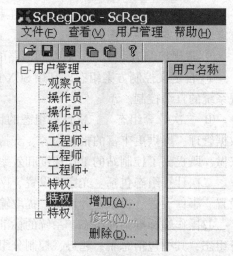

图 3-41　登录对话框　　　　　　图 3-42　用户列表区内的右键菜单

在右键菜单中点击"增加"命令，弹出用户设置对话框，如图 3-43 所示。在对话框中进行以下操作：用户等级：特权，用户名称：系统维护，输入密码：1111，确认密码：1111。点击对话框中的命令按钮"授权设置"，在对话框中点击命令按钮"全增加"，将"所有授权项"下的内容全部添加到"当前用户授权"下（也可选中某一授权项，通过"增加"按钮授权给当前用户）。点击"确定"退出用户设置对话框，返回到用户授权管理界面。可以看到在用户信息窗的特权用户下新增了一名"系统维护"用户。

③ 点击"保存"按钮，将新的用户设置保存到系统中。可重复以上过程设置其他级别的用户，如在工程师级别处增加一个"工程师"用户，在操作员级别处增加 2 个"操作员"用户，

进行如上的设置后退出用户授权管理界面。效果如图3-44所示。注意：工程师级别以下的用户不能登录用户授权管理软件。

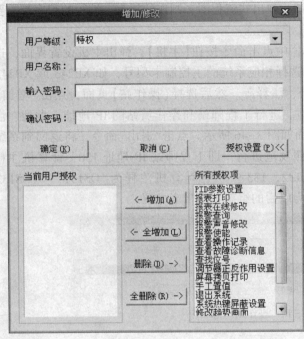

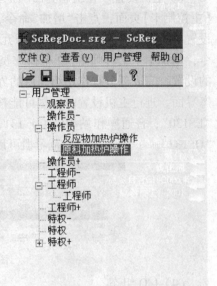

图3-43 用户授权设置　　　　　　　　　　　图3-44 增加用户界面

（3）系统总体结构组态

系统总体结构组态是整个系统组态过程中最先做的工作，其目的是确定构成控制系统的规模，即控制站和操作站节点的数量。

本节将按组态前期准备工作的要求组态控制站，工程师站和操作员站。组态过程如下：

① 登录。在桌面上点击图标【系统组态】，将弹出登录对话框，选择用户名为"工程师"，输入密码为"1111"，点击"确定"进入系统组态选择对话框，如图3-45所示。如果是新建组态，则点击"新建组态"命令，点击"确定"，为新建的组态文件选择保存路径。如果是打开组态，组态名称与所需要的相同，就点击"载入组态"，否则点击"选择组态"，选择所需要的组态名称载入。

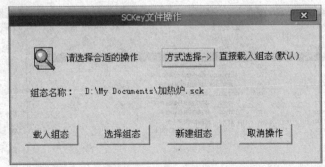

图3-45 组态文件选择

新建组态时，组态文件由两部分组成，即系统生成＊.sck文件和同名文件夹，在文件夹中，包含有几个子文件夹，经常用到的有 Flow 流程图、FlowPopup 弹出式流程图、Run 运行文件、Report 报表、Control 图形化组态、Temp 临时文件、Recompute 二次计算文件夹。在后面的组态过程中，所绘制的流程图、弹出式流程图、制作的报表、编写的程序都需要正确地存放在相应的文件夹中。

② 主机设置。在组态界面的工具栏中点击命令按钮【主机】，弹出主机设置界面，选择【主控制卡】页面，点击"增加"命令，选择相应系统的主控制卡型号，如 XP243 或 XP243X，设置各类参数，如 IP 地址、是否冗余、注释等。然后选择【操作站】页面，点击"增加"命令，增加 1 个工程师站，2 个操作员站。进行工程师站和操作员站的 IP 地址、类型、注释的设置，完成部分操作站组态后的界面如图 3-46 所示。点击"退出"命令，将返回到系统组态界面。进行主机设置时，尽可能按照规范进行，即工程师站 IP 地址 130，计算机注释为"ES130"；普通操作站 IP 地址 131、132、133……，计算机注释为"OS131"、"OS132"、"OS133"……。良好的规范习惯可以为以后的组态工作带来方便。

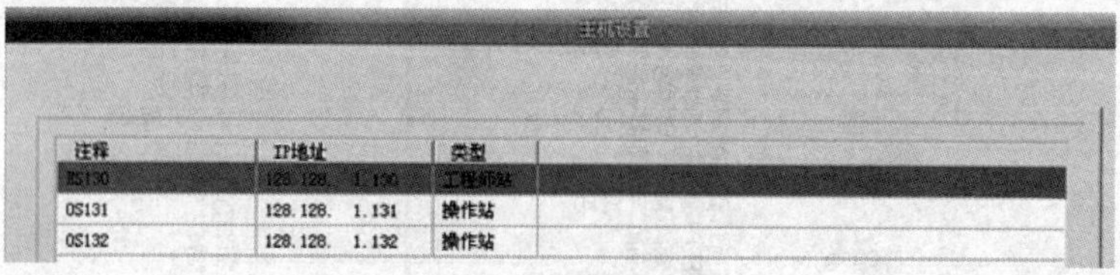

图 3-46　操作站组态结果

（4）I/O 组态

控制站 I/O 组态是完成对控制系统中各控制站内卡件和 I/O 点的参数设置。组态分三部分，分别是数据转发卡组态（确定机笼数）、I/O 卡件组态和 I/O 点组态。

按卡件布置图和测点清单的要求进行 I/O 组态，组态步骤如下：

① 在系统组态界面的工具栏中点击命令按钮【I/O】，弹出 I/O 组态界面。选择【数据转发卡】界面，点击"增加"命令，进行数据转发卡各项参数的设置，如主控制卡型号（从下拉列表中选择）、数据转发卡型号、地址、注释、是否冗余。再次点击"增加"命令，设置第二个和第三个机笼的数据转发卡。

② 选择【I/O 卡件】界面，主控制卡项选择"［2］"，数据转发卡项选择"［0］CS1-1"，点击"增加"命令，按工程设计要求组态 I/O 卡件。包括各类卡件的类型、地址、注释、是否冗余。I/O 卡件组态完成后的界面如图 3-47 所示。

图 3-47　I/O 卡件组态

设置I/O卡件之前，先要在对话框的上方选择主控制卡和数据转发卡的地址，其作用就是要先确定当前设置的I/O卡件是放置在哪个控制站的哪个机笼中。另外，I/O卡件单卡工作时，卡件可以放置在任意位置，冗余设置时除了需要满足冗余的规则，即地址为I和I+1，I为偶数外，其后的奇数地址要没有被占用，才能设置冗余配置。如图3-47中放置在机笼04#和05#两个槽位里的两块XP313互为冗余。

③ 选择【I/O点】界面，主控制卡项选择"[2]"，数据转发卡项选择"[0]CS1-1"，I/O卡件项选择"[0]"，点击"增加"，对第一块I/O卡进行设置，如图3-48所示。这是一块XP314卡，6路电压信号输入，要设置的内容有：位号、注释、地址、类型、参数、报警、趋势、区域。

位号的定义规则是：位号不能为空，不能含有汉字和特殊字符，字符长度不能超过10个字符，字符可以由字母、____和数字组成，以字母或____起头，且位号不能重复。

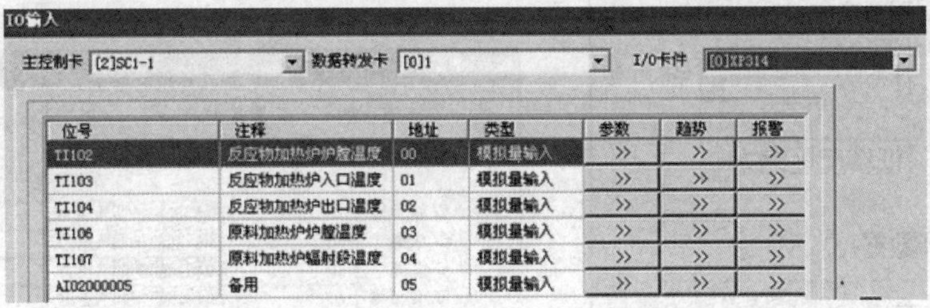

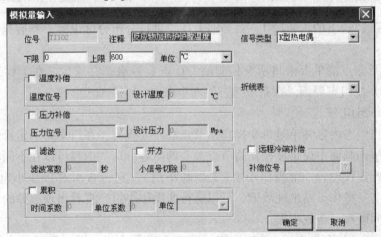

图3-48 I/O点组态

④ 点击"参数"栏下的按钮【》】，弹出图3-49所示对话框。

图3-49 模拟量输入信号点参数设置对话框

图中的信号类型会列出对应卡件支持的各种模拟量输入信号类型，不同的模拟量输入卡件可支持不同的信号类型。温压补偿算法仅适用于理想气体，其他气体的温压补偿在图形化组态中完成，设计压力为表压，若在信号点组态中实现温压补偿，则输入信号必须为差压信号，并在信号点组态中进行开方处理。累积只适用于测量下限为零的流量信号，此时在时间系数项、单位系数项中应填入相应系数，时间系数与单位系数的计算方法如下。

工程单位：单位1/时间1

累积单位：单位2

时间系数＝时间 1/秒

单位系数＝单位 2/单位 1

例如：工程单位用 m^3/h、累积单位用 km^3，工程单位中的时间单位是 h，转换为秒就是 3600s，所以时间系数＝时间 $1/s$＝3600，单位系数＝单位 2/单位 1＝km^3/m^3＝1000。

⑤ 点击"趋势"栏下的按钮【》】，弹出图 3-50 所示对话框，设置该位号历史数据记录方式。点击"确定"返回 I/O 点组态界面。

⑥ 点击"报警"栏下的按钮【》】，弹出图 3-51 所示对话框，进行报警设置，然后返回 I/O 点组态界面。

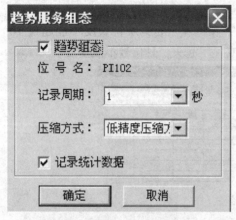

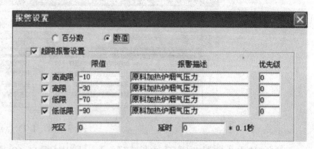

图 3-50　趋势服务组态对话框　　　　　　　图 3-51　报警设置对话框

⑦点击"区域"栏下的按钮【》】，对当前 I/O 点进行分组分区设置，然后返回 I/O 点组态界面。

⑧按工艺及测点清单要求将所有控制站 I/O 点位号组态完成后，在 I/O 组态界面点击"退出"返回到系统组态界面。在系统组态界面中点击"保存"命令。

（5）操作小组组态

操作站节点组态内容并不是每个操作站节点都需要查看，在组态时选定操作小组后，在各操作站节点组态画面中设定该操作站节点关心的内容，这些内容可以在不同的操作小组中重复选择。在此建议设置一个操作小组（工程师小组），它包含所有操作小组的组态内容，这样，当其中有一操作员站出现故障，可以运行此操作小组，查看出现故障的操作小组运行内容，以免时间耽搁而造成损失。

在本项目（详细信息参看 3.7 节）中将设置 3 个操作小组，即：工程师小组、原料加热炉小组、反应物加热炉小组。组态步骤如下：

在系统组态界面的工具栏中点击命令按钮【操作】，弹出操作小组设置界面，如图 3-52 所示。点击"增加"命令，设置参数：名称为工程师小组、切换等级为工程师，再次点击"增加"命令，组态：原料加热炉小组、反应物加热炉小组，切换等级为操作员。然后返回到系统组态界面。

（6）常规控制方案组态

所谓常规控制方案是指过程控制中常用的对象控制方法。对一般要求的常规控制，这里提供的控制方案基本都能满足要求。这些控制方案易于组态，操作方便，且实际运用中控制

图 3-52 操作小组设置界面

运行可靠、稳定，因此对于无特殊要求的常规控制，建议采用系统提供的常规控制方案，而不必用自定义控制方案。

常规控制方案组态操作步骤如下：

① 在系统组态界面工具栏中点击按钮【常规】，弹出常规回路组态界面，在主控制卡后面的下拉菜单中选择常规回路所在的控制站。点击"增加"命令，在回路设置区中将增加一行。在新增行的注释栏中输入说明文字：原料油罐液位控制。在新增行的控制方案栏中通过下拉箭头，根据控制要求选择合适的控制方案，本项目有 2 个单回路控制，1 个串级控制，添加后的控制方案如图 3-53 所示。

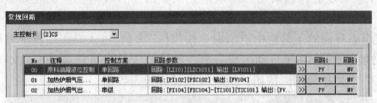

图 3-53 控制回路设置

② 点击按钮【》】，弹出回路参数设置对话框，如图 3-54 所示。在"回路 1 位号"输入回路名称：LIC101。在"回路 1 注释"输入该控制回路的说明：原料油罐液位控制。在"回路 1 输入"输入控制对象测量值：LT101(可通过【?】搜索位号)；在"输出位号 1"输入对象控制位号：LV1011，在"输出位号 2"输入对象控制位号：LV1012(可通过【?】搜索位号)，点击"确定"返回到常规控制回路组态界面。

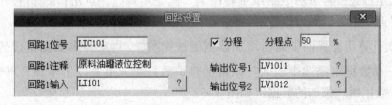

图 3-54 回路参数设置对话框

③ 分别点击"回路 1"下的测量值 PV、输出值 MV 及给定值 SV，设置这三个参数的趋势服务组态，以方便在监控中查看回路各参数的趋势曲线。但给定值 SV 的设置以及 PID 的控制参数设置需要在监控画面中进行。对于串级控制系统，回路 1 表示内环，为副回路，回路 2 表示外环，为主回路；其他各项参数设置与单回路控制系统基本相同。串级控制回路参数设置如图 3-55 所示。

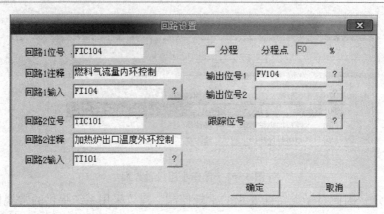

图3-55　串级控制回路参数设置对话框

④ 点击"区域"下的按钮【》】，为此回路设置数据分组（区）。也可以在二次计算中进行数据分组（区）的设置，此步不用。

⑤ 在常规控制回路组态界面中点击"退出"返回到系统组态界面。

（7）创建数据组（区）

数据分组分区的目的是为了方便数据的管理和监控。当数据组与操作小组绑定后，则只有绑定的操作小组可以监控该数据组的数据，使查找更有针对性。创建数据组（区）的步骤如下：

① 在系统组态界面的工具栏中点击命令按钮【二次】，进入操作站设置界面，如图3-56所示。点击"增加"命令，系统自动生成一个二次计算文件，页标题为"二次计算"，文件名为"原料加热炉"。点击"编辑"按钮，进入二次计算组态界面。

图3-56　操作站二次计算设置对话框

② 系统自动生成数据组1，在数据信息区内双击第一行的数据组1，弹出数据组设置对话框。在数据组描述一栏可对数据组重新命名。此处不修改，点击【取消】按钮，返回到二次计算组态界面。也可以对数据组对话框内的数据组名称进行修改。

③ 在二次计算组态界面中点击增加数据组按钮██，再次弹出数据组设置界面，点击"增加"按钮，在数据组描述中输入：原料加热炉数据组。重复以上步骤，再新建数据组：反应物加热炉数据组。添加的数据组如图3-57所示。

④ 点击菜单命令【位号】/【新建数据分区】或点击【原料加热炉数据组/【内部位号】右键添加数据分区，弹出新增数据分区界面，在分区名称中输入：原料加热炉温度，继续添加分区，名称为原料加热炉压力、原料加热炉液位。在【反应物加热炉数据组】内，按照同样的方法添加分区，分区名称分别为：反应物加热炉温度、反应物加热炉压力、反应物加热炉流量。数据分区添加结果如图3-58所示。在二次计算组态界面点击【保存】按钮。点击编译按钮██，退出二次计算组态界面，返回到系统组态界面。

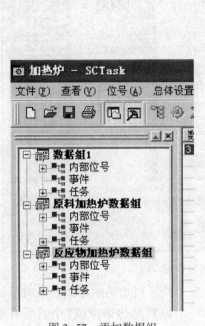
图 3-57 添加数据组

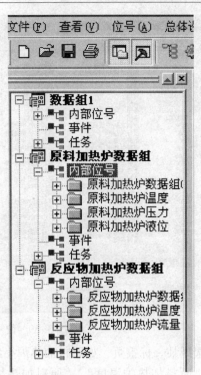
图 3-58 数据分区添加效果

（8）位号区域划分

若在 I/O 数据组态时未对各数据点位号分组分区，则可利用"位号"菜单中的"位号区域划分"命令对所有已组态完成的位号（包括自定义变量）进行 I/O 数据的逻辑区域划分。

位号区域划分操作步骤如下：

点击菜单命令【位号】/【位号区域划分】，弹出位号区域设置界面，按照项目要求中光字牌的数据分组分区要求进行数据划分：把原料加热炉的温度、压力、液位等数据划入到【原料加热炉数据组】下的"原料加热炉温度"、"原料加热炉压力"、"原料加热炉液位"分区内。点击按钮【》】，即可将选中控制站的所有位号添加到指定的数据组。按照同样的方法，把反应物加热炉的温度、压力、流量等数据划入到【反应物加热炉数据组】下的"反应物加热炉温度"、"反应物加热炉压力"、"反应物加热炉流量"分区内。至此，就完成了数据位号的区域划分，如图 3-59 所示。然后返回到系统组态界面。

注：分组分区中选择的 I/O 位号在二次计算组态的数据组中看不见，只有在实时的状态下才可以看到，具体的操作如下：在实时监控画面中点击 图标，在弹出的窗口中选择"打开系统服务"，在"运行"下拉列表中选择"实时浏览"，即可看到 I/O 位号。

（9）光字牌设置

光字牌是根据数据位号分区情况，在实时监控画面中将各数据区内位号产生的报警分别进行显示，简单地说光字牌报警就是数据的成组报警；当报警点较多时，可以根据光字牌对重点关注的信号进行优先处理。光字牌设置步骤如下：

在二次计算组态界面中点击菜单命令【总体设置】/【光字牌设置】，弹出光字牌组态界面。在界面的下方有三个标签页：【工程师小组】、【原料加热炉小组】、【反应物加热炉小

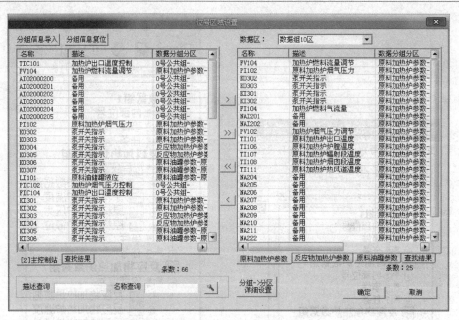

图 3-59 位号区域划分设置界面

组】，当选择某一标签页，如原料加热炉小组时，表示当原料加热炉小组登录时可以看到的
光字牌有"原料加热炉温度"、"原料加热炉压力"、"原料加热炉液位"中的所有信号，因
此，可以在原料加热炉小组标签页中设置：行数设置为 1，列数设置为 3，点击【设置】按
钮，会出现 1 行 3 列共 3 个光字牌，双击光字牌处，进行光字牌名称的输入："原料加热炉
温度报警"，并与相关的数据进行关联设置，在弹出的确认框中点击"确定"。原料加热炉小
组标签页设置的光字牌如图 3-60 所示。

依次组态所有操作小组的光字牌，然后返回到二次计算组态界面。

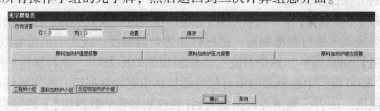

图 3-60 原料加热炉小组标签页光字牌设置

注意：当光字牌组态为 1 行或者 2 行时，监控界面光字牌报警和实时报警共同显示，当光字牌组态为
3 行以上时监控界面只显示光字牌报警。

（10）网络策略设置

网络策略设置用于确定控制系统中的操作站获取数据的模式及操作小组与数据组（区）
的绑定模式。通过网络策略设置可确定操作站的工作性质，如工程师站、操作员站、服务器
站等。

网络策略设置操作步骤如下：

① 在二次计算组态界面中点击菜单命令【总体设置】/【网络策略设置】，弹出策略表设
置界面。

② 在策略表设置界面点击"增加"按钮，进行以下参数设置：名称、关联操作小组、操

作日志。增加操作小组的策略,与相应的操作小组关联。策略表设置界面如图3-61所示。

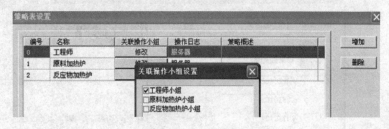

图3-61 策略表设置界面

③ 选中某一小组策略名称如"工程师",点击【单张策略详细设置】进入单张策略详细设置界面。

在【单张策略详细设置】界面可对各数据组的各项功能和数据的获取方式进行设置。如原料加热炉小组,以原料加热炉小组登录监控画面时,界面中显示的各类数据来源于"原料加热炉数据组",所以设置为"本地连接"。该小组不能查看其他操作小组如反应物加热炉小组的数据,对其他小组设置为"不连接"。反应物加热炉小组的设置也是如此。以工程师小组登录时,既可以查看原料加热炉小组的数据又能查看反应物加热炉小组,所以对两个操作小组都设置为"本地连接"。图3-62为原料加热炉小组的单张策略详细设置。

④ 返回二次计算组态界面,保存完成的二次计算组态,退出二次计算组态,返回到系统组态界面。

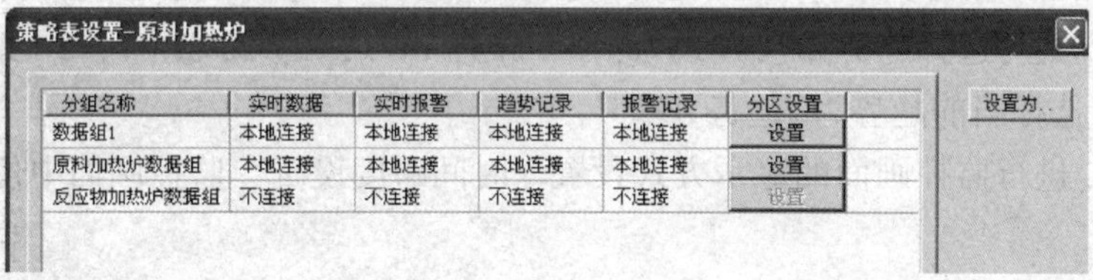

分组名称	实时数据	实时报警	趋势记录	报警记录	分区设置
数据组1	本地连接	本地连接	本地连接	本地连接	设置
原料加热炉数据组	本地连接	本地连接	本地连接	本地连接	设置
反应物加热炉数据组	不连接	不连接	不连接	不连接	设置

图3-62 原料加热炉单张策略详细设置

(11) 操作站标准画面组态

系统的标准画面组态是指对系统已定义格式的标准操作画面进行组态,其中包括控制分组、趋势画面、数据一览、总貌画面等操作画面的组态,下面分别对这4种操作画面进行介绍。

① 控制分组。控制分组画面通过内部仪表的方式可以实时显示各个位号以及回路信息,可以显示的信息包括位号(或回路)的名称、类型及注释,各类实时参数、报警状态等,控制分组画面每页以仪表盘的形式显示8个位号的内部仪表,通过单击可修改内部仪表的数据或状态。控制分组画面组态过程如下:

在系统组态画面工具栏中点击【分组】图标,进入分组画面组态对话框。操作小组设为原料加热炉小组,点击"增加"命令,增加一页分组画面,在页标题一栏中输入"常规回路",在位号栏输入相应的位号名(可通过问号按钮查询输入)。再次点击"增加"命令,增加第二页和第三页分组画面,在页标题一栏中分别输入"原料加热炉参数"和"开关量",在位号栏输入相应的位号名,分组画面设置效果如图3-63所示。点击"退出"返回到系统组态界面。

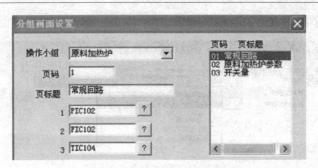

图 3-63 分组画面设置

注意：操作小组的设置是为了使这张控制分组画面在该操作小组监控登录时，能看到所设置的控制分组画面，当以其他操作小组登录监控时，是不可能查看到该小组所设置的组态内容的。

在进行测点添加时，可以逐个添加，如果有多个位号要同时添加时，点击位号后的【?】按钮，按住【Ctrl】键，用鼠标选择多个位置不连续的位号或按住【Shift】键用鼠标选择多个位置连续的位号，然后点击"确定"即可。

② 趋势画面。趋势画面可以直观地显示数据的实时趋势和历史趋势，可以将多个数据同时进行对比，是一种使用方便的标准画面。每页最多时可包含 32 条趋势曲线，每条曲线通过位号来引用，下面介绍趋势曲线画面组态过程。

在系统组态界面工具栏中点击【趋势】图标，进入趋势曲线组态界面，选择操作小组为工程师小组。点击"增加一页"，页标题为"温度"。画面中需要设置的内容有：

趋势布局方式：选择趋势布局方式为：1*1(有 1*1，1*2，2*1，2*2 四种趋势布局方式可选择)。选择当前趋势为"趋势 0"。

趋势设置：进行监控画面的显示方式设置、时间跨度设置、监控画面中位号的显示信息设置。

趋势位号设置：点击普通趋势位号后的【?】按钮，选择要显示的趋势曲线的位号，点击"确定"返回到趋势组态设置画面。

颜色设置：点击颜色框选择该趋势曲线的显示颜色。

坐标设置：点击【坐标】按钮，选择该曲线坐标的上下限。

每个趋势控件画面最多包含 8 条趋势曲线，按照以上的设置方法对其余的 7 个温度位号进行设置，设置完成后的效果图如图 3-64 所示。

再次点击"增加一页"，标题名分别为"压力"、"流量"、"液位"。选择趋势布局方式为 1*1，输入相应参数位号，返回到系统组态界面。

注意：添加到趋势画面中的所有测点，在 I/O 点组态设置时必须进行趋势服务组态设置，否则在组态编译时会出错。另外，对流量信号趋势画面显示的是瞬时流量，不能显示累积流量。

③ 数据一览。数据一览画面可以实时显示位号的测量值及单位，可用数据一览画面来统一监测重要数据。每页数据一览画面可同时显示 32 个实时数据。数据一览画面组态过程如下：

在系统组态画面工具栏中点击【一览】图标，进入一览画面组态对话框，选择操作小组为工程师小组，点击"增加"命令，增加一页一览画面。在页标题栏中输入标题"数据一览"。

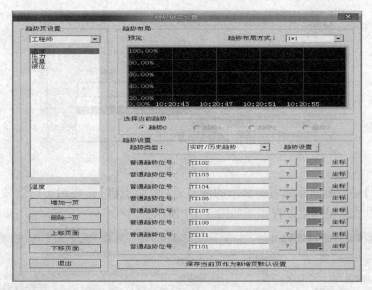

图 3-64 趋势组态设置

在位号栏输入相应的位号名(可通过问号按钮查询输入),设置完成后可继续增加画面页标题,如"原料加热炉数据"和"反应物加热炉数据",作相应的设置后点击"退出"返回到系统组态界面。设置完成后的效果图如图 3-65 所示。

图 3-65 数据一览设置效果

④ 总貌画面。总貌画面每页可同时显示 32 个位号的实时数据变化或相应位号的描述,也可作为总貌画面页、分组画面页、趋势曲线页、流程图画面页、数据一览画面页等的链接,画面索引快捷方便。画面显示块颜色可反映测点的状态及报警信息。总貌画面组态过程如下:

在系统组态画面工具栏中点击【总貌】图标,进入总貌画面组态界面。操作小组设为工程师小组。点击"增加"命令,设置第 1 页总貌画面,在页标题栏中输入页标题为"索引画面",点击查询按钮【?】,进入查询界面,选择【操作主机】。选择需要的画面如趋势画面,如图 3-66 所示。设置其余的画面索引,返回到系统组态界面。

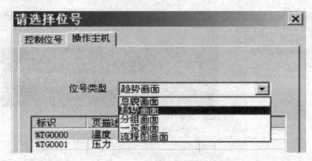

图 3-66　总貌画面索引选择

【控制位号】是对画面添加需要显示的测点；【操作主机】是将组态已设置的其他画面索引到总貌画面中。总貌画面设置界面如图 3-67 所示。

图 3-67　总貌画面设置界面

对于规模比较大的系统，位号和测点的信息比较多，一般都会设置一个工程师小组和多个操作员小组，如本项目中的原料加热炉小组和反应物加热炉小组，工程师小组可以查看原料加热炉小组和反应物加热炉小组的全部内容，这时，可以先对原料加热炉小组和反应物加热炉小组的标准画面分别进行组态后，利用【复制】和【粘贴】的操作，将原料加热炉小组和反应物加热炉小组的画面信息全部添加到工程师小组，从而方便完成对工程师小组的组态。

3.8.3　流程图制作

流程图是控制系统中最重要的监控操作界面类型之一，用于显示被控设备对象的整体工艺流程和工作状况，并可操作相关数据量。流程图制作软件具备多种绘图功能，简单易操作，可轻易绘制出各种工艺流程图，并能设置动态效果，将工艺流程直观地表现出来。流程图菜单命令一览表见附录 2。

流程图制作步骤包括：

第一步：建立文件，注意保存和关联；

第二步：画面基本属性设置；

第三步：静态图形绘制；

第四步：动态图形绘制；

第五步：画面优化（调整、动画）；

第六步：编译、监控演示。

（1）建立文件

① 在系统组态界面工具栏中点击图标【流程】，进入操作站流程图设置界面。操作小组设为工程师小组，点击"增加"命令，在页标题栏中输入标题名为"加热炉总流程图"。如图3-68所示。

图3-68 流程图添加界面

② 点击【编辑】命令，进入流程图制作界面。此时，需要指定流程图存放位置：点击【文件】/【保存】选项进行保存，流程图的文件必须保存在 D：\ 加热炉 \ Flow 文件夹中，文件的扩展名为".DSG"，这里流程图的文件名为"流程图1"。

③ 保存完成后，点击【?】按钮，则可在弹出的对话框中找到该文件，选中并点击【选择】与组态建立关联。

（2）基本属性设置

在制作流程图画面之前，先设置流程图文件版面格式，包括窗口尺寸、流程图的背景色、背景图片、对象选中方式、运行仿真变量等。点击【工具】/【画面属性】，确定流程图的画面大小和背景色等属性。一般屏幕默认的大小设置为：1000×610，该尺寸的流程图在监控画面中正好满屏。背景色采用灰色或黑色等不易产生视觉疲劳的颜色。

（3）绘制静态图形

利用静态绘制工具绘制基本图形，静态绘制工具有直线、矩形、圆角、椭圆、多边形、折线、曲线、扇形、弦形、弧形、管道、文字、时间、日期输入等；静态基本图形如果进行动态效果的设置，也具有动态的特性，动态效果包括移动、缩放、显示/隐藏、比例填充、过渡效果、旋转、翻转等。所有动态效果设置完毕后，选择动画有效才能实现。

（4）动态图形绘制

① 添加动态数据。利用工具栏的按钮【0.0】，在流程图画面中位号的对应位置上，添加动态数据，动态数据的设置不仅能使信号在流程图中进行实时显示，操作人员还可以通过单击流程图画面中的动态数据，调出该数据的内部仪表，进行实时监控。

如果动态数据链接的是开关量信号，则在监控中以 ON/OFF 的形式来显示当前状态。例如：用开关输入信号 KI301 来指示某一台泵的状态，如果希望在流程图中通过颜色的变化来直观地查看泵的启停状态，则可以选择绘图工具栏的开关按钮【◉】，放置并调整好开关图片的大小，然后双击此开关。出现如图3-69所示的动态开关设置界面，单击【?】选择开关输入信号 KI301，填上位号描述信息，设置开关为 ON 或 OFF 时图片中心显示颜色以及图片中心的边框色等，然后退出界面，把开关按钮移动到待显示泵图片的中心，放置好图片位置即可。

注意：在设置动态开关量信号的过程中，如果设置的开关量关联的是开关输入信号，则该开关量只能用于显示，不能控制；如果开关量关联的是开关输出信号或自定义变量，则此开关量可以被人为操作控制。

② 命令按钮。命令按钮分为普通命令按钮和特殊翻页按钮。使用命令按钮工具制作自定义按钮，可以在监控流程图画面中，通过单击该按钮来实现如快速翻页和赋值等功能，极大简化了操作步骤。下面通过例子说明命令按钮的使用。

项目要求在流程图中通过按钮快速切换到【系统总貌】第一页，操作步骤如下：

单击绘图工具栏的【命令按钮】，在弹出的对话框中选择"特殊翻页按钮"，单击"下一步"，在弹出的"翻页按钮设置"的【标签】栏设置该按钮的名称，在"画面类型"下方双击空白处，在弹出的下拉菜单中选择待关联的画面类型为"系统总貌"，"页码"处填 1，如果希望运行时按钮隐藏可在"透明按钮"处打"√"，命令按钮设置如图 3-70 所示。"特殊翻页按钮"最多可同时关联 32 张页面。

图 3-69　动态开关设置界面

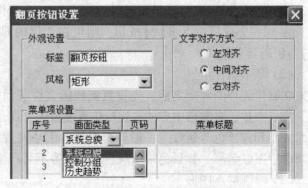

图 3-70　命令按钮设置

如果选择"普通命令按钮"，对命令按钮的设置如图 3-71 所示。图中左右两侧功能类似，但发出命令的时间不同，左侧命令是鼠标左键按下时发出，右侧命令是鼠标左键弹起时发出。

（5）弹出式流程图

如果主流程图画面的内容过多，可以考虑把部分内容移出，采用弹出式流程图的方式进行显示，这不仅可以减轻主流程图的负担，也使操作更加灵活方便。弹出式流程图与普通流程图制作方法基本相同，区别在于：

① 弹出式流程图在监控画面内为浮动式，最多可以同时显示 9 幅；

② 保存路径不同，弹出流程图的文件必须保存在 D：\ 加热炉 \ FlowPopup 文件夹中；

③ 画面大小不同，弹出流程图的画面大小可根据需要进行设置。

弹出式流程图的调用方法有：特殊翻页按钮和普通命令按钮（OPENSCG□X 坐标□Y 坐标□文件名）。

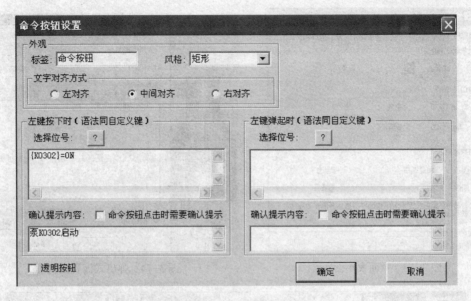

图3-71　普通命令按钮设置

下面以实例说明弹出式流程图的制作步骤。

项目要求：点击"原料加热炉设备"，弹出设备说明的内容：设备号为T101，设备名为原料油加热炉，设备操作为原料加热炉小组。

首先进行弹出式流程图的设置，保存在D：\加热炉\FlowPopup，文件名为"弹出"，如图3-72所示。

图3-72　弹出式流程图添加

点击"编辑"进入弹出式流程图画面，页面大小设置如图3-73所示。在弹出式流程图画面中输入设备说明内容文字。在流程图"加热炉流程图"画面中，设备为"加热炉"的中心位置上添加【命令按钮】/【特殊翻页按钮】，并进行如图3-74的设置。监控运行时，此命令按钮将隐藏，单击"加热炉"设备时，则弹出弹出式流程图画面，如图3-75所示。用【命令按钮】/【普通命令按钮】进行设置也可以完成上述要求的操作。

总结流程图的制作顺序如下：

① 设置流程图的基本属性，绘制基本图形包括主体设备、阀门、变送器等。

② 添加管线及文字信息。

③ 添加动态数据、设置动态效果。

④ 进行画面的优化，如加热炉等设备颜色的调整使之更贴近实际，更加有立体效果；泵启动时泵内叶轮转动的效果，流体流动的效果等。

图 3-73　页面大小设置

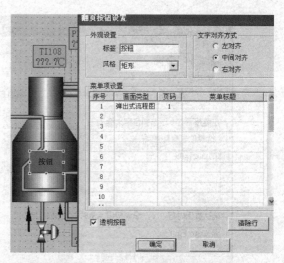

图 3-74　弹出式流程图设置

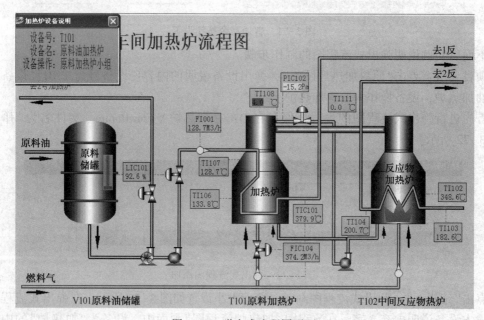

图 3-75　弹出式流程图画面

流程图一般的设计原则：

① 不通过系统监控的，如基地仪表、分配台和放空阀、冗余管线、手阀等，不显示在画面上，除非特殊要求。当需显示时，用灰色显示，指明不受系统控制。

② 仪表管线不显示，除非有工艺要求。

③ 工艺物流通常从左到右，从上到下。

④ 流向用箭头标在工艺管线上，颜色与管线颜色一致。

⑤ 流程图画面布局和设备尺寸以用户提供的信息为基准。

⑥ 工艺管线水平或者垂直显示，避免用斜线。在任一交差点，垂直管线显示为断开，水平管线保持连续。

⑦ 如果工艺需设备号、储槽标识号显示。可用按钮展开/关闭这些标签，以减少画面上

条目数。

⑧ 标识设备的标签位置风格应该一致，尽量避免垂直放置标签。

⑨ 每一幅画面在标题条上提供一个标题。

流程图图形示例如图3-76所示。

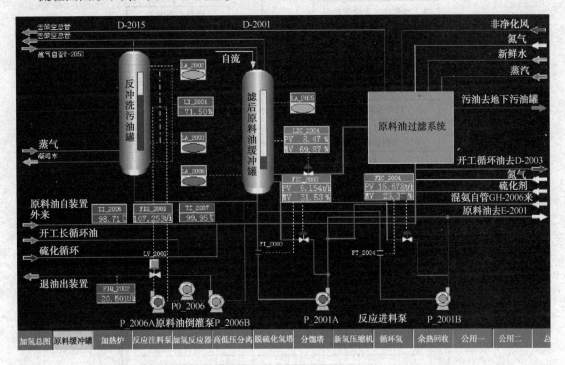

图3-76 流程图图形示例

3.8.4 报表制作

报表是一种十分重要且常用的数据记录工具。它一般用来记录重要的系统数据和现场数据，以供技术人员进行系统状态检查或工艺分析。报表制作软件从功能上分为制表和报表数据组态两部分，制表主要是将需要记录的数据以表格的形式制作；报表数据组态主要是根据需求对事件定义、时间引用、位号引用和报表输出做相应的设置。报表组态完成后，报表可由计算机自动生成。报表制作流程如图3-77所示。

报表制作步骤如下：

① 在系统组态界面工具栏中点击图标【报表】，进入操作站报表设置界面，如图3-78所示。图中的输入栏可以输入相应的文字内容，但输入文字后，必须单击【＝】按钮，才能将输入的文字转换到左边位置信息对应的单元格中，否则输入的文字无效。建立新的报表文件，选择保存路径为当前组态文件夹下的Report文件夹中，输入文件名。

② 静态表格绘制：按照报表的具体要求，绘制报表中固定的信息，如文字、位号等。

③ 事件定义：用于设置数据记录、报表产生的条件，一旦事件定义的条件被满足，则记录数据或产生报表。

④ 时间对象的组态和填充：对报表中的时间对象进行定义并填写到报表中的相应位置。

⑤ 位号的组态和填充：对报表中的位号进行定义并填写到报表中的相应位置。

⑥ 报表输出设置：报表记录方式和输出方式的设置。

⑦ 编译，完成报表制作。

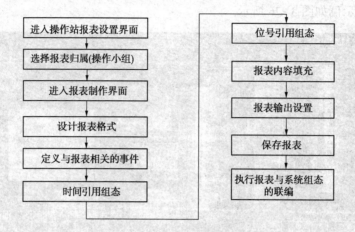

图 3-77　报表制作流程

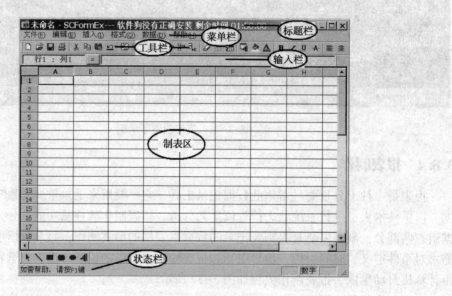

图 3-78　报表设置界面

下面以报表的具体格式详细介绍报表的制作过程。

3.8.4.1　报表格式

根据下面的报表设置要求，创建一份报表文件。

① 每 10min 采集记录一次数据，每小时产生一份报表；

② 记录位号：TI101、TI102 、TI103、TI104；

③ 报表中的数据记录到其真实值后面两位小数；

④ 自动计算各位号的平均值。

报表格式如表 3-37 所示。

表3-37 报表格式

原料加热炉报表					
_____班 _____组 记录员_____				日期：_____年____月____日	
时间	位号	TI101	TI102	TI103	TI104
＊＊：00	数据				
＊＊：10					
＊＊：20					
＊＊：30					
＊＊：40					
＊＊：50					
平均值					

3.8.4.2 制作报表

（1）创建报表

启动报表组态软件，点击【报表】按钮，选择"原料加热炉小组"，增加一个文件名为"原料加热炉报表"的报表，如图3-79所示。点击【编辑】，进入报表组态界面，点击【文件】/【保存】，保存报表在指定路径下：即保存在当前组态文件夹下的Report文件夹中。

图3-79 新建报表命名

（2）静态表格绘制

① 根据报表格式要求，确定所需的行列数，本例中的报表为10行，6列，删除多余的行列。

② 制作表头。合并单元格的第一行的所有单元格，在单元格中输入："原料加热炉报表"。按同样方法合并第二行的前4列单元格，在单元格中输入："_____班_____组记录员_____"，合并后2列作为系统日期留到后面设置时填入。

③ 合并第2列的4～9行，写入"数据"，在对应位置写入"时间"、"位号"、"TI101、TI102、TI103、TI104"、"平均值"，这时，完成了报表的全部静态部分设置。如图3-80所示。

（3）时间的组态和填充

时间对象用来记录某事件发生时的时间量，系统能提供64个时间量，按照报表的时间格式进行设置。设置方法如下：

点击【数据】/【时间引用】选项，双击"引用事件"栏，通过下拉菜单选择"NO Event"，按【回车】，"时间格式"栏，通过下拉菜单选择"XX：XX"，按【回车】，另外，报表格式

文件(F) 编辑(E) 插入(I) 格式(O) 数据(D) 帮助(H)

行9：列1　 ＝ 平均值

	A	B	C	D	E	F
1				原料加热炉报表		
2		班___组	记录员___			
3	时间	位号	TI101	TI102	TI103	TI104
4						
5						
6		数据				
7						
8						
9		平均值				

图 3-80　静态表格制作

中第 2 行合并后的单元格第 2 列要求显示系统日期，增加一个时间对象"Timer2"，"引用事件"栏和"时间格式"栏的填写如图 3-81 所示。时间对象组态完毕后，退出回到编辑界面。

时间量组态

时间量	引用事件	时间格式	描述
Timer1	No Event	xx:xx(时:分)	
Timer2	No Event	xxxx年xx月xx日	
Timer3			

图 3-81　时间量组态

如何将已经定义好的时间量填入报表中第 1 列的 4~9 行，操作如下：

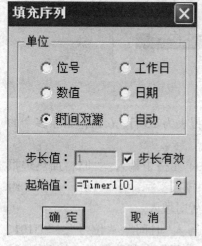

图 3-82　填充时间对象

用鼠标左键选中要填写时间量的报表第 1 列的 4~9 行，单击【编辑】/【填充】选项，弹出【填充序列】对话框，按图 3-82 所示进行选择。单击"确定"就完成设置。类似地，在报表格式中第 2 行的系统日期填充为"Timer2[0]"即可。

（4）位号的组态和填充

位号的组态和填充方法与时间对象的组态和填充方法类似。

设置方法如下：

点击【数据】/【位号引用】选项，双击"位号名"，在弹出的"I/O 数据…"中选"TI101"，按【回车】，"引用事件"栏，选择"NO Event"，按【回车】，采用同样的方法，进行另外 3 个位号的引用，设置好的效果如图 3-83 所示。退出回到编辑界面。

下面进行位号的填充。用鼠标左键选中报表第 3 列的 4~9 行，单击【编辑】/【填充】选项，在弹出的【填充序列】对话框中选择"位号"，【起始值】中的内容填写通过【?】去链接相关的 I/O 数据。选择"TI101"，单击"确定"就完成设置。依次将其他 3 个位号填充进对应的位置上。

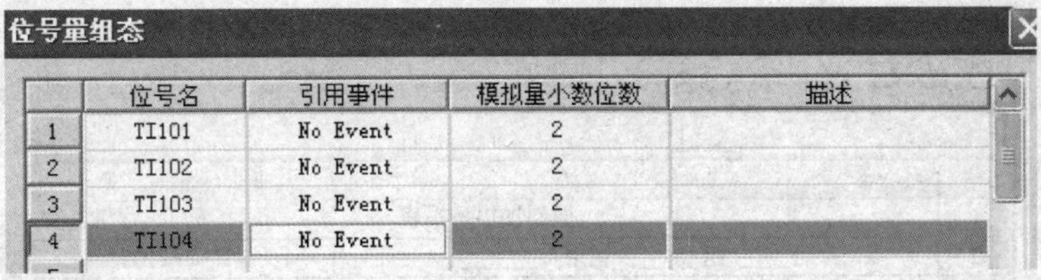

图 3-83　位号引用

时间和位号的填充效果如图 3-84 所示。

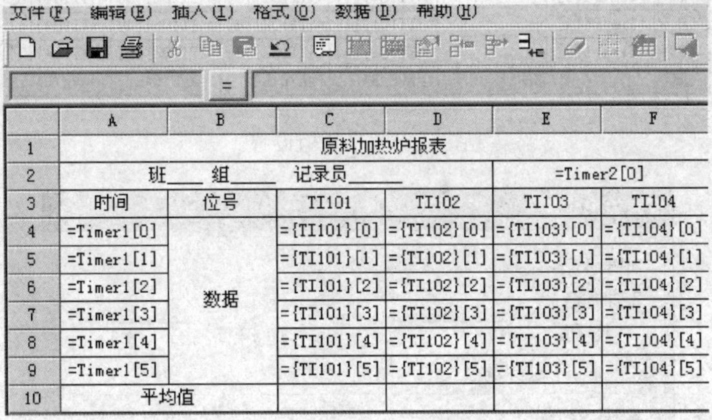

图 3-84　时间和位号的填充效果

报表中有 2 个统计函数：求和 SUM 和求平均值 AVE，可以对选定区域进行求和或者求平均值的运算，其函数说明如表 3-38 所示。

表 3-38　报表统计函数

函数名	表达式	说明
SUM	SUM(R 行号 1C 列号 1，R 行号 2C 列号 2)	对以(行号 1 列号 1，行号 2 列号 2) 为顶点所构成的矩形区域进行求和运算
AVE	AVE(R 行号 1C 列号 1，R 行号 2C 列号 2)	对以(行号 1 列号 1，行号 2 列号 2) 为顶点所构成的矩形区域进行求平均值运算

根据项目的要求，需要在第 9 行显示各位号的平均值，因此，只要在第 3 列第 9 行的单元格中输入：": =AVE(R4C3，R9C3)"，就可以在该单元格中显示 4~9 行数据的平均值。按照同样的方法设置其他 3 个位号的平均值。设置好的效果如图 3-85 所示。

（5）报表输出设置

根据项目要求，每 10min 记录一个数据，每 1h 输出一张报表，则对报表输出要进行以下的设置：点击【数据】/【报表输出】选项，按图 3-86 所示进行设置即可满足要求。

如果要在监控界面中即刻看到报表输出，只要把记录周期改为 1s，输出周期改为 1min即可。

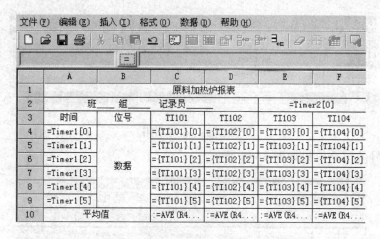

图 3-85　平均值设置

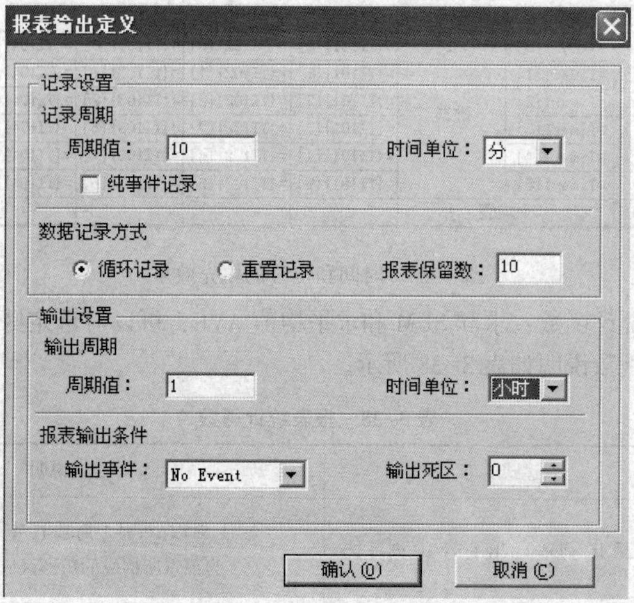

图 3-86　报表输出设置

（6）事件定义

如果下一班要看上一班的报表，即要建立一张班报表，每天两班，第 1 班 8：00～20：00；第 2 班 20：00～8：00（次日），要求每 1h 记录一次，每个位号每班记录 12 次。报表为班报表，12h 打印一张。这时就要使用事件定义。

事件定义用于设置数据记录、报表产生的条件，一旦事件定义的条件被满足，则记录数据或产生报表。事件定义的表达式由操作符、函数、数据的组合而成。报表中的函数有固定的格式，比如本例中需要使用时间函数：getcurtime（），该函数表示"系统当前的时间"，根据本例报表的要求，事件定义时间函数表达式：getcurtime（）= 8：00：00□or□20：00：00，即只有满足早上 8 点和晚上 8 点事件的条件，才有报表输出，具体操作如下：

点击【数据】/【事件定义】选项，在弹出的对话框中，在事件【Event［1］】对应的位置输入

"getcurtime( ) = 8 00 00□or□20 00 00"。如果只要时间整数(只要小时整数)输出,可再定义一个事件【Event[2]】,在事件【Event[2]】对应的位置输入"getcurtime( ) = 0 and getcursec = 0"。事件定义如图3-87所示。此时,在【时间引用】和【位号引用】选项中,"引用事件"栏,都选择"Event[2]",在报表输出设置图3-86中,记录设置:纯事件记录打"√",输出设置中的周期值:12,输出事件:选择"Event[1]"即可。在本例的2个事件定义中,Event[1]是对报表输出进行定义,Event[2]是对记录数据进行定义。

还有其他的报表函数,这里就不一一举例。

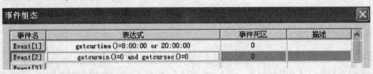

图3-87 事件定义

3.8.5 操作小组画面分配

画面分配是根据需要将工程师组中已组态好的各种监控操作画面分别拷贝到相应的操作小组中以减少重复组态。另外,对画面进行分配时,可以根据需要将同类的监控画面组态到一个操作小组中,方便相应的操作员进行管理。

画面分配操作步骤如下:

① 在系统组态界面的组态树中展开操作小组。

② 展开工程师小组。

③ 展开需要拷贝的画面类型(如流程图画面),选择需要拷贝的画面。

④ 在工具栏中点击复制图标。

⑤ 在组态树中选中原料加热炉操作小组或其他操作小组。

⑥ 在工具栏中点击粘贴图标,将工程师小组的流程图画面拷贝到原料加热炉操作小组或其他小组。

⑦ 根据需要将工程师小组中已组态好的其他各种监控操作画面分别拷贝到相应的操作小组。

3.8.6 组态的保存和编译

组态完成后所形成的组态文件必须经过系统编译,才能下载给控制站执行和传送到操作站监控。组态编译包括对系统组态信息、流程图、自定义程序语言及报表信息等一系列组态信息文件的编译。

系统编译操作步骤如下:

① 在系统组态界面工具栏中点击【保存】命令。

② 在系统组态界面工具栏中点击编译命令【编译】。

③ 检查编译信息显示区内是否提示编译正确。

④ 若信息显示区内提示有编译错误,则根据提示修改组态错误,重新编译。

注意:如果在编译的过程中出现错误需要提前结束编译时,可以点击【中止】进行中止,中止功能只在编译的过程中有效。

3.8.7 组态传送与下载

组态下载与传送是系统组态过程的最后步骤。下载组态，即将工程师站的组态内容编译后下载到控制站；或在修改与控制站有关的组态信息(主控制卡配置、I/O 卡件设置、信号点组态、常规控制方案组态、自定义控制方案组态等)后，重新下载组态信息。如果修改操作站的组态信息(标准画面组态、流程图组态、报表组态等)则不需下载组态信息。传送组态，即在工程师站将编译后的 .SCO 操作信息文件、.IDX 编译索引文件、.SCC 控制信息文件等通过网络传送给操作员站。组态传送前必须先在操作员站启动实时监控软件。

组态下载与传送步骤如下：

① 编译正确后，在系统组态界面工具栏中点击【下载】命令。

② 选择下载控制站(可通过主控制卡选项后的下拉菜单进行选择)，选择下载方式(下载所有组态信息)。

③ 检查信息显示区内的特征字是否一致，若一致，则不用下载组态信息，若不一致，则点击"下载"命令。

④ 组态下载结束后，点击"关闭"命令，返回到系统组态界面。

⑤ 在系统组态界面工具栏中点击【传送】命令。

⑥ 选择传送哪个操作小组的文件，选择目的操作站，选择目的操作站是否直接重启及重启时选择哪个操作小组，选择要传送的文件(建议全选)。

⑦ 点击"传送"命令。

⑧ 传送结束后，点击"关闭"命令，返回到系统组态界面。

3.9 实时监控操作

实时监控软件是控制系统的上位机监控软件，通过鼠标和操作员键盘的配合使用，可以方便地完成各种监控操作。实时监控软件的运行界面是操作人员监控生产过程的工作平台。在这个平台上，操作人员通过各种监控画面监视工艺对象的数据变化情况，发出各种操作指令来干预生产过程，从而保证生产系统正常运行。熟悉各种监控画面，掌握正确的操作方法，有利于及时解决生产过程中出现的问题，保证系统的稳定运行。

3.9.1 监控操作注意事项

为了保证 DCS 的稳定和生产的安全，在监控操作中应注意以下事项：

① 在第一次启动实时监控软件前完成用户授权设置。

② 操作人员上岗前须经过正规操作培训。

③ 在运行实时监控软件之前，如果系统剩余内存资源已不足 50%，建议重新启动计算机(重新启动 Windows 不能恢复丢失的内存资源)后再运行实时监控软件。

④ 在运行实时监控软件时，不要同时运行其他软件(特别是大型软件)，以免其他软件占用太多的内存资源。

⑤ 不要进行频繁的画面翻页操作(连续翻页超过 10s)。

3.9.2 启动实时监控软件

正确启动实时监控软件是实现监控操作的前提。由于组态时为各操作小组配置的监控画面及采用的网络策略不同，启动时一定要正确选择。

实时监控软件启动操作步骤如下：

① 双击快捷图标【实时监控】(或是点击【开始】/【程序】中的"实时监控"命令)，弹出实时监控软件启动的"组态文件"对话框，如图3-88所示。

A. 在"选择组态文件"中通过下拉列表框选择需要查看的组态索引文件，可通过"浏览"按钮查找新的组态文件；

B. 登录权限：选择登录的级别，本例选"工程师"级别登录；

C. 作为下次运行的组态文件：选中此选项后，下次系统启动时自动运行实时监控软件，并以本次设定的所有选项作为缺省设置，直接启动监控画面；

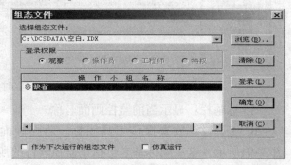

图3-88 实时监控软件启动对话框

D. 仿真运行：在未与控制站相连时，可选择此选项，以便观察组态效果。

② 点击"浏览"命令，弹出组态文件查询对话框，选择要打开的组态索引文件(扩展名为.IDX，保存在组态文件夹的Run子文件夹下)，点击"打开"返回到如图3-88所示的界面。

③ 点击"登录"按钮，弹出登录对话框，如图3-89所示。

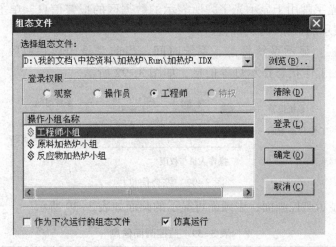

图3-89 组态登录

④ 在操作小组名称列表中选择"工程师小组"，点击"确定"，弹出选择网络策略对话框，网络策略确定了登录操作小组所用数据的来源。选择工程师的网络策略，点击"确定"进入实时监控画面。

监控软件界面分为标题栏、工具栏、报警信息栏、光字牌、综合信息栏和主画面，如图3-90所示。

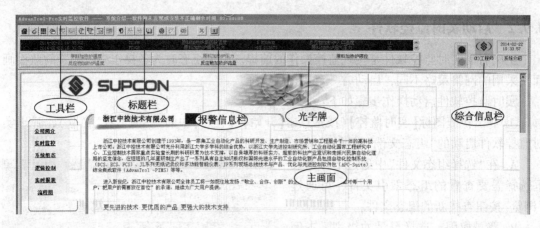

图 3-90　实时监控界面

A. 标题栏：显示当前监控画面名称。

B. 工具栏：放置操作工具图标。监控画面中有 24 个形象直观的操作工具图标，如图 3-91 所示，这些图标基本包括了监控软件的所有总体功能。各功能图标的说明见附录 3。

图 3-91　操作工具栏图标

C. 报警信息栏：滚动显示最近产生正在报警的 32 条报警信息，报警信息根据产生的时间依次排列，第一条报警信息是最新产生的报警信息。每条报警信息显示：报警时间、位号名称、位号描述、当前值、报警描述和报警类型。

D. 光字牌：光字牌用于显示光字牌所表示的数据区的报警信息，单击光字牌按钮，可弹出该光字牌所表示的数据区报警信息。

E. 综合信息栏：显示系统标志、系统时间、当前登录用户和权限、当前画面名称、系统报警指示灯、工作状态指示灯等信息，如图 3-92 所示。

图 3-92　综合信息栏

F. 主画面：显示监控画面，主画面可显示的画面如表 3-39 所示。

表 3-39　监控画面信息

画面名称	页数	显示	功能	操作
系统总貌	160	32 块	显示内部仪表、检测点等的数据和状态或标准操作画面	画面展开
控制分组	320	8 点	显示内部仪表、检测点、SC 语言数据和状态	参数和状态修改

续表

画面名称	页数	显示	功能	操作
调整画面	不定	1 点	显示一个内部仪表的所有参数和调整趋势图	参数和状态修改、显示方式变更
趋势图	640	8 点	显示 8 点信号的趋势图和数据	显示方式变更、历史数据查询
流程图	640		流程图画面和动态数据、棒状图、开关信号、动态液位、趋势图等动态信息	画面浏览、仪表操作
报警一览	1	1000 点	按发生顺序显示 1000 个报警信息	报警确认
数据一览	160	32 点	显示 32 个数据、文字、颜色等	画面展开

3.9.3　画面操作

实时监控操作可分为三种类型的操作，即：监控画面切换操作、设置参数操作和系统检查操作。

3.9.3.1　画面切换操作

监控画面的切换操作非常简单，下面分几种情况介绍切换画面的方法：

（1）不同类型画面间的切换

① 从某一类型画面(如调整画面)切换到另一类型画面(如总貌画面)时，只要点击目标画面的图标 ▦ 即可。

② 若在组态时已将总貌画面组态为索引画面，则可在总貌画面中点击目标信息块切换到目标画面。如图 3-93 中要求通过索引画面打开加热炉流程图、控制分组画面以及数据一览等画面。打开的数据一览画面如图 3-94 所示。双击位号可进入该位号的调整画面。

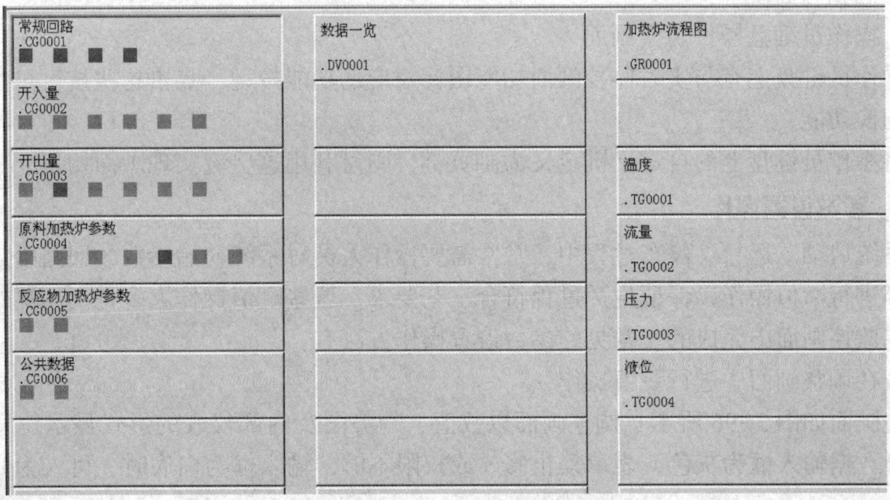

图 3-93　索引画面

图 3-94 数据一览画面

③ 右击翻页图标 📖 ，从下拉菜单中选择目标画面。

（2）同一类型画面间的切换

① 用前页图标 📇 和后页图标 📇 进行同一类型画面间的翻页。

② 左击翻页图标 📖 ，从下拉菜单中选择目标画面。

（3）流程图中画面的切换

在流程图组态过程中，可以将命令按钮定义成普通翻页按钮或是特殊翻页按钮。若定义为普通翻页按钮，在流程图监控画面中点击此按钮可以将监控画面切换到指定画面；若定义为特殊翻页按钮，在流程图监控画面中点击此按钮将弹出下拉列表，可以从列表中选择要切换的目标画面。

如图 3-95 所示，流程图最下面两行为流程图画面切换按钮，在每个按钮上都标记有流程图画面名称，点击某一按钮，可切换到对应的流程图画面。

右键点击动态数据框或动态开关，点击某一菜单对象，可弹出对应的内部仪表，点击位号可弹出调整画面。

（4）操作员键盘操作切换画面

在操作员键盘上有与实时监控画面功能图标对应的功能按键，点击这些按键可实现相应的画面切换功能。

若将操作员键盘上的自定义键定义为翻页键，则可利用这些键实现画面切换。

3.9.3.2 参数设置操作

在系统启动、运行、停车过程中，常常需要操作人员对系统初始参数、回路给定值、控制开关等进行赋值操作以保证生产过程符合工艺要求。这些赋值操作大多是利用鼠标和操作员键盘在监控画面中完成的。常见的参数设置操作方法有：

（1）在调整画面中进行赋值操作

调整画面如图 3-96 所示。调整画面以数值、趋势图及内部仪表的形式显示位号所有信息，如果数据输入框为灰色，表示禁止修改或权限不够，输入框为白底时，可人为修改其中参数。

在权限足够的情况下，在调整画面中可进行的赋值操作有：

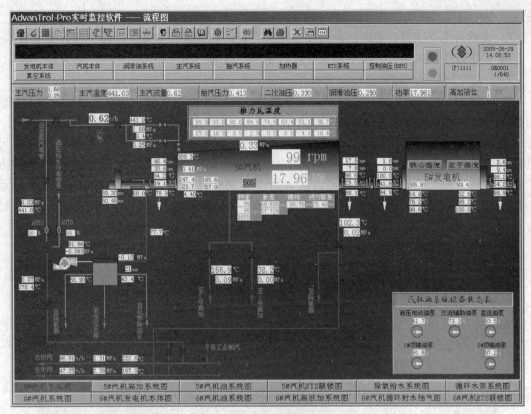

图 3-95 流程图画面

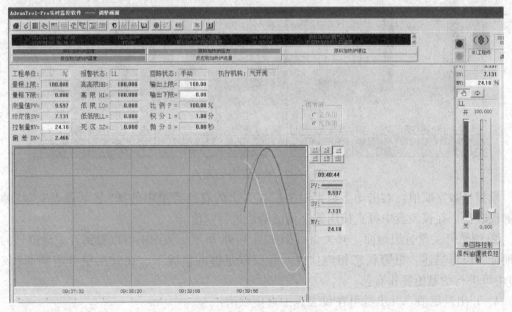

图 3-96 实时监控调整画面

① 设置回路参数：若调整画面是回路调整画面，则可在画面中设置各种回路参数，包括：手/自动切换(🖐 🔁)、调节器正反作用设置、PID 控制参数修改、回路给定值 SV

设置、手动调节回路阀位输出值 MV；

② 设置自定义变量：若调整画面是自定义变量调整画面，则可在画面中设置变量值；

③ 手工设置模入量：若调整画面是模入量调整画面，则可在画面中手工设置模入量。

（2）在控制分组画面中进行赋值操作

在现场操作时，通常要浏览模拟量、开关量、控制回路的状态，并对其进行设置和相应的操作。控制分组画面主要通过内部仪表的方式显示各个位号及回路的各种信息。

① 浏览模拟量分组画面。"原料加热炉参数"分组画面如图 3-97 所示。从图中可以看到模拟量位号的通道地址、位号描述、报警状态、测量值以及通过棒状态图的方式显示的测量值。点击位号按钮可以进入对应的调整界面。例如图 3-97 中的位号地址 2-0-0-3，就表示测点位置为主控卡地址为 02，数据转发卡地址为 00，I/O 卡件地址为 00，通道地址为 03。

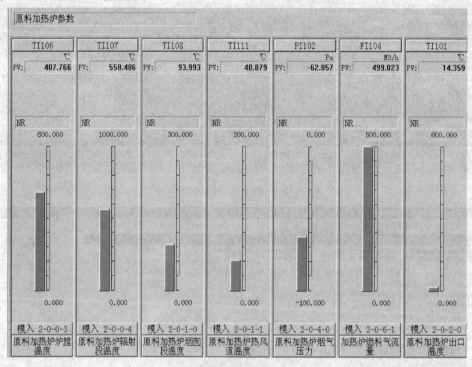

图 3-97　模拟量分组画面

模拟量数字赋值：右击动态数据对象，在弹出的右键菜单中选择"显示仪表"，将弹出内部仪表盘，在仪表盘中可直接用数字量或滑块进行赋值。

② 浏览开关量分组画面。开关量画面如图 3-98 所示。从图中可以看到开关量位号的通道地址、位号描述、报警状态相应信息。在权限足够的情况下，在开出量分组画面（仪表盘）中可进行的赋值操作有：

A. 开出量赋值：开出量可在仪表盘中直接赋值；

B. 自定义开关量赋值：自定义开关量可在仪表盘中直接赋值。

③ 浏览控制回路分组画面。在控制回路分组画面中，可以查看当前回路的手动/自动状态、回路仪表的给定值（SV）、输出值（MV）、仪表的描述及报警等信息。内部仪表对应的信息，控制回路分组画面如图 3-99 所示。点击回路位号按钮可以进入对应的调整界面。

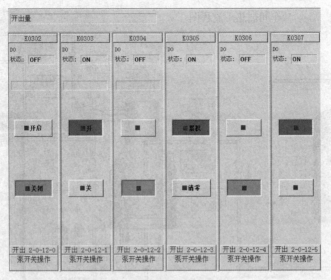

图 3-98　开关量分组画面

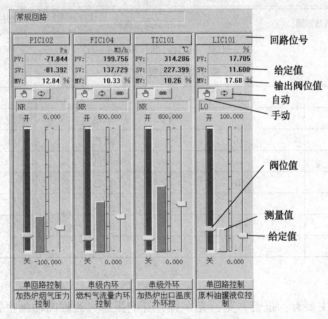

图 3-99　控制回路分组画面

（3）在流程图中进行赋值操作

在权限足够的情况下，在流程图画面中可进行的赋值操作方法有：

① 命令按钮赋值：点击赋值命令按钮(参见自定义键组态说明)直接给指定的参数赋值；

② 开关量赋值：点击动态开关，在弹出的仪表盘中对开关量进行赋值；

③ 模拟量数字赋值：在动态数据上单击鼠标右键，在弹出的菜单中选择"显示仪表"，在弹出的仪表盘中可直接用数字量或滑块进行赋值，如图 3-100 所示。在一张流程图上最多可同时观察 5 个内部仪表的状态。

在内部仪表中系统会根据信号的大小，进行相应的报警提示，可以显示的报警类型如表 3-40 所示。

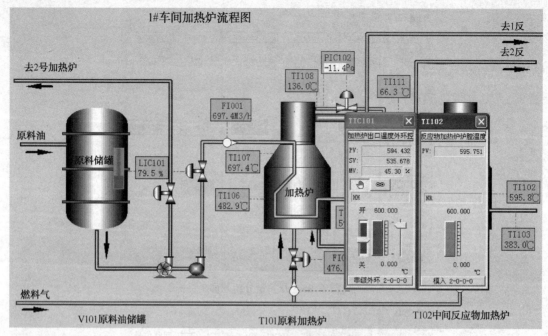

图 3-100　多个内部仪表显示操作

表 3-40　报警类型表

报警类型	描述	颜色	信号类型
正常	NR	绿色	模入
高限	HI	黄色	模入
低限	LO	黄色	模入
高高限	HH	红色	模入
低低限	LL	红色	模入
正偏差	+DV	黄色	回路
负偏差	-DV	黄色	回路

3.9.3.3　报警操作

报警监控方式主要有：报警一览，光字牌，音响报警，流程图动画报警等。

（1）报警一览

① 报警一览画面用于动态显示符合组态中位号报警信息和工艺情况而产生的报警信息，查找历史报警记录以及对位号报警信息进行确认等。画面中分别显示了报警序号、报警时间、数据区(组态中定义的报警区缩写标识)、位号名、位号描述、报警内容、优先级、确认时间和消除时间等。在监控软件界面中点击图标 可打开报警一览画面，如图 3-101 所示。

② 图标 ：对在报警一览画面中选中的某条报警信息进行确认，且在确认时间项显示确认时间。功能同工具栏中的 图标。点击报警一览工具条中的图标 将对当前页内报警信息进行确认。

序号	报警时间	数据区	位号名	报警描述	内容	优先级	确认时间	消除时间
1	14-01-16 09:45:43	0区	PIC102.PV	原料加热炉烟气压力	HI	0		
2	14-01-16 09:45:43	0区	PI102	原料加热炉烟气压力	HI	0		
3	14-01-16 09:45:36	0区	IX0303		OFF	0		
4	14-01-16 09:45:27	0区	PIC102.PV	原料加热炉烟气压力	HH	0		14-01-16 09:45:43
5	14-01-16 09:45:21	0区	IX0302		OFF	0		14-01-16 09:45:37
6	14-01-16 09:45:21	0区	IX0304		OFF	0		14-01-16 09:45:37
8	14-01-16 09:45:14		TI104	反应物加热炉出口温度	LO	0	14-01-16 09:45:20	

图3-101　实时监控报警一览画面

③ 图标 ▢：查找历史报警记录。点击该图标弹出报警追忆对话框，设置希望查看的报警内容和时间，点击"确认"即可在报警一览画面中显示静止的历史报警信息。

④ 图标 ▢：打印当前页的历史报警信息，该功能只对历史报警有效。在历史报警记录显示状态下，点击这个按钮，当前历史报警记录就会在监控系统的默认打印机中打印出来。在实时报警显示状态下，实时报警记录的打印是通过逐行打印机打印的。报警的逐行打印机的控制在"系统"中设置。点击监控主菜单的"系统"按钮弹出系统设置画面，画面中有实时报警打印控制复选框（已打红圈）。选中或取消这个复选框就可以启动或停止实时打印功能。控制的更改只有当用户点击关闭以后才会起效。

⑤ 图标 ▢：切换到实时报警显示方式。记录和显示报警的时间为点击操作的当前时间。

⑥ 图标 ▢：对报警画面属性进行设置。可以设置报警一览画面中报警位号的一些信息，如：位号名，位号描述，报警描述等。可以选择是否显示已经消除但未确认的报警（瞌睡报警）以及已经确认但未消除的报警。

实时报警列表每过一秒钟检测一次位号的报警状态，并刷新列表中的状态信息。报警色：红色表示0级报警，黄色为非0级报警，绿色表示报警已消除。没有确认的报警条目都会闪烁，确认并消除的报警条目会自动消失，不显示在报警画面中。所有曾经产生过的报警条目都可以通过历史查询查看。

（2）光字牌

光字牌用于显示光字牌所表示的数据区的报警信息。在二次计算中进行组态，根据组态内容不同，会有不一样的布局，光字牌未组态或者组态为0行时，监控界面报警信息栏只显示实时报警信息。光字牌组态为1行或者2行时，监控界面报警信息栏有部分用于显示光字牌，如图3-102所示。光字牌组态为3行时，监控界面报警信息栏全部用于显示光字牌，此时需通过报警一览来查看全部报警信息。

图3-102　光字牌组态为2行时报警信息栏的状态

（3）流程图动画报警

若在系统组态制作流程图时，设置了对象动画报警（如：显示/隐藏、闪烁等，具体操作：右键单击对象，在弹出的列表中选择动态特性），则在流程图监控画面中，发生报警时，相应的对象产生动画，提醒操作员进行报警处理。

3.9.3.4　报表浏览打印操作

报表打印分报表自动实时打印和手动打印历史报表两种情况。

若要实现报表的实时打印，则可在监控画面中点击系统图标 ⬡，在弹出的对话框中选中报表后台打印。

若要手动打印历史报表，可在监控画面中点击图标 ▣，弹出报表画面，如图 3-103 所示。

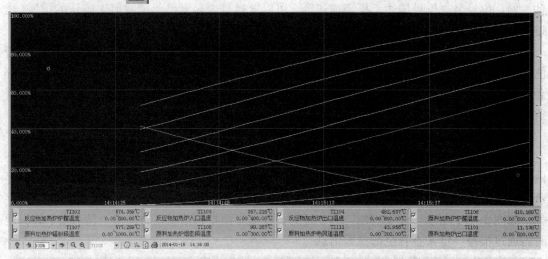

报表名称: 原料加热炉报 ▼		生成时间: 2014-01-16 09:43:26 ▼			打印输出		保存			
	A	B	C	D	E	F	G	H	I	J	K
1						原料加热炉报表（班报表）					
2		班组 组长 记录员						2014年1月16日			
3		时间	9:43:15	9:43:16	9:43:17	9:43:18	9:43:19	9:43:20	9:43:21	9:43:22	
4	内容	描述				数据					平均值
5	TI106	原料加热炉炉膛温度	591.06	590.18	589.15	588.13	587.10	585.93	584.90	583.58	587.50
6	TI107	原料加热炉辐射段温度	999.51	999.51	999.51	999.51	999.26	998.77	998.53	998.04	999.08
7	TI108	原料加热炉烟囱段温度	280.87	281.83	282.71	283.58	284.39	285.20	286.00	286.81	283.92
8	TI101	原料加热炉出口温度	172.74	176.11	179.63	183.00	186.52	190.03	193.55	197.06	184.83

图 3-103 历史报表浏览画面

在报表画面中选择需要打印的报表，点击"打印输出"按钮，即可打印指定的报表。此外，弹出报表画面后，可对报表内容进行修改，修改完成后点击"保存"按钮保存修改后的报表。

3.9.3.5 趋势画面浏览操作

点击趋势图图标 ▤，进入趋势画面，如图 3-104 所示（图的趋势布局方式为 1 * 1）。

图 3-104 实时监控趋势画面

点击趋势页标题（图为"New Page"）将弹出选择菜单，可以选择将其中一个趋势图扩展，其他几个暂时不显示。点击趋势控件中的位号名，去掉"√"，可使对应曲线不显示。

图标 💡 ：使趋势画面进入静止状态，再次点击将恢复实时状态。

图标 ◀ ▶ ：显示前一页或后一页趋势画面。

图标 100% ▼ ：选择每次翻过一页的百分之几。

图标 ⬡ ：时间和位号设置。

起始时间、终止时间：用于选择需要查看的曲线段，在显示的有效范围内起始时间应比终止时间小 100 秒以上。时间间隔：单位为：时 :分 :秒，不能超过 23 :59 :59。

图标 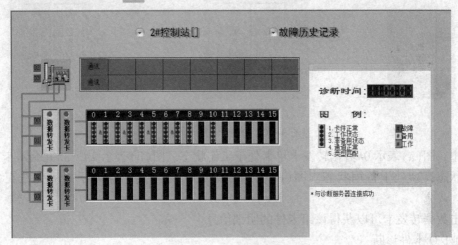：设置趋势图的显示特性。

此外，还能对趋势画面作以下的操作：

① 通过滚动条可察看历史趋势记录。用鼠标拖动时间轴，可显示指定时刻的位号数值；

② 趋势可自由选择 100%、50%或 20%的翻页；

③ 每个位号有一详细描述的信息块，双击模入量位号、自定义半浮点位号、回路信息块可进入相应位号的调整画面；

④ 要显示一些在趋势画面中没有组态的位号的趋势，可采用自由页进行临时设置，可设置的自由页有 5 页；

⑤ 一页最长显示趋势时间为 3 天。

3.9.3.6　故障诊断画面操作

在监控画面中点击图标 将显示故障诊断画面，如图 3–105 所示。

图 3–105　故障诊断画面

（1）控制站选择

在控制站标题处显示为当前处于实时诊断状态的控制站，用户可单击此处切换当前实时诊断的控制站。

（2）控制站基本状态诊断

在控制站基本状态信息区内显示当前处于实时诊断状态的控制站的基本信息，包括控制站的网络通信情况，工作/备用状态，主控制卡内部 RAM 存储器状态，I/O 控制器（数据转发卡）的工作情况，主控制卡内部 ROM 存储器状态，主控制卡时间状态，组态状态。绿色表示工作正常，红色表示存在错误，主控制卡为备用状态时，工作项显示为黄色备用。第二行表示冗余控制卡的基本信息，如未组态冗余卡件，则该行为空。如图 3–106 表示当前控制站设置了冗余控制卡，当前为工作状态，RAM 正常，I/O 控制器正常，控制卡程序运行正常，ROM 正常，时间正确，组态正确。

（3）主控制卡诊断

在故障诊断画面中可以直观显示当前控制站中主控制卡的工作情况，控制卡左边标有该

通信	工作	RAM	IO控制器	程序	ROM	时间	组态
通信	工作	RAM	IO控制器	程序	ROM	时间	组态

图 3-106 控制站基本状态信息区

控制卡的 IP 号，绿色表示该控制卡当前正常工作，黄色表示该控制卡当前备用状态，红色表示该控制卡故障。单卡表示控制站为单主控制卡，双卡表示控制站为冗余控制卡。

通过双击图 3-106 中主控制卡 02 处来查看主控卡的明细信息，包括：网络通信、主机工作情况、组态、RAM、回路、时钟、堆栈、两冗余主机协调、ROM、是否支持手动切换、时间状态、SCnet 工作情况、I/O 控制器等状态。

（4）数据转发卡诊断

数据转发卡和主控制卡相似，直观显示了当前控制站每个机笼中的数据转发卡工作状态。左侧显示数据转发卡编号，绿色表示工作状态，黄色表示备用状态，红色表示出现故障无法正常工作。非冗余卡显示为单卡，冗余卡显示为双卡，如图 3-107 所示。

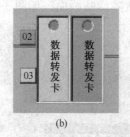
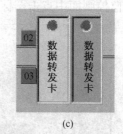

(a)　　　　　　　　(b)　　　　　　　　(c)

图 3-107 数据转发卡状态

其中，图（a）表示 0#数据转发卡单卡处于工作状态。图（b）表示 2#、3#冗余双卡，2#处于工作状态，3#处于备用状态。图（c）表示 2#、3#冗余双卡，均处于故障无法正常工作状态。

双击数据转发卡可以获得该组卡件的明细信息。

（5）I/O 卡件诊断

机笼上标有 I/O 卡件在机笼中的编号（0#~15#），"&"号表示互为冗余的两块 I/O 卡件。如图 3-108 表示机笼组满 8 对冗余 I/O 卡件。

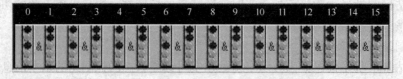

图 3-108 I/O 卡件冗余状况

每个 I/O 卡件有五个指示灯，从上自下依次表示运行状态（红色闪烁表示卡件运行故障），工作状态（亮起表示卡件正处于工作状态），备用状态（亮起表示卡件正处于备用状态），通道状况（亮起则表示通道正常，暗表示通道出现故障），类型匹配（亮起表示卡件类型和组态一致，暗则表示卡件类型不匹配），五个指示灯全暗表示卡件数据通信中断。双击 I/O 卡件可以获取卡件的明细信息。

（6）故障历史记录查看

点击"故障历史记录"按钮可以查看历史故障。

3.9.3.7 系统管理操作

（1）口令图标

点击口令图标 ，在弹出的对话框中可进行重新登录、切换到观察状态及选项设置等操作，如图3-109所示。点击"选项"按钮可设置启动时以何用户名登录及何种权限以上的用户可以切换到观察状态。

（2）操作记录一览图标

点击操作记录一览图标 将弹出日志记录一览。

（3）系统图标

点击系统图标 ，在弹出的对话框中点击按钮"打开系统服务"，可进行图3-110所示的各种操作。

图3-109 登录对话框

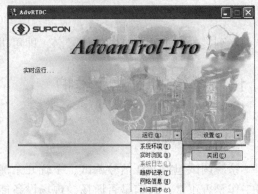

图3-110 系统服务操作对话框

① 系统环境。用于查看监控系统的部分运行环境信息。

② 实时浏览。可浏览各个数据组位号、事件、任务的组态信息和实时信息。可以进行位号赋值，设置位号读写开关、位号报警使能开关等。

③ 趋势记录。用于查看趋势记录运行信息。在趋势记录运行信息界面中点击"组态信息"按钮可查看趋势位号组态信息列表。

④ 网络信息。用于显示操作网网络管理信息。

A. 状态：表明当前本站在操作网的运行状态；

B. 运行时间：显示操作网启动后的运行时间。

⑤ 时间同步。设置本机为时钟同步服务器或时钟客户端，只有"工程师-"以上权限才可以修改本设置，否则界面为灰色不可操作，若操作网上当前有多台时间同步服务器存在，则当客户端发出时间同步请求时，多台服务器上会同时弹出（AdvanTrol网络管理）界面，并在界面的时间同步设置行出现文字闪烁，表明当前有多台时钟服务器存在，需要用户进行修改，保证只存在一台同步时钟服务器。

3.9.3.8 查询操作

在监控画面中点击查询图标 ，弹出对话框，选择所查位号的类型及所在的控制站

（或直接输入位号名），点击查找按钮，查询结果如图 3-111 所示。

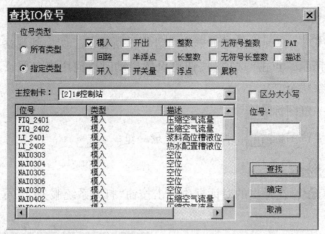

图 3-111　I/O 位号查询结果

在列表中双击所需查看的位号名，即可进入该位号所对应的调整画面。

3.10　系统的调试及维护

3.10.1　系统调试

系统调试包括 I/O 信号调试、系统冗余测试、系统联调。通过系统调试了解系统中各设备工作是否正常，通信是否通畅，现场设备能否按照配置正确地工作，控制方案是否满足控制要求。

3.10.1.1　I/O 信号调试

通过 I/O 信号调试了解系统中各 I/O 卡件工作是否正常，通信是否通畅，现场设备能否按照配置正确地工作。

（1）模拟量输入信号测试

根据组态信息，针对不同的信号类型、量程，利用各种信号源对 I/O 通道逐一进行测试，并在必要时记录测试数据。例如：测试的信号为电流信号，根据信号量程，利用多功能信号校验仪，在端子侧改变输入信号的大小，同时观察操作站监控画面显示的信号值是否与输入的信号大小相对应，记录监控画面中的显示值。

（2）模拟量输出信号测试

根据组态信息选择相应的内部仪表，手动改变 MV（阀位）值（即模拟量输出信号），同时用多功能信号校验仪测量对应卡件信号端子输出电流是否与手动输入的 MV 值相对应，并记录测试数据。

（3）开入量信号测试

根据组态信息对信号进行逐一测试：用一短路线将对应信号端子短接与断开，同时观察操作站监控画面中对应开关量显示是否正常，并记录监控画面中的显示值。

（4）开出量信号测试

对于开出量信号，可用多功能信号校验仪的电阻档测量，如果电阻无穷大，则可认为输出是 OFF 信号，并记录测试数据。

3.10.1.2 系统冗余测试

系统冗余测试包括：主控制卡件、数据转发卡件、I/O 卡件、通信端口、电源的冗余测试。

（1）主控制卡件冗余测试

① 确认 02 卡为工作主控卡，将控制站互为冗余的两块主控卡中的工作卡的一根网线拔出，观察另一块主控卡是否能从后备状态切换至工作状态，观察切换时其他卡件运行情况；同时注意观察系统的控制结果在切换前后是否有异常。

② 为了观察两块主控卡间的数据拷贝情况，可以将其中的一块主控卡拔出，10s 后将拔出的主控卡重新插回机笼，观察备卡拷贝数据的现象是否正常，回路运算有无异常。

交换测试，确保两块卡能相互之间无扰动切换，并记录测试数据。

（2）数据转发卡冗余测试

工作过程与主控卡相同。

（3）I/O 卡件冗余测试

模拟量输入信号测试方法：用信号发生器输入 5.6mA（或 12mA）信号给卡件的某一通路，把其中的工作卡拔出后，观察后备卡指示灯变化情况，并记录。

模拟量输出信号测试方法：先将某控制回路调至"手动"，再将该回路的 MV 信号调到 50%，观察在卡件的切换过程中回路输出信号是否有变化，并记录。

（4）通信端口冗余测试

分别只保留一个通信端口，进行单口的组态下载，观察下载是否顺利，并配以"PING"命令来协助判断网络是否通畅，并检测故障诊断界面。

（5）电源冗余测试

断开 1#电源箱，观察控制站各卡件电源指示灯工作状况，并检测故障诊断界面。

3.10.1.3 系统联调

进行系统联调之前，应先检查现场仪表是否完好并安装，信号电缆是否按照接线图连接，按正确的系统上电检查后，可以进行系统联调。进入实时监控画面，在画面中检查现场信号是否与显示的数据一一对应。系统联调时，必须确保现场的安全。系统联调结束后，操作人员可通过监控画面或内部仪表的手操，对生产过程进行监视和操作，并与工艺人员配合对控制回路进行投运。

3.10.2 系统维护

不同的使用环境和使用方法会影响 DCS 设备的稳定运行，正常的生产运行需要 DCS 自身的软硬件、辅助操作台、现场仪表等各部分的有效配合，任何一个环节出现问题，都会导致系统部分功能失效或引发控制系统故障，严重时会导致生产停车。因此要把构成系统的所有设备看成一个整体，进行全面的维护管理，专业的系统维护方法对充分发挥 DCS 的性能，保证工业生产的连续进行非常重要。

系统维护的主要工作包括基础维护、预防维护和故障维护。

3.10.2.1 基础维护

在系统维护过程中，可能会遇到网线故障，需要自己动手制作网线，计算机系统备份，更换系统电源，卡件及软件升级等情况，对这些作为系统维护的基本技术，应有所了解。

另外，系统正确的上电、停步骤是维护工作的基础，在系统上电前应先检查：

① 系统供电部分的空开全部处于"关"状态；

② 操作站显示器和主机的电源是否处于"关"状态；

③ 控制站的开关电源和交换机的开关是否处于关状态；

④ 测量各个空开的下端子间的短路情况；

⑤ 控制站交流电电源插座电压；

⑥ 操作站交流电电源插座电压。

正确的上电步骤：

① 给操作站上电，开显示器，开主机；

② 给控制站上电，把实验机柜中的空开合上；

③ 开启控制站中各个电源箱。用多功能校准仪测量机笼的 5V 和 24V 电源。

正确的停电步骤：

① 逐个关控制站电源箱电源；

② 逐个关 HUB(或交换机)电源；

③ 每个操作员站依次退出监控及操作系统，关操作员站主机电源，关闭显示器电源；

④ 关闭各个支路电源开关(机柜内的空气开关)；

⑤ 关闭总电源开关。

3.10.2.2 预防维护

(1) 建立管理制度

建立合理的管理制度，并严格执行。包括日常工作的规章制度、检修工作的制度规范、安全工作的制度规范。

(2) 日常管理

DCS 系统运行过程中，应做好包括中央控制室管理、操作站硬、软件管理、控制站管理、通信网络管理在内的的日常管理工作。

(3) 定期检查

每年应利用大修进行一次预防性的维护，以掌握系统运行状态，消除故障隐患。大修期间对 DCS 系统应进行彻底的维护，内容如下：

① 操作站、控制站停电检修，包括工控机内部、控制站机笼、电源箱等部件的灰尘清理；

② 系统供电线路检修；

③ 接地系统检修包括端子检查、对地电阻测试；

④ 现场设备检修。

3.10.2.3 故障维护

发现故障现象后，系统维护人员首先要找出故障原因，进行正确的处理。

(1) 操作站故障

(2) 卡件故障

为了避免操作过程中由于静电的引入而造成损害，应遵守以下规定：

① 所有拔下的或备用的 I/O 卡件应包装在防静电袋中，严禁随意堆放；

② 插拔卡件之前，须作好防静电措施，如带上接地良好的防静电手腕，或进行适当的人体放电；

③ 避免碰到卡件上的元器件或焊点等；

④ 卡件经维修或更换后，必须检查并确认其属性设置，如卡件的配电、冗余等跳线设置。

（3）通信网络故障

（4）信号线故障

（5）现场设备故障

习题及思考题

1. JX-300XPDCS 的硬件主要由哪几部分组成？主要设备包括哪些内容？起什么作用？

2. JX-300XP 现场控制站的硬件包括哪些内容？

3. 一个机柜最多能配置多少个机笼？机笼的类型有哪些？

4. JX-300XP 的 I/O 卡件有哪几种类型？说出它们的功能？

5. 说出 JX-300XP 系统的最大配置规模。

6. DCS 冗余供电是如何实现的？

7. 当 JP2 跳线短路时，表示锂电池处于什么状态？

8. 一块 XP313(I)最多采集多少路信号？"配电"或"不配电"的含义是什么？如何进行设置？

9. XP314 能采集的信号类型有哪几种？XP322 输出的是什么信号？

10. 一块主控卡最多可以带多少个常规回路和自定义回路？

11. 如何判断 5V/24V 电压是否正常？如果不正常，电源模块是否有指示？

12. JX-300X 系统的通信网络是如何构成的？各自的作用是什么？

13. 连接操作站与控制站的网络叫什么网络？

14. 主控卡的地址范围是多少？数据转发卡的地址范围是多少？如何进行设置？

15. 主控卡在 A、B 网的 IP 地址是多少？操作站在 A、B、C 网的 IP 地址是多少？过程控制网的地址设置，子网掩码是多少？

16. 普通双绞线的传输距离一般是多少米？

17. JX-300XP DCS 的基本组态软件有哪些？各自的功能是什么？

18. JX-300XP 系统软件安装时插入加密狗和不插入加密狗有什么区别？

19. 组态开始前必须先进行工程设计，工程设计包含哪些工作？

20. 组态软件的应用流程是怎样的？

21. 控制站组态包括哪些工作？控制方案组态有哪些方法？

22. 组态软件 SCkey 的总体信息菜单、控制站菜单、操作站菜单和查看菜单中各包括哪些功能？

23. 编译、组态下载、组态传送各指什么含义？

24. 操作站组态包括哪些工作？为什么要设置操作小组？

25. 流程图绘制中，为什么要设置动态参数？如何设置动态参数？

26. 在流程图制作软件中图库怎么制作？

27. 报表的组态由哪几部分组成？总结报表制作的流程。

28. 操作站的基本监控操作有哪几种形式？参数设置操作在什么画面中进行？

29. 操作站的标准画面包括哪些画面？分别写出 JX-300XP DCS 监控画面的名称。

30. 为便于厂长观察生产数据，新安装操作站一个，地址为 134，请根据要求对组态进行修改。

31. 现场工艺需要增加反应物加热炉燃料流量检测测点，请在组态中进行设置。已知：FI102，0~600m³/h，两线制。

32. FI104 发生故障，需将两线制更换为四线制，请在组态中进行设置。

33. 测量反应物加热炉燃料气流量(FI102)的流量计发生故障，需要更换，量程为：0~600m³/h，不配电，请对组态进行修改。

34. 生产工艺对反应物加热炉出口温度 (TI105) 的控制要求在 290~310℃之间，请根据要求设置 TI105 的报警。

35. 增加一反应物加热炉出口温度控制，串级控制：

内环：FIC102(反应物加热炉燃料流量控制)；外环：TIC105(反应物加热炉出口温度控制)。

其中：FI102 为四线制差压变送器，FV102 为电动调节阀，两个均为新增测点。清单如下：

位号	描述	信号类型	量程	备注
FI102	反应物加热炉燃料流量	4~20mA，不配电	0~600 m³/h	
FV102	反应物加热炉燃气控制	4~20mA	0~100%	反作用

36. 现有如下的控制系统：

① 控制回路：单回路控制：15 个，串级控制：10 个，前馈反馈控制：5 个，前馈串级控制：4 个。

② 测点：温度(热电阻、热电偶各 10 点)20 点，两线制变送器：10 点，1~5VDC 电压信号：20 点，开入量：10 点，开出量：20 点。

现按以下要求对上述控制系统进行现场控制站的工程设计。

① 合理选择系统卡件，根据 I/O 卡件的数目，设计控制站规模。

② 画出控制站卡件配置简图。

③ 画出整个控制系统的结构简图。

37. 综合分析与组态

试分析本专业自动化过程控制实验装置工艺流程，并根据其监视和控制要求，采用 JX-300XP 软硬件设计组态集散控制系统，要求：

① 分析确定各监测点、控制点。

② 确定集散控制系统的硬件配置，并画出硬件构成图。

③ 选择 I/O 卡件，并列出测点分配表。

④ 确定主要参数控制方案。

⑤ 对系统进行软件组态，并画出工艺流程图。

第4章 ECS-700集散控制系统

4.1 系统概述

ECS-700系统是浙江中控技术股份有限公司2007年在原有系统ECS-100基础上推出的WebField系列控制系统之一，ECS-700作为大规模联合控制系统，以自动化、软件、网络、电气技术作为发展主线，具有全局数据库、多人分布式组态、开放式组态、在线单点组态下载的特点，且系统所有部件都支持冗余，在任何单一部件故障情况下系统仍能正常工作，目前已广泛应用于石油化工、化工、电力等的生产过程。

4.1.1 系统整体结构

ECS-700系统的整体结构如图4-1所示。

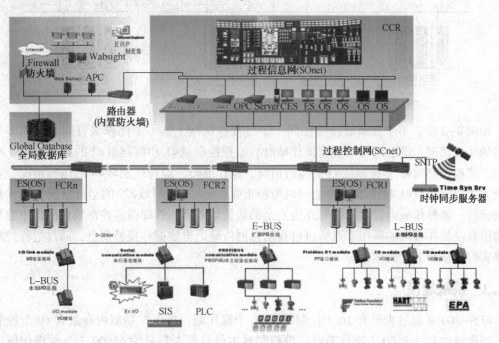

图4-1　ECS-700系统整体结构图

ECS-700系统由控制节点(包括控制站及过程控制网上与异构系统连接的通信接口等)、操作节点(包括工程师站、操作员站、组态服务器、数据服务器等连接在过程信息网和过程控制网上的人机会话接口站点)及系统网络(包括I/O总线、过程控制网、过程信息网、信息管理网)等构成。

4.1.2 系统分域管理

ECS-700 系统具有独特的系统分域管理功能，根据实际仪表控制系统的规模和结构，可以将 ECS-700 控制系统划分为一个或多个控制域及操作域，每个操作域可以同时监控多个控制域，并对这些控制域进行联合监控。ECS-700 系统通过分域管理，有效地减少了系统网络负荷，从而保证了在大规模系统构建下过程控制网的实时性。通过不同的配置，可以实现历史数据全系统集中存储或多域分布式存储。

ECS-700 系统除了实现以上的分域操作和管理外，还实现了数据的分组管理。操作员可以根据自身的权限，监视不同的数据分组，工程师则可以按照数据分组进行数据的管理，分域管理示意图如图 4-2 所示。系统最大可支持 16 个控制域和 16 个操作域。

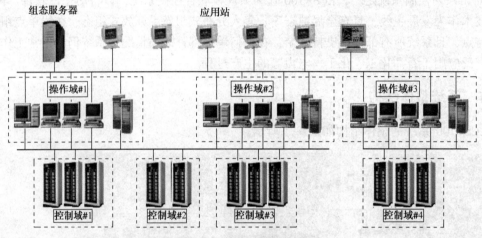

图 4-2　控制系统分域管理示意图

如图 4-2 中，多个控制域挂接在同一个过程控制网上，一个操作域可同时监控多个控制域的运行情况。组态时可设置为操作域#1、监控控制域#1 和控制域#2 的运行情况，操作域#2、监控控制域#2 和控制域#3 的运行情况，操作域#3、监控控制域#4 的运行情况，这种分域方式使操作域#1 和操作域#2 能同时监控重要控制域(控制域#2)的运行情况，确保系统可靠运行。各操作域内设置有一对互为冗余的数据服务器，管理指定控制域内的历史数据和报警信息。操作域内的操作节点通过过程信息网传输历史数据和报警信息，通过过程控制网传输实时数据和下发操作命令。

4.1.3 系统规模

ECS-700 系统最大可有 16 个控制域和 16 个操作域。每个控制域内有最大 60 个控制节点，操作域内有最大 60 个操作节点。单控制域内位号最大数量为 65000 个，单操作域内位号的最大数量为 65000 个。系统可以跨域进行控制站间的通信，每个控制站不仅可以接收本控制域内其他控制站的通信数据还可以接收其他 15 个控制域内控制站的通信数据。单历史数据服务器最大历史记录 10000 点，每个操作域内可有多个历史数据服务器，操作站可以透明访问多个历史数据服务器的历史数据。

每个控制站的规模如表 4-1 所示。

表 4-1 单站(控制器 FCU711)IO 点数容量表

类 型	指 标	类 型	指 标
AI 点单项限制	≤1000	DO 点单项限制	≤1000
AO 点单项限制	≤500	单站 I/O 总点数限制	≤2000
DI 点单项限制	≤2000		

4.2 系统硬件

ECS-700 系统的基本结构由控制节点、操作节点及通信网络等构成,如图4-3所示。

4.2.1 控制节点

控制站是控制节点的主要设备,是系统进行控制运算的核心单元,它直接从现场采样 I/O 数据,完成整个工业过程的实时控制任务。控制站硬件主要由机柜、机架、I/O 总线、供电单元、基座和各类模块(包括控制器模块、I/O 连接模块和各种信号输入/输出模块等)组成。

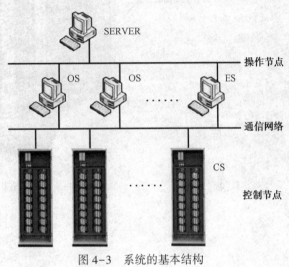

图 4-3 系统的基本结构

4.2.1.1 机柜

控制站机柜外形尺寸为:高×宽×深(不带侧板) 2100mm×800mm×800mm,支持机柜的拼装。机柜正面可装配控制器单元(或 I/O 连接模块单元)和机架,每个机架上可装配各类 I/O 模块基座,基座上可装配 I/O 模块。机柜背面可装配电源单元、机柜报警单元、网络交换机以及机架。机柜正反面如图4-4、图4-5所示。

4.2.1.2 机架

机架是连接控制器与 I/O 模块的桥梁,由导轨和 PCB 板两部分构成,导轨用来安装 PCB 板,同时安装 I/O 机架,PCB 板提供机架与总线连接端口、模块与总线连接端口、系统电源连接端口,完成与 I/O 模块基座、本地 I/O 总线、系统电源的电气连接。

I/O 机架有长机架和短机架之分,长机架可以安装 8 个 I/O 基座,短机架可以安装 4 个 I/O 基座,每个长机架可装配 16 个 I/O 模块,地址范围为 1~15,各模块地址与安装位置相对应,同一机架上左边一列模块地址为偶数地址,右边一列模块地址为奇数地址。如图4-6所示。

机架上可装配各类 I/O 模块基座,基座的正面结构如图4-7所示。基座上可装配 I/O 模块,I/O 模块结构如图4-8所示。

一个机柜最多安装 4 个机架,机架的地址范围为 0~3,通过机架 PCB 板上的 JP 跳线来设置,如图4-9所示。

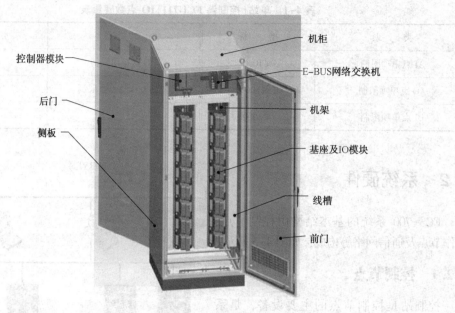

控制器模块

机柜

E-BUS网络交换机

后门

机架

侧板

基座及IO模块

线槽

前门

图 4-4　系统机柜正面布置图

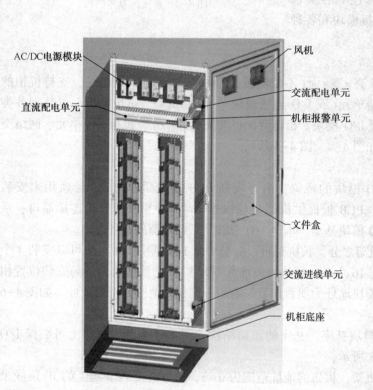

AC/DC电源模块

风机

直流配电单元

交流配电单元

机柜报警单元

文件盒

交流进线单元

机柜底座

图 4-5　系统机柜反面布置图

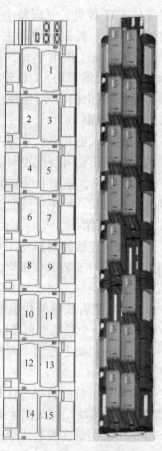

图 4-6　长机架

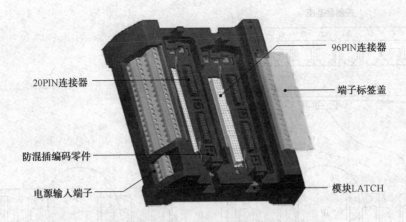

图4-7 I/O基座正面结构图

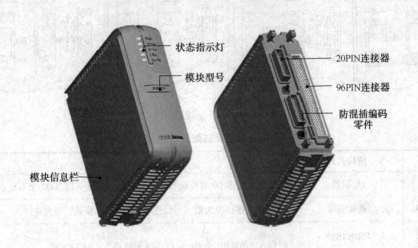

图4-8 I/O模块结构

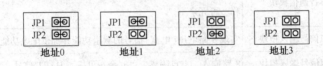

地址0　　　地址1　　　地址2　　　地址3

图4-9 机架地址跳线设置

　　4个机架与控制器通过本地I/O总线连接，每个机架上都有4个L-Bus总线连接端口，其中A、B为总线接入端口，An、Bn分别为A、B对应通信输出扩展端口，用于实现多机架间的连接，必须按照机架地址顺序从0开始进行机架的级联，当An、Bn后面不再有I/O机架连接时，最后一个机架需要加终端匹配电阻(阻抗120Ω)，以实现通信总线阻抗匹配。4个机架之间的连接如图4-10所示。

4.2.1.3 各类模块

　　控制站内的各类模块都可以冗余配置，保证实时过程控制的可靠性。控制站可配备的模块如表4-2所示。

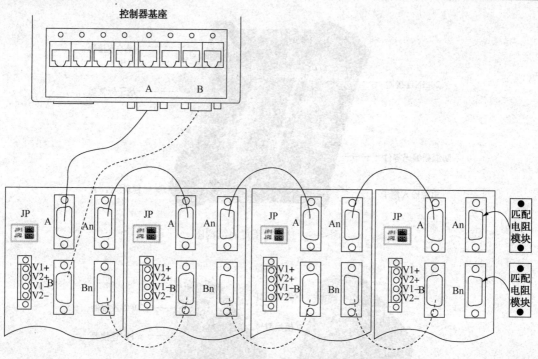

图4-10 4个机架级联示意图

表4-2 控制站配备的模块

型号	模块名称	描述
FCU711-S	控制器	单控制域最多60对控制器，每对控制器最多支持2000个I/O位号
COM711-S I/O	连接模块	每对I/O连接模块最多可以连接64块I/O模块，可冗余
COM721-S	PROFIBUS 主站通信模块	将符合PROFIBUS-DP通信协议的数据连入到DCS中
COM741-S	串行通信模块	将用户智能系统的数据通过通信的方式连入DCS，支持4路串口的并发工作，可冗余
AI711-S	模拟信号输入模块	实现8路电压(电流)信号的测量功能并提供配电功能，可冗余
AI711-H	模拟信号输入模块	8路输入，点点隔离，可冗余，可接入HART信号
AI712-S	模拟信号输入模块	实现8路电压(电流)信号的测量功能并提供配电，单路A/D，可冗余
AI721-S	热电偶输入模块	实现8路热电偶(毫伏)信号的测量功能并提供冷端补偿功能，可冗余
AI731-S	热电阻输入模块	实现8路热电阻(电阻)信号的测量功能并提供二线制、三线制和四线制接口，可冗余
AO711-S	电流信号输出模块	实现8路电流信号的输出功能，可冗余
AO711-H	电流信号输出模块	8路输出，点点隔离，可冗余，可输出HART信号
DI711-S	数字信号输入模块	24V查询电压，可支持16路无源触点或有源(24V)触点输入，可冗余
DI713-S	数字信号输入模块	16路输入，点点隔离，可输入SOE信号，前8通道具有低频累计功能

续表

型号	模块名称	描述
DO711-S	数字信号输出模块	可支持16路晶体管输出及单触发脉宽输出，可冗余
PI711-S	脉冲信号输入模块	可支持6路0V~5V、0V~12V、0V~24V这三档脉冲信号的采集功能，统一隔离，不支持冗余
AM711-S	位置调整PAT模块	支持4路信号采集（PAT：Position Adjusting Type），不支持冗余
AM712-S	FF接口模块	将符合FF协议的智能仪表设备信息接入

（1）控制器单元

控制器单元由一对冗余控制器 FCU711-S 和一个基座 MB712-S 构成。FCU711-S 是控制站软硬件的核心，协调控制站内软硬件关系，完成各项控制任务。控制器可以自动完成数据采集、信息处理、控制运算等各项功能，通过过程控制网络与数据服务器、操作员站、工程师站相连，接收上层的管理信息，并向上传递工艺装置的特性数据和采集到的实时数据；向下通过扩展 I/O 总线和 I/O 连接模块相连（或通过本地 I/O 总线与 I/O 模块直接相连），实现与 I/O 模块的信息交换，完成现场信号的输入采样和输出控制。控制器最多可扩展7对通信模块（含 I/O 连接模块、PROFIBUS 模块和串行通信模块等）。每对 I/O 连接模块最多可带4个机架，每个机架最多可带16个 I/O 模块。

① 控制器模块 FCU711-S。FCU711-S 面板有6个指示灯，可指示出控制器的基本状态，如图 4-11 所示，指示灯的具体含义如表 4-3 所示。

图 4-11 FCU711-S
面板指示灯

表4-3 FCU711-S 指示灯说明

指示灯	常态	其他状态	含义
Fault	灭	亮	硬件故障(红)
		闪	—
Status	亮	灭	—
		闪	无组态或组态更新过程
Active	亮	灭	是否工作状态：工作控制器亮，备用控制器灭
SCnet	亮	灭	冗余网络均有故障
		闪	以太网地址冲突，或单网故障
E-Bus	亮	灭	冗余网络故障
		闪	单网故障
L-Bus	亮	灭	有一对或两对冗余总线故障
		闪	某网故障

② 控制器基座（MB712-S）。控制器基座如图 4-12 所示。其中：

A. 地址拨码。在 MB712-S 基座上，通过拨号开关 SW1 和 SW2 进行控制器的 IP 地址设置。其中 SW1 用于设置域地址（0~15），拨号开关向上拨表示 ON，向下拨表示 OFF。SW2 用于设置控制节点地址（2~127），拨号开关向上拨表示 ON，向下拨表示 OFF。

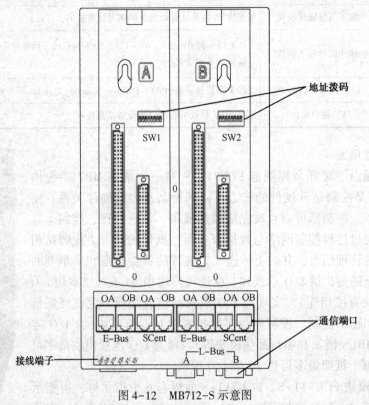

图 4-12　MB712-S 示意图

B. 通信端口。

a. SCnet：连接控制节点与操作节点（冗余）；

b. E-Bus：连接控制器与 I/O 连接模块（冗余）；

c. L-Bus：连接控制器与 I/O 模块（冗余）。

C. 子网地址。子网地址为 20 或 21，其中 20 对应过程控制网 A，21 对应过程控制网 B，两个子网互为冗余。

D. 接线端子。控制器基座采用两路冗余 24V 电源供电，系统电源与系统电源端子的对应关系如表 4-4 所示。

表 4-4　系统电源与系统电源端子对应关系

系统电源		系统电源接线端子
第一路供电	+	V1+
	−	V1−
第二路供电	+	V2+
	−	V2−

CLK+/ CLK- 为时钟同步端子，用来接入外部时钟同步信号。在需要使用 SOE（Sequence of Event）事件顺序的应用场合，应配备授时仪将秒脉冲信号转换成差分信号接入

进行时钟同步，确保 SOE 时间的准确性。在控制器对时钟要求较低的场合，可以不接 CLK+/ CLK-，使用服务器同步控制站时钟即可。

（2）I/O 连接单元。I/O 连接单元由一对 I/O 连接模块 COM711-S 和一个基座 MB722-S 构成。

① I/O 连接模块 COM711-S。I/O 连接模块为远程 I/O 机柜中的核心单元，是控制器连接远程 I/O 模块的中间环节。它一方面通过扩展 I/O 总线和控制器通信，另一方面通过本地 I/O 总线管理 I/O 模块。其中扩展 I/O 总线使用冗余的工业以太网，速率为 100Mbps。I/O 连接模块可以冗余配置，在冗余配置状态下，任意时刻只有工作模块进行实时数据通信，备用模块通过监听保证实时数据的同步。

② 连接模块基座 MB722-S。MB722-S 示意图如图 4-13 所示。

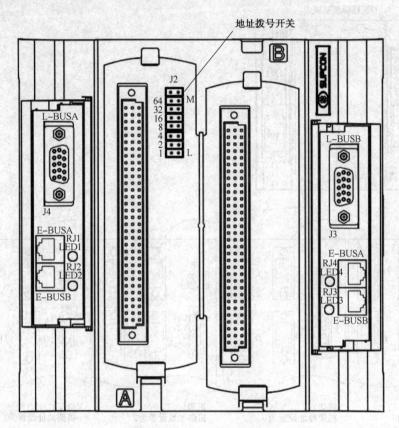

图 4-13　MB722-S 示意图

地址设置：

一对控制器最多可扩展 7 个 I/O 连接单元，控制器与 I/O 连接单元的连接如图 4-14 所示。

通信端口：

I/O 连接单元与扩展 I/O 机架连接如图 4-15 所示。

（3）I/O 模块单元

I/O 模块单元由两个 I/O 模块（单独/冗余）和一个基座（可选，配套端子板）构成。

I/O 模块的类型、名称及功能见表 4-2。

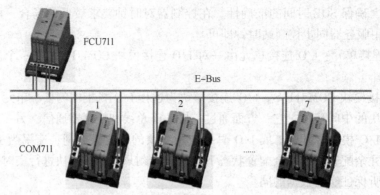

图 4-14 控制器与 I/O 连接单元的连接

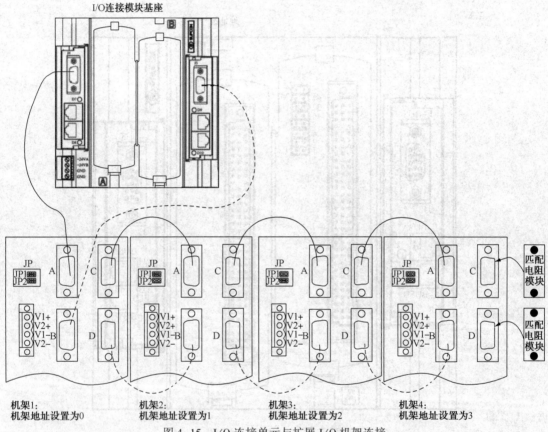

图 4-15 I/O 连接单元与扩展 I/O 机架连接

4.2.2 操作节点

操作节点是控制系统的人机接口，是工程师站、操作员站、数据服务器、组态服务器等的总称。ECS-700 系统的操作节点充分考虑了大型主控制室的设计要求，同时在系统规模较小的情况下，也可以使用一台计算机同时集成多种站点功能。

硬件包括：计算机、操作台、操作员键盘。

（1）操作员站

操作员站安装 ECS-700 系统的实时监控软件，支持高分辨率显示，支持一机多屏，提供控制分组、操作面板、诊断信息、趋势、报警信息以及系统状态信息等的监控界面。通过操作员站，可以获取工艺过程信息和事件报警，对现场设备进行实时控制。操作员站直接从控制站获得实时数据，并向控制站发送操作命令。

（2）主工程师站

实现组态服务器、工程师组态、系统维护的管理平台。

（3）扩展工程师站

组态、系统维护的平台，可创建、编辑和下载控制所需的各种软硬件组态信息。可实现过程控制网络调试、故障诊断、信号调校等。

（4）数据服务器

数据服务器提供报警历史记录、操作历史记录、操作域变量实时数据服务（包括异构系统数据接入、二次计算变量等）、SOE 服务，并向应用站提供实时和历史数据。数据服务器可以冗余配置，当工作服务器发生故障或者检修的时候，会自动切换，保证客户端正常工作。

（5）历史数据服务器

历史数据服务器用于接收、处理和保存历史趋势数据，并向应用站提供历史数据。历史数据服务器通常与数据服务器合并。当历史趋势数据容量较大时，可单独设置历史数据服务器站点。

（6）组态服务器

组态服务器用来统一存放全系统的组态，通过组态服务器可进行多人组态、组态发布、组态网络同步、组态备份和还原。组态服务器通常配置硬盘镜像以增强组态数据安全性。

4.2.3 通信网络

ECS-700 的通信网络包括 I/O 总线、过程控制网、过程信息网、工厂信息管理网。通信网络的拓扑结构示意图如图 4-16 所示。

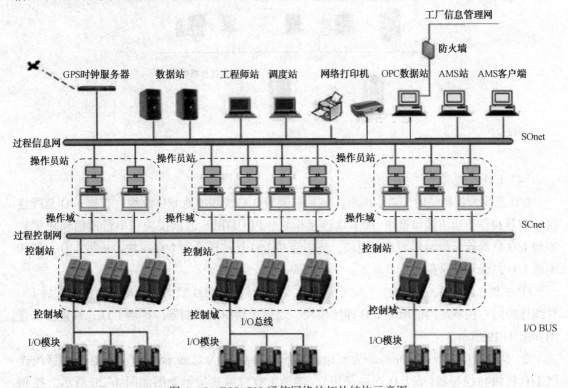

图 4-16 ECS-700 通信网络的拓扑结构示意图

（1）工厂信息管理网

连接各管理节点，通过管理服务器从过程信息网中获取控制系统信息，对生产过程进行管理或实施远程监控。

（2）过程信息网

连接控制系统中所有工程师站、操作员站、组态服务器、数据服务器等操作节点，在操作节点间传输历史数据、报警信息和操作记录等。对于挂在过程信息网上的各应用站点可以通过各操作域的数据服务器访问实时和历史信息、下发操作指令。可采用总线型结构或星型结构连接所有操作节点，可采用冗余或者单网工作模式。冗余过程信息网连接示意图如图 4-17 所示。

图 4-17　冗余过程信息网连接示意图

（3）过程控制网

连接工程师站、操作员站、数据服务器等操作节点和控制站，在操作节点和控制站间传输实时数据和各种操作指令。使用高速冗余工业以太网，网络拓扑结构为总线型结构或星型结构。过程控制网连接示意图如图 4-18 所示。

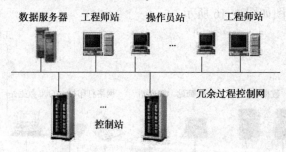

图 4-18　过程控制网连接示意图

（4）I/O 总线

I/O 总线为控制站内部通信网络，包括扩展 I/O 总线和本地 I/O 总线。扩展 I/O 总线连接控制器和各类通信接口模块(如 I/O 连接模块、PROFIBUS 通信模块、串行通信模块等)，本地 I/O 总线连接控制器和 I/O 模块，或者连接 I/O 连接模块和 I/O 模块。扩展 I/O 总线和本地 I/O 总线均冗余配置。

① 扩展 I/O 总线(E-Bus)。为冗余网络，拓扑结构为总线型结构或星型结构。扩展 I/O 总线连接同一控制站内的所有 I/O 连接模块、通信模块以及控制器。扩展 I/O 总线连接示意图如图 4-19 所示。

② 本地 I/O 总线(L-Bus)。为冗余网络，拓扑结构为总线形结构。本地 I/O 总线连接 I/O 模块与控制器(或 I/O 连接模块)。本地 I/O 总线连接示意图如图 4-20 所示。控制器与本地 I/O 模块通信连接见图4-10，I/O 连接模块与本地 I/O 模块通信连接见

图 4-15。

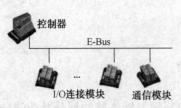

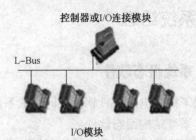

图 4-19 扩展 I/O 总线连接示意图   图 4-20 本地 I/O 总线连接示意图

过程控制网与 I/O 总线的连接如图 4-21 所示。

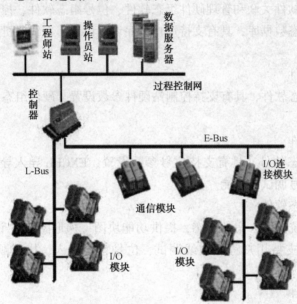

图 4-21 过程控制网与 I/O 总线的连接图

例如：0#域内的控制节点地址为(2，3)，操作节点地址为130，则进行网络连接时控制节点和操作节点在 A 和 B 网的地址及连接，如图 4-22 所示。

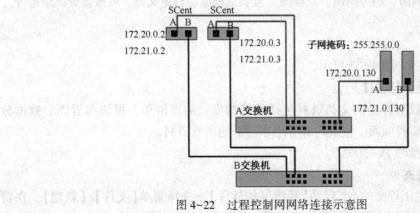

图 4-22 过程控制网网络连接示意图

4.3 系统组态

4.3.1 系统组态软件

由以下控制组态工具软件共同完成系统组态功能。

(1)系统结构组态软件

用于完成整个控制系统结构框架的搭建,包括控制域、操作域的划分及功能分配,以及各工程师组态权限分配等。

(2)组态管理软件

作为组态的平台软件关联和管理硬件组态软件、位号组态软件、控制方案组态软件和监控组态软件,维护组态数据库,具有支持用户程序调度设置、在线联机调试、组态上载以及单点组态下载等功能。

(3)硬件组态软件

控制站内硬件组态软件,具有支持控制站硬件参数设置、硬件组态扫描上载以及硬件调试等功能。

(4)位号组态软件

控制站内位号组态软件,具有支持位号参数设置、EXCEL 导入导出、位号自动生成、位号参数检查以及位号调试等功能。

(5)控制方案组态软件

用于完成控制系统控制方案的组态,提供功能块图、梯形图、ST 语言等编程语言,提供丰富的功能块库,支持用户程序在线调试、位号智能输入、执行顺序调整以及图形缩放等。

(6)监控组态软件

用于完成控制系统监控管理的组态,包括操作域组态和操作小组组态。操作域组态主要包括操作域内的操作员权限分配、域变量组态以及整个操作域的报警颜色设置、历史趋势位号组态、自定义报警分组等;操作小组组态指对各操作小组的监控界面进行组态,主要包括总貌画面、一览画面、分组画面、趋势画面、流程图、报表、调度、自定义键、可报警分区组态等。

4.3.2 系统组态

系统工程组态流程如图 4-23 所示。

4.3.2.1 工程前期统计与设计

在工程前期,应收集齐全的文档资料包括系统构成、测点清单、模块布置图、数据分组、系统控制方案、监控画面、报表内容等组态所需的所有资料。

具体项目内容可参考 JX-300XP。

4.3.2.2 系统结构组态

在组态服务器(主工程师站)上启动【系统结构软件】,选择菜单【文件】/【新建】,在窗口中设置:工程名、创建者(默认工程管理权限)、新建工程默认路径及密码,设置该工程

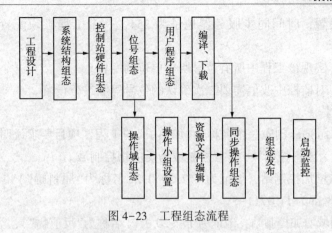

图4-23 工程组态流程

为"默认工程",点击工具栏中的 ▣ 按钮即可,此时把该工程作为当前工程。

(1)控制域组态

① 添加控制域:对控制域名称、描述、控制域地址、位号分组进行设置,最多可添加16个控制域。

② 添加控制站:对控制站名称、描述、型号、控制节点地址进行设置,最多可添加60个控制站。关联具有该控制站组态权限的工程师。

(2)操作域组态

① 添加操作域:对操作域名称、描述、操作域地址进行设置,最多可添加16个操作域。关联该操作域可监控的控制站,关联具有该操作站组态权限的工程师。

② 添加服务器:对服务器的名称、描述、地址进行设置。添加操作域时,会默认在每个操作域下添加一个服务器(数据服务器,可冗余)。服务器的主要作用就是接收、处理实时数据和报警数据,进行全局的报警处理,保存报警历史记录、操作历史记录、保存操作域变量,并向其他操作节点提供实时数据和历史数据。

③ 添加操作节点:对操作节点的名称、描述、地址、节点类型进行设置,最多可设置60个操作节点。工程师通过组态管理软件向操作域的各服务器和操作节点发送组态同步信息,不正确配置操作节点的 IP 信息,各操作节点将无法收到组态更新同步的信息。

(3)工程师

① 添加工程师组:对名称、描述工程管理权限、可组态的控制站、可组态的操作域进行设置。工程师组的组态可以方便统一配置相同权限的工程师,具有以下特点:

A. 同组内的工程师权限一致;

B. 组内和组外的工程师共同进行组态管理;

C. 一个工程最多支持31个工程师组,组内最多32个工程帅。

② 添加工程师:对名称、描述、主工程师工程管理权限、扩展工程师组态权限进行设置。所添加的工程师所具有的组态权限与配置的工程师组一致。

(4)全局默认配置

① 全局默认配置:对 ON、OFF 的颜色、位号显示的小数位数、面板报警灯颜色、时钟

同步服务器进行设置，时间同步服务器地址为 254，一个工程必须配置一台时钟同步服务器。

② 单位设置：实现该工程中所有位号所用单位的配置。

③ 安全设置：对监控中改值需要二次确认的位号等级进行设置。

4.3.2.3 组态举例

例如：由用户 supcon 创建一个名称为"加热炉"的工程，项目要求说明如下：

① 0 号控制域为原料控制域，1 号控制域为反应物控制域。

② 原料控制域增加控制站，地址为 172.20.0.2(名称为"原料罐")和 172.20.0.4(名称为"加热炉")，类型都为 FCU711-S。

③ 反应物控制域增加控制站，地址为 172.20.1.2(名称为"反应物")，类型为 FCU711-S。

④ 增加两个操作域"原料操作域"和"反应物操作域"。

A. 原料操作域的操作域有服务器(IP 为 172.30.0.159)和冗余服务器(IP 为 172.30.0.161)、工程师站(IP 为 172.30.0.162)、OS254_ 原料(IP 为 172.30.0.254)以及操作节点 OS163(IP 为 172.30.0.163)、OS164(IP 为 172.30.0.164)。

B. 反应物操作域有服务器(IP 为 172.30.1.159)和冗余服务器(IP 为 172.30.1.160)以及操作节点 OS165(IP 为 172.30.1.165)，OS166(IP 为 172.30.1.166)，OS254_ 反应物(IP 为 172.30.1.254)。

⑤ 用户 supcon 对每个控制站和操作域都有组态权限。

⑥ 增加具有工程管理权限的工程师 User1 和 Eng1，并设置他对每个控制域都有组态权限。

⑦ 增加无工程管理权限的两个工程师组，分别为"原料工程师组"和"反应物工程师组"，"原料工程师组"具有"原料控制域"和"原料操作域"的组态权限，"反应物工程组"具有"反应物控制域"和"反应物操作域"的组态权限。

⑧ 在"原料工程师组"下面增加两个工程师 Eng1_ c 和 Eng2_ c，在"反应物工程师组"下面增加两个工程师 Eng1_ l 和 Eng2_ l。

⑨ 设置原料操作域对原料控制域有监视权限，反应物操作域对反应物控制域有监控权限；保存并设置该工程为默认工程。

组态步骤如下：

(1) 创建工程

运行系统结构组态软件后，点击工具栏的"新建"按钮，弹出新建对话框，如图 4-24 所示。

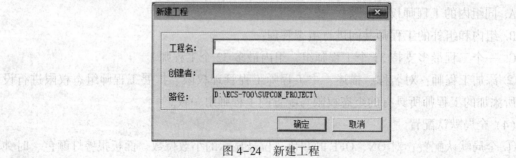

图 4-24 新建工程

在新建工程对话框中输入,工程名称:加热炉设计;创建者:supcon。点击"确定"按钮,弹出是否为"supcon"创建密码对话框。若选"否",该工程师密码为空,选择"是",可以设置工程师密码,弹出创建密码的窗口。输入工程师密码及确认密码,点击"确定"按钮,即可进行结构组态。

(2) 控制域组态

在工程组态树中右键点击"控制域组态"节点,在弹出的右键菜单项中选择"添加控制域"选项,添加地址为0的控制域,如图4-25所示。

添加完控制域后,将该控制域的名称改为原料控制域,地址改为0,如图4-26所示。

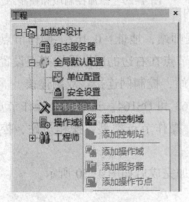
图4-25 添加控制域

图4-26 修改控制域属性

选择组态树中该控制域节点后右击,在弹出的右键菜单中选择"添加控制站"选项,如图4-27所示。

添加一个(名称"原料罐")控制站,并将控制站地址改为2,按照要求,修改该控制站的信息如下:

选中该控制器节点后,在右边的组态属性窗口中,修改信息:名称为"原料罐",地址为2,类型为FCU711-S,勾选工程师supcon对该控制站的组态权限(此处可以先选择保存动作),组态完成后如图4-28所示。

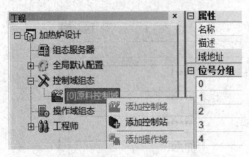
图4-27 添加控制站

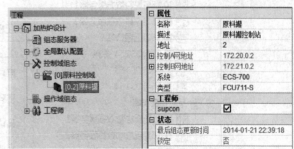
图4-28 添加控制站信息

再添加"加热炉"控制站,添加完后修改该控制站信息;选中该控制器节点后,在右边的组态属性窗口中,修改信息名称:"加热炉",地址:4,类型:FCU711-S,勾选工程师supcon对该控制站的组态权限(此处可以先选择保存动作)。

同样的方法添加另外一个反应物控制域,添加完成后如图4-29所示。

（3）操作站组态

在工程组态树中右键点击"操作域组态"节点，在弹出的右键菜单中选择"添加操作域"。

添加成功后，选中该操作域节点，在右边的属性窗口中，修改信息，名称：原料操作域，设置对各种控制域的组态权限，以及 supcon 对该操作域的组态权限，然后再选中"原料操作域"节点，选择右键菜单中的"添加服务器"，并设置两个服务器的 IP 地址信息分别为 0.159 和 0.161。

图 4-29 添加控制域和控制站

同样，再选中"原料操作域"节点，选择右键菜单的"添加操作节点"，并设置所添加的操作节点的名称：工程师站，地址：0.162，操作节点类型：工程师站，控制网连接：双网连接。再添加一个操作节点在右边的属性设置列表设置名称：OS254_ 原料，地址：0.254，操作节点类型：工程师站，控制网连接：双网连接。

与添加工程师站相同的方法再添加两个操作节点 OS163 和 OS164。选中一个操作节点，在右边的属性设置列表设置名称：OS163，地址：0.163，操作节点类型：操作员站，控制网连接：双网连接。再选择另一个操作节点作相同的设置。

与添加原料操作域同样的方法添加反应物操作域，添加完成后如图 4-30 所示。

（4）工程师组态

选择工程师节点，右击，在弹出的右键菜单中选择"添加工程师"选项，弹出如图 4-31 所示对话框。

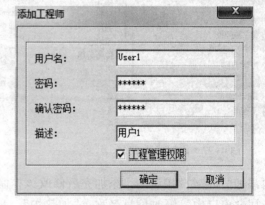

图 4-30 操作域添加　　　　　　　　图 4-31 添加工程师

输入该工程师的信息，点击确定，可成功添加用户。选中该用户节点，在属性窗口中设置用户权限，如图 4-32 所示。

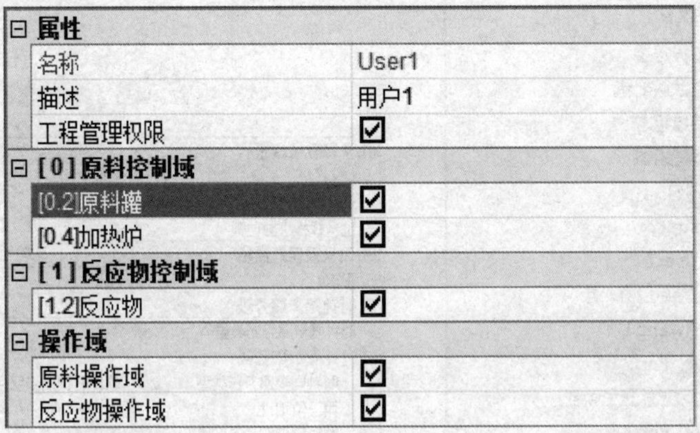

□ 属性	
名称	User1
描述	用户1
工程管理权限	☑
□ [0]原料控制域	
[0.2]原料罐	☑
[0.4]加热炉	☑
□ [1]反应物控制域	
[1.2]反应物	☑
□ 操作域	
原料操作域	☑
反应物操作域	☑

图 4-32　工程师权限设置

按同样的设置方法，再添加 Eng1 用户。

选中工程师节点，右击，在弹出的右键菜单中选择"添加工程师组"选项。在"工程师"节点下产生一个工程师组，默认名称为"工程师组 0"。选中该工程师组，在右边属性中输入名称：原料工程师组；描述：原料工程师组；拥有原料控制站的组态权限以及原料操作域的组态权限。设置完毕后如图 4-33 所示。

图 4-33　工程师组属性设置

选中原料工程师组右击，在弹出的右键菜单中选择"添加工程师"选项，弹出添加工程师对话框，输入名称 Eng1_ c 和密码。按同样的方法添加 Eng2_ c 工程师。再按上述的方法添加反应物工程师组及组内的工程师 Eng1_ l 和 Eng2_ l。

所有用户添加完毕后如图 4-34 所示。

（5）全局默认配置

全局默认配置如图 4-35 所示。

（6）单位配置

（7）保存并设置默认组态

组态完成后，点击工具栏上的保存按钮，进行组态保存，并点击工具栏上的"默认工程组"按钮，设置该工程为默认工程(若已有工程为默认工程，还需输入已有默认工程的用户和密码方可修改默认工程)。

图 4-34 添加所有用户

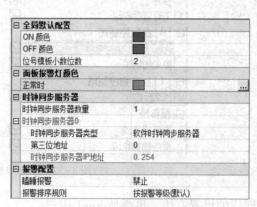

图 4-35 全局默认配置

4.3.2.4 控制组态

控制组态包括硬件配置、位号配置、用户程序、用户功能块组态等。

（1）硬件配置

在组态管理软件界面中选择需要配置的控制器，从该控制器右键菜单中选择"从组态服务器打开"命令，选择对应控制从组态服务器打开后，即可锁定该控制站，防止其他工程师站同时对该控制站进行组态。在控制站"组态属性列表区"内双击"硬件配置"，打开硬件组态软件。在硬件配置界面，要进行的设置包括以下内容。

① 控制器设置。要设置的主要参数包括冗余、过程控制网、扩展 IO 总线、调试（AO \ DO）、快速扫描周期（20ms、50ms）、本地机架扫描周期等。

② 添加 I/O 连接模块（通信模块）。该控制器下可以添加 4 类模块，分别为虚拟 I/O 连接模块（本地机柜用），I/O 连接模块（扩展机柜用），Profibus 通信模块，串行通信模块。控制器可以连接 8 个模块，对添加的模块进行地址设置，地址为 0~7，其中，本地 I/O 连接模块的地址只能设置为 0，其他模块地址设置为 1~7。

③ 添加机架。在工作区中，选中某一 I/O 连接模块，右键点击该连接模块进行长短机架的添加，一个连接模块下可添加 4 个机架，地址为 0~3，即 SC0-0、SC0-1、SC0-2、SC0-3。

④ 添加 I/O 模块。I/O 机架下可以添加各类 I/O 模块，一个机架可以支持 16 个 I/O 模块，对添加的 I/O 模块进行地址设置，地址为 0~15。此外，I/O 模块还要进行组态参数，即是否冗余、是否需要冷端补偿及采样周期的设置等。

⑤ 通道设置。通道设置参数包括通道开关：开启/关闭，信号类型：电压、电流（配电/非配电），电信号量程（支持自由量程）的设置。

⑥ 扫描上载。扫描上载就是对当前系统中实际连接的 I/O 连接模块、机架、通信模块等进行扫描，获取模块的硬件组态信息，上载更新到本地组态。

点击 图标，弹出如图 4-36 的对话框。

其中，扫描全部模块：将实际连接的全部硬件组态信息上载更新，确认删除当前组态。扫描新增模块：将实际连接的不一致的硬件组态信息上载更新，确认替换当前组态。

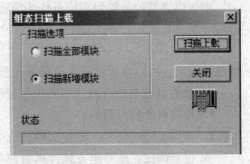

图4-36　组态扫描上载

⑦ 调试状态。调试包括对实时数据和诊断数据的调试。实时数据是对 I/O 模块的输入输出区的通道实时数据进行读写；诊断数据调试是对标准模块的诊断区数据进行读取。

（2）位号配置

位号组态应在硬件组态完成后进行，通过扫描通道位号的方式建立与 I/O 模块通道对应位号列表，再根据工程需要修改位号组态。

① 扫描位号。在组态管理软件界面中选择相应的控制器，使该控制器处于本机锁定状态，即控制器处于"从组态服务器打开"状态，在右边的视图中双击"位号表"，打开位号组态软件界面，点击图标，弹出扫描对话框。对话框中的"扫描全部"是根据硬件组态配置，自动生成通道位号，当前位号不被保留。"扫描新增"是扫描新增硬件组态生成相应的位号，保留当前位号。点击"开始扫描"后，位号组态软件根据硬件组态自动生成位号。

② 设置位号参数。包括基本参数和通道参数的设置。基本参数：位号名、描述，通道参数包括：

A. 模入量 AI——地址、运行周期、信号转换、量程、报警、故障处理、监控；

B. 模出量 AO——地址、运行周期、信号转换、量程、报警、故障处理、监控；

C. 开入量 DI——地址、信号转换、报警、故障处理、监控；

D. 开出量 DO——地址、信号转换、报警、故障处理、监控。

③ 导入/导出。位号组态软件支持指定格式(.xls)文件的导入导出，使用文件菜单下的"导入""导出"功能即可。导入操作是将 EXCEL 表格中的位号组态覆盖当前的位号组态，需要设置 EXCEL 表格中的位号与当前位号组态中的位号之间的匹配对应关系，即"位号导入匹配方式"和"位号导入干预条件"。

"位号导入匹配方式"规定了在位号导入过程中 EXCEL 表格中的位号与当前位号组态中的位号建立导入更新对应关系的规则。它有3个选项：

A. 按序号导入位号(默认导入方式)：以位号的序号为依据建立匹配关系，这是推荐使用的位号导入方式；

B. 按名称导入位号：以位号的名称为依据建立匹配关系；

C. 按 I/O 通道地址导入位号：以 I/O 位号的通道地址为依据建立匹配关系。

"位号导入干预条件"指位号导入过程中当满足某种条件或出现某种错误时，需要暂停导入过程并允许工程师进行干预的条件，有4个选项：

A. 待导入位号找到其他同序号的位号；

B. 待导入位号找到其他同名的位号(默认方式)；

C. 待导入位号找到其他同 I/O 通道地址的位号；

D. 待导入位号找不到对应的位号。

也可以将某位号的组态信息作为模板，新增位号组态与其一致。模板设置完成后可将组态位号信息从模板（.xls）文件中导入到位号组态软件中。

④ 批量修改。选中需要修改的一批位号，选择菜单命令【操作/批量修改】，在进入批量修改状态后，可以在属性框中直接修改位号参数，与单个位号参数修改不同的是：

A. 参数修改对所有被选中的位号起作用；

B. 不能修改位号名称；

C. 不同类型的位号，即使同时被选中，也不能进行批量修改。

⑤ 位号调试。位号组态软件具有简单的调试功能。在联机调试状态下，可以查看或修改位号的各种属性值，在位号组态正确下载后，应用工具栏中的 图标，进入位号调试状态，选中某一位号即可进行该位号的各种属性值修改，再次点击 图标可退出调试状态。

4.3.2.5 监控组态

（1）整体设置

① 定义操作小组。添加操作小组，每个操作员可以关联 1 个或多个操作小组。

② 监控授权。双击【域组态】下的【监控用户授权】，进入监控用户授权界面，可以对用户、数据分组、操作权限、操作小组进行用户授权操作。

③ 面板授权。双击【域组态】下的【面板权限】，进入面板权限配置界面，完成面板权限配置操作。其中包括"二次确认间隔时间配置"和"面板参数权限配置"。

二次确认间隔时间配置：在监控状态下对弹出的面板进行二次操作时，如果二次操作的间隔时间小于设定值，则第二次操作不需要输入原因，否则要输入修改原因。设定值的设定只需要在界面中输入时间 0~60 即可，如图 4-37 所示。

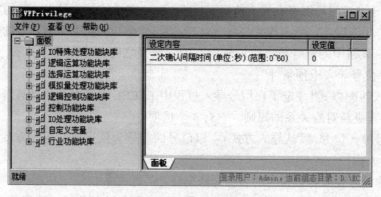

图 4-37 面板权限配置

面板参数权限配置：选中面板权限配置界面左边的某一功能块，选择界面右边的某一参数，进行该参数的权限配置操作。如图 4-38 为调整画面权限参数的权限配置，只有"工程师-"级别以上的用户，才能进行该功能块调整画面的操作。

（2）画面组态

主要包括总貌画面、一览画面、分组画面、趋势画面、流程图、报表、调度、自定义

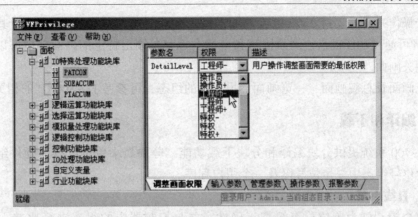

图4-38　面板各参数权限配置

键、可报警分区组态等的组态。

① 报警。报警包括系统报警和过程报警。系统报警提供系统自身的软硬件故障信息。过程报警是工业生产的过程参数超出了正常范围而由系统引发的报警。报警发生时，相关报警信息在服务器中被记录，并实时显示在监控界面的报警窗口中，同时可以声光报警，引起操作人员注意。报警信息可写入文件或进行打印，ECS-700系统最大允许同时发生的报警1000条。

监视对象：报警的监视对象包括I/O点、功能块、控制系统软硬件故障等。可设置"报警死区"。

报警过滤：系统具有报警禁止、报警抑制和报警分区屏蔽功能，支持按照时间和位号名进行报警查询和过滤。

报警指示：报警指示包括过程报警表、报警面板、声音报警、图形指示灯等多种方式。报警可以关联到相应的趋势显示等相关画面。过程报警表以表格方式显示过程报警信息，并实时滚动刷新。

报警信息：内容包括时间、位号、描述、状态、值、优先级等。

各操作站可以分别设置报警过滤条件和显示方式。并可按照报警等级或报警性质为报警信息预设报警颜色。报警内容包括时间、位号、描述、类型、实时值等。

② 控制分组。控制分组画面最大500幅。每幅控制分组显示画面能显示1~16个仪表。对于控制回路，可以对设定值、输出值、手/自动方式等进行操作，对于开关量可进行开启/关闭操作，可显示出命令状态和实际状态。

③ 调整画面。调整画面显示位号的详细信息和实时趋势。可以对复杂的控制模块和部分多参数的控制仪表进行参数调整。针对操作员和工程师修改不同的参数提供权限控制。单操作站同时最多打开2个调整画面。

④ 趋势画面。每页趋势画面可以显示8个位号，同时，操作人员可以在线配置新趋势组。趋势画面显示可分实时模式和历史模式，在历史模式下，显示的起止时间可以任意选择。支持趋势打印。趋势查询有缩放和滚动功能。单个操作站最大支持500幅趋势。

⑤ 流程图。流程图配有丰富的模板图库，支持移动、填充、旋转、闪烁等动态，实时数据显示自带报警动态，支持ActiveX控件和趋势、报警窗口嵌入，可跳转到相关联的画

面。单个操作站最大支持 2500 幅流程图，每幅流程图最大支持 700 个位号(其中动态对象 200 个)。可通过功能键盘、画面按钮和鼠标右键菜单调出特定的画面，也可以按照逻辑自动弹出相关画面。

以上画面及总貌画面、一览画面、报表等的组态，可参考 JX-300XP 的相关内容。

4.3.3 编译和下载

ECS-700 系统提供分块编译和分块下载功能，分块最小单位可以为硬件组态中一个硬件模块、位号组态中一个位号以及一个用户程序。

4.3.3.1 在线下载

以单个控制站为单位检查组态正确性，并与控制器中的组态进行比较，检测出需要下载的组态内容，然后由工程师确认后可将更新部分的组态在线下载到控制器。所有的组态下载操作可以进行历史追溯，可查询的历史信息包括下载时间、内容、执行操作的工程师等。

4.3.3.2 在线组态

在与控制器联机状态下，可直接修改控制器中单个组态参数的实时值，包括功能块的参数、硬件组态数据和位号的参数。

4.4 ECS-700 系统在酸性水汽提装置中的应用

4.4.1 汽提装置概况

汽提装置处理的污水主要来自蒸馏、催化裂化、加氢裂化、柴油加氢、渣油加氢、铂重整、加氢精制、延迟焦化及脱硫、硫黄回收联合装置等，其中，加氢裂化和渣油加氢装置的污水含氨含硫浓度最高，柴油加氢、催化裂化、重整、加氢精制、延迟焦化和脱硫、硫黄回收联合装置等装置的污水含氨含硫浓度次之，蒸馏装置的污水含氨含硫浓度最低。

汽提装置的作用就是通过汽提和精制，脱出污水中的氨氮和硫化物，使排放的净化水达到排放要求(含氨氮<100mg/L，含硫化物<50mg/L)，减少环境污染。同时，回收高纯度的硫化氢去硫黄回收生产硫黄，回收高纯度的氨上市销售和生产氨水供炼厂蒸馏装置使用。

4.4.2 工艺控制流程图

汽提装置的工艺包括预处理系统、双塔汽提系统、氨精制系统、氨水系统、汽提氨压机及汽提公用工程部分，工艺流程如图 4-39 所示。

(1) 预处理系统工艺流程说明

来自四蒸馏、三催化、三加氢、脱制硫等装置的含硫含氨污水，经容 1 脱气后储存于容 2 中静置脱油。

预处理系统的作用是通过汽化、沉淀分层、过滤，达到脱气、脱油及脱除固体杂质的目的。

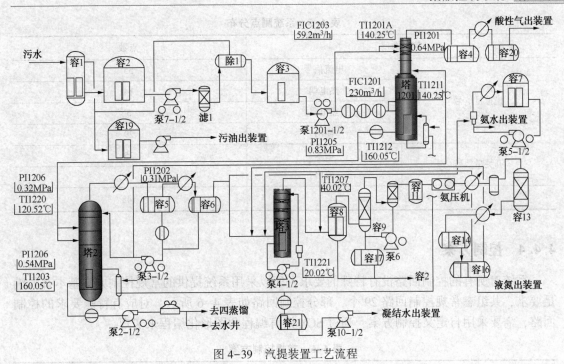

图 4-39 汽提装置工艺流程

（2）双塔汽提系统工艺流程说明

塔 1201、塔 1202（图 4-39 中的塔 2）重沸器的加热蒸汽均有直接进入塔的管线，必要时，可以不经重沸器而把蒸汽直接通入塔内加热汽提。

硫化氢汽提塔系统：以塔 1201 和换热器等为主要设备的系统，其作用是通过汽化、吸收，分离酸性水中 85% 以上 H_2S 和 95% 以上 CO_2。

氨汽提塔系统：以塔 1202 和换热器等为主要设备的系统，其作用是通过汽化、吸收，分离酸性水中 99.99% 以上 NH_3 和剩余的 H_2S，使净化水质量达到氨氮小于 100mg/L，硫化物小于 50mg/L。

氨精制脱硫系统：以塔 1203（图 4-39 中的塔 3）和换热器等为主要设备的系统，通过水洗、结晶、吸收、过滤、压缩和冷却，使气氨转变为纯度达到 99.5% 的液氨。

氨水系统：以换热器和泵等为主要设备的系统，在本系统在氨精制故障或能力不足时生产氨水。

4.4.3 系统配置

（1）一个控制域（0#），一个操作域（0#），0#操作域监视、管理 0#控制域。

（2）控制域内包含一个控制节点（地址：2），其中含 1 个本地机柜，3 个扩展机柜，每个机柜安装 4 个机架。

（3）操作域内包含一个主工程师站兼时间同步服务器（254）、两个扩展工程师站（200、201）、五个操作站（131、132、133、134、135）、两个冗余服务器（129、130）。系统测点分布如表 4-5 所示。

表 4-5　系统测点分布

信号类型		点数
模拟量信号	电流信号	55
	热电偶	14
	热电阻	5
	输出	29
开关量信号	输入	25
	输出	20
总计		148

4.4.4　控制方案

系统对所有的控制回路没有特殊的要求，所以采用系统提供的常规控制方案基本都能满足要求，共组态常规控制回路 29 个，部分控制回路如表 4-6 所示。对应有特殊要求的控制回路，需要采用自定义控制方案，通过 SCX 语言编程和图形化编程来实现。

表 4-6　常规控制方案

序号	回路号	回路类型	回路位号	描述	上限	下限	单位
01	00	单回路	TIC-1203	塔-1202 底温度调节	250	0	℃
02	01	单回路	TIC-1208	冷-1206 壳程出口温度	150	0	℃
03	02	单回路	HC-1201	冷-1202-1 风机变频调	100	0	MPa
04	03	单回路	HC-1202	冷-1202-4 风机变频调	100	0	MPa
05	04	单回路	HC-1203	冷-1202-7 风机变频调	100	0	MPa
06	05	单回路	PIC-1201	塔-1201 顶压力指示控	1	0	MPa
07	06	单回路	PIC-1202A	容-1205 顶压力调节 A	0.4	0	MPa
08	07	单回路	PIC-1202B	容-1205 顶压力调节 B	0.4	0	MPa
09	08	单回路	PIC-1203	塔-1203 顶压力	0.3	0	MPa
10	09	单回路	FIC-1201	塔-1201 酸性水热进料	230	0	m³/h
11	10	单回路	FIC-1202	塔-1201 氨水进料流量	11	0	m³/h
12	11	单回路	FIC-1203	塔-1201 酸性水冷进料	59	0	m³/h
13	12	单回路	FIC-1204	换-1201 蒸汽入口流量	23000	0	kg/h
14	13	单回路	FIC-1205	塔-1202 顶回流流量	33	0	m³/h
15	14	单回路	LICA-1201A	容-1205 液位调节	2200	0	mm
16	15	单回路	LIC-1202	塔-1201 底液位调节	4000	0	mm

习题及思考题

1. ECS-700 系统的硬件主要由哪几部分组成？主要设备包括哪些内容？各自的作用是什么？

2. ECS-700 系统现场控制站的硬件包括哪些内容？

3. 一个机柜最多能配置多少个机架？机架的类型有哪些？

4. 说明控制域和操作域的含义。

5. 说出 ECS-700 系统的最大配置规模。

6. I/O 连接模块的作用是什么？

7. 控制器与 I/O 连接模块连接的网络叫什么网络？连接控制器与 I/O 模块的网络叫什么网络？

8. 如果 1#域内的控制节点地址为（2，3），操作节点地址为 131，画出控制节点和操作节点在 A 和 B 网的网络连接图，在图中标出 IP 地址。

第5章 霍尼韦尔（Honeywell）集散控制系统

5.1 TDC-3000 系统概述

TDC-3000 是美国霍尼韦尔（Honeywell）公司 1983 生产的一种集散控制系统，它的前身是该公司 1975 年推出的 TDC-2000。在这 20 多年间，霍尼韦尔公司着眼于未来，不断进行新技术开发，几乎每隔 2~3 年就有新产品问世，其中比较大的革新有几次。一次是 1983 年 10 月推出了 TDC-3000（LCN），使系统增加了过程管理层，原来的 TDC-2000 改为 TDC-3000 BASIC 并与之兼容，这是第二代集散控制系统；另一次是 1988 年推出了 TDC-3000（UCN），增加了万能控制网络（UCN）、万能操作站（UWS）、过程管理器（PM）、先进多功能控制器（AMC）、智能变送器 ST3000 等新产品，系统在控制器功能、现场变送器智能化、UNIX 开放式通信网络，综合信息管理等方面进一步得到加强，这是第三代集散控制系统 TDC-3000，其结构如图 5-1 所示。

由图 5-1 中可见，就其总体结构构成而言，TDC-3000 可分为 TDC-3000SSC、TDC-3000BASIC、TDC-3000LCN 和 TDC-3000UCN 四个部分。

5.1.1 TDC-3000 SSC

TDC-3000 包括单回路智能调节器 SSC（Single Strategy Controller）和相应的通信接口装置 SG（SSC Gateway）。单回路智能调节器 SSC 以微处理器为核心，操作方式与模拟调节器面板类似，但功能远强于模拟调节器。可由用户组态和编程来组成各种控制规律的数字式过程控制装置，一台可编程调节器一般只控制一至两个回路，所以又称为单回路调节器。

为适应仪表改造和更新的需要，SSC 包括固定程序调节器（KMS）、可编程序调节器（包括 KMM、SLPC 等）和复合运算器（KMP）等品种。对于固定程序控制器，用户必须正确设置仪表侧一系列辅助开关的位置，才可以得到所需的运算控制功能。可编程序调节器则是通过组态来获得所需的运算控制功能，在系统 PROM 中固化有 45 种运算子程序、30 个模块。复合运算器适合构成高级运算，除无 PID 控制功能和调节器的显示功能外，其余均同于可编程序控制器。

上述三种仪表均具有自诊断功能，并可以通过 SG 接口与操作站进行通信，每个 SG 通过 S-LINK 线与 8 台 SSC 连接，SG 可以周期性地读取 SSC 的数据，如给定值、测量值、输出值、调节参数等；同时还可以根据来自高速通道上的存储请求，对相应的 SSC 进行写入操作。

5.1.2 TDC-3000 BASIC

TDC-3000 BASIC 是在 TDC-2000 的基础上发展而来的。主要包括基本操作站（BOS）、增强型操作站（EOS）、基本控制器（BC）、多功能控制器（MC）、先进多功能控制器（AMC）、过程接口装置(PIU)、数据通道接口(DHP)、可编程序控制器(PLC)、45000计算机和数据高速通路(HW)等。

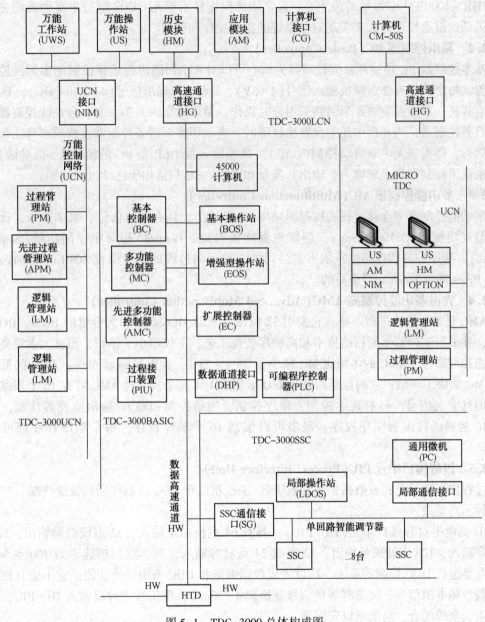

图5-1 TDC-3000总体构成图

5.1.2.1 增强型操作站 EOS(Enhanced Operator Station)

TDC-3000配有三种类型的操作站。在LCN上配有万能操作站(US)和万能工作站(UWS)；在HW上配有增强型操作站(EOS)；在C-LINK和S-LINK上可配局部基本操作站LBOS。其中EOS和US是普遍采用的操作站。

EOS是TDC-3000 BASIC和TDC-3000 SSC的人-机接口装置。它由主机、CRT、键盘、打印机、趋势记录仪等组成。EOS具有对测控点数据进行显示、报警，对历史数据进行处理和存储，编制及打印报告和列表，用 SOPL 语句进行编程，实现顺序控制，对 HW 设备进行组态和加载，并将组态数据下载到各组件，进行系统诊断和报告等主要功能。增强型操作站是 TDC-3000BASIC 系统的最主要、最常用的操作显示单元。EOS 通过丰富的画面显示功能和灵活的键盘操作方式来实现对全系统的监视操作和管理。

5.1.2.2　基本控制器 BC(Basic Controller)

基本控制器 BC 是一种以微处理器为核心可以对 8 个回路进行运算控制的多回路控制调节装置。每个回路有 2 点模拟输入信号(1~5V)，1 点模拟输出信号(4~20mA DC)，具有 28 种标准算法，对所控制的 8 个回路采用分时操作，循环周期为 1/3s。每 8 台在线控制器拥有一台后备控制器，当 8 台中任一台发生故障时，自动切换至后备控制器，按原来算法和数据继续运行，即实现无中断自动控制(UAC)。数据输入板 DEP 是 BC 的简易人-机对话装置，用它来读出控制器的全部输入、输出、变量和常数。BC 只适用于连续过程控制。

5.1.2.3　多功能控制器 MC(Multifunction Controller)

多功能控制器将连续过程的控制回路增加到 16 个，具有模拟信号、数字信号、计数信号的监视功能(I/O Monitoring)、逻辑控制功能(Logic Control)和顺序控制功能(Sequence Control)。顺序控制软件是由霍尔韦尔公司的一种面向过程的顺序语言 SOPL(Sequence Oriented Procedural Language)编写的。

5.1.2.4　先进多功能控制器 AMC(Advanced Multifunction Controller)

AMC 是 MC 的改进型产品，它采用 32 位微处理器 MC68020 和大容量的 RAM、ROM 等器件，并采用先进的平面粘结技术和高密度装配工艺，不仅缩小了体积，而且大大提高了控制性能和可靠性，AMC 的体积比 MC 减少了 35%~75%，耗电量降低 50%。AMC 的处理速度比 MC 加快了一倍，它的控制回路和 I/O 卡实现 1:1 冗余。一台 AMC 可有 16 个回路，32 点模拟量输入信号。具有连续控制、顺序控制、批量控制和输入/输出监控等功能，采用 CL/MC 控制语言编制顺序程序，最多可以编制 16 个顺序程序，每个顺序程序都可独立运行。

5.1.2.5　过程接口单元 PIU(Process Interface Unit)

过程接口单元是完成数据采集和数字开/关控制以及 DDC 控制作用的智能终端，它有下面三种不同类型。

① 高电平过程接口单元(HL-PIU)：具有 64 点模拟量输入，32 点模拟量输出；128 点开关量输入、128 点开关量输出；12 点或 24 点脉冲输入，其连续扫描速率为 400 点/s，适用于需要进行 DDC 控制的系统，用以完成数据采集和 DDC 备用站的功能。它不能直接输入热点偶、热电阻信号，需要将测量信号变换到 4~20mA 标准信号才可以输入 HL-PIU，在要求本质安全的场合，需要增设安保器。

② 低电平过程接口单元(LL-PIU)：它的基本功能与 LE-PIU 近似，适用于对低电平信号进行数据采集，它可接收 64 点模拟输入，包括热电偶、热电阻、4~20mA，1~5V 或其他低电压信号，具有热电偶冷端补偿，各种输入线性化处理、报警监视、热电偶断线诊断等功能。连续扫描速率为 160 点/s。

③ 低能量过程接口单元(LE-PIU)：它和 LL-PIU 一样仅具有输入功能，主要用来在危险场所采集各种热电偶、热电阻低电平信号，因而在与操作站连接时，只能完成指示过程参数的任务。LE-PIU 采用远距离多路切换箱，可在恶劣的环境条件下安装，不过多路切换器

采用了干簧继电器，采样速率较低，仅 16 点/s，因而使用受到一定的限制。若在切换箱与低能量过程接口单元之间设置齐纳安保器，还可构成本安系统。

5.1.2.6 高速数据通路 HW(High Way)和高速通路通信指挥器 HTD(Highway Traffic Director)

高速数据通路为 TDC-3000 BASIC 系统提供了数据交换的信道。高速数据通信指挥器负责 HW 上通信的指挥和协调。一个 HTD 可连接 3 条 HW，每条长 6096m，可覆盖的控制范围达 12192m。每个 HW 设备都有专用的 HW 接口与 HW 连接，一个 HTD 最多可指挥 63 台 HW 设备。为了通信的可靠，HW、HTD 及 HW 接口都采用冗余配置。

5.1.2.7 可编程控制器高速通路接口 DHP(Data Highway Port)

可编程序控制器高速通路接口是可编程序控制器与高速数据通路的专用接口，一个 DHP 可连接 8 台 PLC，DHP 对 PLC 进行监视和控制，当 PLC 中的过程状态发生变化时，DHP 把变化点列表，送往 HW 操作站进行显示或报警，操作站也可经 HW 改变 DHP 中的组态数据或手动改变 PLC 的过程点输出。

5.1.2.8 450000 计算机

450000 上位计算机是 TDC-3000 BASIC 系统最上一级，用于实现特殊的控制方案和系统功能，包括建立控制系统数学模型、最优控制、开发新的控制规律等。450000 计算机是霍尔韦尔的 DPS6 小型计算机的特殊配置，分 SUPERVISORY、TOTAL、PMX 三种不同的上位计算机系统。它们支持的过程区域、单元和点数各不相同，程序包、趋势记录、画面及报表也各不相同，其中以 PMX 的功能最强。为了易于用户编程，允许使用 BPL 语言和 FORTRAN 语言。三种系统功能如表 5-1 所示。

表 5-1 上位机系统功能

功能 \ 机种	SUPERVISORY	TOTAL	PMX
支持过程区域	4	6	>6
支持过程单元	32	48	任意
支持点数	5000 点	5000 点	8000 点
趋势记录点	96 页×4 点	144 页×4 点	任意
用户流程图	300 页	300 页	任意
各种报表	200 个	200 个	1355
标准算法	约 130 种	约 130 种	约 100 种
BPL 语言编程	可	可	可
FORTRAN 编程	不可	可	可
最佳过程程序包	无	无	有

5.1.3 TDC-3000LCN(Local Control Network)

TDC-3000LCN 是 TDC-3000 BASIC 系统的进一步扩展，它本身不能单独使用，要与 TDC-3000 BASIC 联用。它对 TDC-3000BASIC 的数据作进一步的处理并引入化验数据、市场信息及各种情报等非过程数据进行综合分析，供决策者使用。因而它在数据-控制-管理一体化方面迈进了一步。它还可以代替 450000 计算机的功能。

5.1.3.1 系统构成

LCN 通信系统由同轴电缆或光缆、连接器、终端连接器以及分散于各 LCN 的 LCN 接口板组成。完整的 LCN 系统，还应包括高速通路接口门 HG、万能操作站 US、应用模块 AM、历史模块 HM、计算机接口门 CG、计算机模块 CM-50S 和 LCN 扩展器 LCNE 等。由于开发更新的需要，后来又推出了新的 UCN 万能控制网络，所以 LCN 上又增加了相应的 NIM 接口和万能工作站。

5.1.3.2 网络功能

LCN 的主要功能是在 LCN 节点间传递信息。通过有效的通信协议实现高速通信，确保信息交换的及时性和可靠性。通过 1:1 冗余配置和完善的信息检错功能，提供高安全可靠的网络通信。与 LCN 连接的节点最多 64 台，其中 HG 最多可接 10 个。LCN 是一条短程高速数据链，一般为控制室各模块间通信，通信速率为 5MB/s，距离不大于 300m，可通过扩展器 LCNE 进行扩展，扩展的模块最多可连接 96 个模块，最远距离可达 4.9km。

LCN 采用 IEEE802.4 标准，曼切斯特编码，它的实时时钟频率是 12.5kHz。采用令牌总线传输技术，网络上模块只有接收到令牌时才允许进行通信；当没有信息需要传输时，则将令牌传递给下一个地址的模块。这可以使得在负载高峰时较少发生网络冲突，并且可以在不影响系统运行的情况下增减模块。

5.1.3.3 网络接口模件和其他模件

（1）网络接口模块 NIM（Network Interface Module）

网络接口模块 NIM 是 LCN 和 UCN 网络间的接口，它提供了 LCN 网络与 UCN 网络的通信技术及协议间的相互转换，它使得 LCN 网络上的模块能访问 UCN 设备的数据，并将 LCN 上的程序与数据库传送到 APM 等 UCN 设备；也可以将 NIM 设备的报警信息传送到 LCN 网络上。

LCN 与 UCN 网络的时间由 NIM 进行同步处理，由 NIM 将 LCN 网络的时间向 UCN 网络广播。每个 LCN 网络最多可接 10 个冗余的 NIM 模件，每个 UCN 网络可以有多个冗余的 NIM 模件，每个 NIM 允许组态最多 8000 个数据点。NIM 在 LCN 上的地址是在 LCN 接口卡上设置的，而在 UCN 上的地址是在 MODEM 板上设置的。

（2）高速通路接口 HG（High way Gateway）

HG 是 LCN 和 HW 网之间的网络接口。它的硬件构成包括电源、LCN 接口板、微处理器、存储器和 HW 接口板等。

HG 的主要功能是实现 LCN 模件和 HW 模件之间的通信。上位设备和分散装置间的信息交换，都是通过 HG 来实现的。此外，HG 还担负着 HW 的数据管理任务。HG 数据库存放着一些 HW 和 HG 本身相关的数据点的集合，它们是 HW 控制器实现控制功能的基础。数据点的类型包括模拟输入点、数字输入/输出点、常规数据点、脉冲点、组合数据点、状态标志点、数值点、时间点等，用户可以通过建立不同的数据点来实现不同的控制要求。HG 还有诊断、报警和时间同步等功能。

（3）万能操作站 US（Universal Station）

万能操作站由 CRT、键盘、打印机等构成，是 TDC-3000 系统主要的人-机接口，它为操作员提供对生产过程的监视、操作和控制功能，并进行报警、报表和趋势数据打印，为工程师提供网络组态、数据库、动态流程的建立以及自由报表、控制程序的编制，为维护工程师提供硬件信息显示、故障诊断信息显示及打印。

（4）应用模块 AM（Application Module）

应用模块用控制语言（CL）编程，实现用户算法和特定的控制系统的连接，可以实现比TDC-3000 高一级的控制功能。每一个应用模块能高速地处理 1500 个回路的信息。为了提高处理能力，必要时还可以对应用模块进行冗余配置，以降低操作故障等。

（5）历史模块 HM（History Module）

历史模块用来存储系统软件、应用软件和历史数据等。此模块可以将过程的历史数据、画面、运行记录等大量信息进行记忆、保存，还可以配大容量的外存储器，它是 AM 和 US的数据源。

（6）计算机接口门 CG（Computer Gateway）

计算机接口门是 LCN 和用户选择的非霍尼韦尔计算机的通道门。它的主要功能是为LCN 和上位机提供标准的接口，使上位机通过 CG 进行实时或历史数据采集和存储。此外CG 也同 LCN 上其他通道门如 HG、HIM 一样也有一个数据库，存放高级控制接口数据点和计算结果。

（7）计算机模块 CM-50S

计算机模块 CM-50S 是一个 LCN 网络标准模件，它是 DEC 计算机公司 VAX 计算机或Micro VAX 机与 LCN 网络连接的接口件。上位机和 LCN 网络通过 CM-50S 实现实时的数据交换。由于 VAX 上位机强大的计算功能，可以使得 LCN 网络实现控制过程的建模和仿真计算，实现对过程的优化控制；同时 VAX 上位机的通信功能使它可以对一些非过程信息进行管理，如果全厂范围的计算机进行联网，就可以使得 TDC-3000 控制系统成为大计算机网络中的一个节点。

（8）万能工作站 UWS（Universal Work Station）

万能工作站具有 US 的全部功能，为工厂办公室管理而设计。主要用作模块标准控制台或专门用户控制台，对生产过程进行集中操作、监视和管理。

5.1.4　TDC-3000 UCN

UCN 万能控制网络是一个高性能的回路级实时控制网络，通过 NIM 与 LCN 相连。TDC-3000 UCN 与 TDC-3000BASIC 一样同属于过程控制层，两者的系统实现与操作方法基本类似，但在速度、容量、功能等方面，UCN 有很大的改进。

首先，在通信链方面 UCN 采用 IEEE802.4 通信标准和令牌总线存取方式，速度较BASIC 系统的 HW 快 20 倍，达到 5MB/s。其次，采用 M6800 系列 32 位处理器，提高了处理能力。第三，采用多微处理器的过程管理站 PM（Process Manager）、先进过程管理站 APM（Advanced Process Manager）作为数据采集和控制设备，在速度、容量和功能方面较 BASIC系统中的 MC 与 PIU 有很大的提高，最多可带 40 个 I/O 处理器。第四，PM 和 APM 中控单元冗余配置由 BASIC 系统的 8:1 提高到 1:1，可靠性又进一步提高。

UCN 采用双重冗余，支持网上设备间点到点（Peer to Peer）通信，使模块资源可以共享，且更容易协调网络装置中的控制策略；支持 PM 和 LCN 上模件间高效、安全、实时地通信。UCN 上通常挂有 PM、APM、HPM、LM 等设备，这些设备的地址取值范围是 1~64。地址的分配原则是：互为冗余的设备占有连续的两个地址，主设备为奇数地址，备用设备为偶数地址。其中冗余的 NIM，必须分配最低地址 1 和 2。UCN 网上可挂接 32 个冗余的 UCN 设备，网络通信距离为 300m。

5.1.4.1 过程管理站 PM(Process Manager)

过程管理站 PM 集多功能控制器和过程接口单元功能于一体，并在速度、容量和功能方面有很大改进和提高。PM 为数据监测和控制提供了灵活的输入输出功能，强大的控制功能，包括专用调节控制软件包、全集中联锁逻辑功能及面向过程工程师的高级控制语言（CL/PM），可以很方便实现连续控制、顺序控制、逻辑控制和批量控制等功能。扫描速率可达 0.75s，是 AMC 的 2 倍。一个 PM 可以处理多达 5000 条 CL/PM 语句。

5.1.4.2 先进过程管理站 APM(Advanced Process Manager)

先进过程管理站 APM 是 PM 的改进型产品，它除具有 PM 全部的功能外还增加了数字输入顺序事件（DICOE）处理、设备（DEVICE）管理点、CL 程序数据点、非 TDC-3000 设备串行接口，四倍于 PM 的存储量、时间变量、字符串变量等功能。另一改进是 CL/APM 功能的增强。这些改进使得操作管理更加方便。

5.1.4.3 逻辑管理站 LM(Logic Manager)

逻辑管理站 LM 是用于逻辑控制的现场管理站，具有 PLC 控制的优点，同时 LM 在 UCN 网络上可以方便地与系统中各模块进行通信，使得 DCS 与 PLC 有机地结合，并能使数据集中显示、操作和管理。

5.1.5 MICRO TDC

微型集散系统是当今 DCS 发展的趋势之一，为了适应小企业的控制需求。霍尼韦尔公司 1987 年推出 MICRO DCS 新产品：TDC-3000SP^X 系列精密小系统。小系统带有一条 HW，一个 MC，具有方便系统扩展的硬件 I/O 口，并配有一般的操作站或万能操作站，为使小系统具有离散逻辑控制功能，A 型或 B 型系统中还包括一个 PLC620 控制器。小系统以 UCN 为通信网络，网络上可以挂 APM、PM 和 LM，功能大大加强。

5.1.6 新一代智能变送器

智能特性向现场延伸是当代集散系统的一大进展，霍尼韦尔公司已开发了 ST3000 数字式智能变送器，包括温度、压力、流量、液位、差压、密度等 21 个品种。

智能型变送器的显著特点是：

① 测量精度高，误差仅为±0.1%，即使平方根输出，也达到±0.1%。

② 使用智能现场通信器能在现场设定或变更各种变送器参数，包括量程、输出线性或平方根选择、阻尼时间常数、正反作用以及电流/电压输出等。

③ 可以对温度或静压变化引起的零点和量程漂移进行校正，具有优异的温度、静压特性。

④ 具有超大的量程比(400:1)，使得使用规格减少，减少采购量和库存备品费用。

⑤ SPC 的远程诊断功能允许操作人员在控制室就可以检查变送器的特性，根据 SFC 上显示的信息，即可迅速识别问题所在，及时采取措施，大大减少故障排除的时间和费用。

总的来说，智能变送器的最大特点是与 PM 间双向通信，通信协议具有开放的现场总线的特性，使得 DCS 也具有现场总线系统的某些优点。

5.2　TPS/PKS 系统概述

5.2.1　TPS 系统概述

TPS(Total Plant Solution)是霍尼韦尔公司生产的一种集散控制系统，称为全厂一体化系统，它的前身是 TDC-3000。TPS 系统兼容了以往的所有产品，它的通信网络在原来的 HW、UCN、LCN 的基础上又增加了工厂信息网(PIN)，是在 TDC-3000 系统基础上向"系统开放而且安全"方向发展的高级系统，它将过程控制网络、实时操作网络、工厂信息网络融为一体，构成三条网络管理一体化。该系统有如下特点：

① TPS 是一个统一的平台，它可以将用户商业管理系统和全厂控制系统网络无痕迹地集成在一起，形成一个统一的网络。

② TPS 具有很好的系统开放性，它基于 MS Windows NT 工作站。TPS 被设计为 Native Window 而嵌入 NT 环境中，它拥有 NT 的更多功能，且灵活易用。

③ TPS 将各种技术集成在一起，包括：Windows NT 操作系统，OLE 公共软件，ODBC 公共数据库技术。

④ TPS 提供唯一的人机接口，即 GUS，是基于 Windows 的界面。

⑤ TPS 采用安全的工业网络。

5.2.2　Experion PKS 系统概述

新一代过程知识系统 Experion PKS(Process Knowledge Solution)是霍尼韦尔公司累积 30 年来在过程控制、资产管理和行业知识等方面的经验，并结合六西格玛的方法构成的一个统一的过程知识体系。PKS 系统采用了标准工业以太网络即工厂信息网络，是目前办公自动化领域中使用最广泛的以太网，它通过网络在单个过程知识解决方案中收集和管理未经开发的过程知识，扩展了集散控制系统的功能，考虑了行业的关键经营目标，优化了工作流程，促进了知识共享，以达到增加经营利润、减少资金成本和现金周转的效果，实现了真正意义上的协作生产管理。

Experion PKS 系统完全与现有的霍尼韦尔系统，包括 TPS、TDC2000、TDC3000、Total-Plant Alcont、PlantScape 等系统兼容，为用户提供了向上的保障，并消除了系统升级的风险。同时还提供了与 Profibus、FF、DeviceNet、ControlNet、HART 等现场总线设备的接口。可通过 OPC 互联选项和丰富的第三方接口，使 Experion PKS 具备了现有的最高性能和跨工厂范围的体系结构。

Experion PKS 采用了先进的分布式体系结构 DSA(Distributed Systems Architecture)，使知识共享不仅在一个设备、工段、装置范围，而且在整个企业范围内实现，可以全局地访问整个 Experion PKS 系统集群的过程点、过程报警、交互式的操作员控制信息和历史数据，这种访问不再是功能受限制的数据库复制式的。

霍尼韦尔公司专利的 HMIWeb 技术，实现了人机界面中无缝地集成全厂范围的过程数据和商业数据的功能，通过使用标准的互联网技术，可从操作站的环境或信息层中调用过程流程图画面，以满足不同的创建和维护需求。

Experion PKS 系统集成了霍尼韦尔公司资产和异常状态管理、操作员效率解决方案、设备健康管理和回路管理等过程知识解决方案，帮助操作员提高操作水平，提前发现设备隐患，避免异常状态的出现，确保生产过程安全。设备健康管理可以将设备问题分为征兆和故障两级，为系统提供决策支持。回路管理技术可综合回路的组态信息、闭环回路控制时间、报警事件等操作数据，指出那些对生产影响最大且性能最差的回路并及时提出解决问题的建议。

Experion PKS 系统分散监控过程包括连续控制和逻辑控制一体化的混合控制器 C200、集成的基金会现场总线 FF、Profibus、DeviceNet、ControlNet 等现场总线设备，数字视频管理站 DVM、故障安全控制器 FSC、SCADA 设备以及集成的 TPS、TDC-2000、TDC-3000 等分散控制装置。而且在一个 Experion 基本系统拓扑中，服务器和混合控制器共享一个全局数据库，因此，只用进入数据库一次即可。

集中操作管理站装置有基于 Web 技术的 Experion 操作站、工程师站、高级应用控制环境 ACE、过程服务器、手持无线移动设备等。

过程控制网络有 ControlNet，主要与混合控制器相连，容错以太网 FTE（Fault Tolerant Ethernet）实现了 Experion PKS 系统服务器、操作员站以及 TPS 系统间的可靠连接。

Experion PKS 软件主要包括监控软件 WorkcenterPKS、控制组态软件 Control Builder、流程图组态软件 Display Builder、电子网络浏览器和 Carbon Copy 远程故障检查软件等。

5.3 Experion PKS 在生产过程中的应用

5.3.1 生产工艺简介

50kt/a 顺丁橡胶装置采用镍系列催化剂生产方案，以炼油厂重整抽余油的 65~80°C 馏分为溶剂，以环烷酸镍、三氟化硼乙醚络合物和三异丁基铝为催化剂，以丁二烯为单体进行溶液聚合。经催化剂双釜凝聚、四釜连续聚合、溶剂回收以及后处理等单元共同完成顺丁橡胶的生产。

5.3.2 方案设计

（1）生产工业分析

控制回路 114 个，其中包括温度、压力、液位、流量调节回路各有 22、22、30、40 个。它们的测量信号均来自测量变送器，为 4~20mA 标准电流信号。114 个调节回路中串级调节回路 7 个，比例调节回路 2 个，分程控制 5 个，批量控制 1 个。

监测信号共有 250 点，其中流量、液位、压力、温度监测点分别为 41、50、59、91 点，分析监测点包括微量水 6 点，pH 指示 2 点，黏度指示 1 点。

（2）方案设计

经过对控制回路、I/O 点数和种类、用户控制要求等进行分析后，可以采用下面方案：

① 在顺丁橡胶装置中采用霍尼韦尔公司的 Experion PKS 系统。

② 前部装置中有大量两位式阀门，由 Experion PKS 的混合控制器中的逻辑控制功能予

以完成。

③ 对于聚合釜的超温和超压联锁，选用故障安全控制器 FSC 进行联锁保护。

④ 后处理单元是机电一体化生产设备，采用 Allen-Bradley ControlLogix PLC 进行控制。

5.3.3 Experion PKS 系统配置

5.3.3.1 硬件配置

顺丁橡胶装置 Experion PKS 系统构成如图 5-2 所示。包括容错以太网 FTE 设备，服务器 Server、操作站 Experion Station、应用模件 ACE、混合控制器 C200 以及故障安全控制器 FSC 等主要功能节点。

具体配置：操作站 4 台，应用模件 1 台，服务器 1 台，混合控制器 2 套(冗余)，故障安全控制器 1 台。另外再配置辅助操作台 1 个，工程师打印机 1 台，系统打印机 1 台。

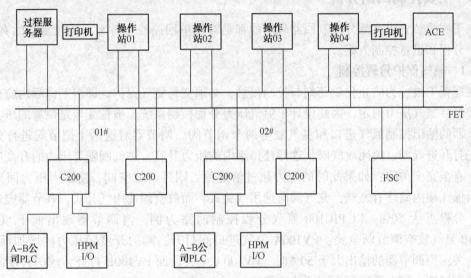

图 5-2 顺丁橡胶装置 Experion PKS 系统图

I/O 控制网络(ControlNet)主要节点为 ControlNet 控制器和输入/输出卡件。具体配置为：Allen-Bradley ControlLogix PLC 2 台，HPM I/O 2 台。输入/输出卡件 78 块(含冗余)，其中高电平模拟输出(HLAI)39 块，模拟输出(AO)20 块，离散量输入(DI)7 块，低电平多路数据采集(LLAI)5 块，串行接口(SI)3 块，智能变送器 I/F 2 台。

C200 控制器采用 50ms 执行环境，它的核心控制处理模件 CMP 采用 100MHz 的 PowerPC 603E 处理器和带有错误监测和纠错功能的 8MRAM 和 4MBROM。带内置电池，能实行掉电保护。一个控制器最多支持 8 个 I/O 卡笼。

选配以太网模件与 FTE 相连，冗余模件 RM 控制冗余，控制网络接口模块 CNI 与 A-B 公司的 PLC 相连，I/O 连接接口模件 IOLM 与 HPM-I/O 相连，只有 HPM-I/O 支持冗余。由于冗余 C200 机架中不能再放 I/O 模块，所以需要单独的 I/O 机箱。这时可通过 CNI 卡与混合控制器相连。如果选用导轨式的 I/O，还需配有通信适配器。

ACE 应用控制环境的选用是为了提高控制的灵活性，关键的控制策略可在混合控制器中进行，而更高级的控制或开/停车顺序控制，可在 ACE 中执行，并可通过 OPC 方式与外

141

部设备进行联系，为今后的扩展留有余地。

5.3.3.2 软件配置

过程服务器为冗余配置，安装有 OPC Server 软件，通过交换机将装置数据经中央控制室 OPC Client 节点机接入 PI 实时数据库。

C200 控制器通过 Control Builder 工具进行离线和在线组态，ACE 的控制执行环境及组态软件与混合控制器完全一样。控制功能包括连续控制、逻辑控制、顺序控制和批量控制。因此，对前部装置中的 68 台电动调节阀进行开/关控制，可通过混合控制器的逻辑控制功能的 DO 输出来控制阀门的开/关。

利用 Displayer Builder 完成系统的监控画面组态。包括菜单/导航画面、操作组画面、趋势画面、报警和事件汇总、组态显示画面、回路调节画面及诊断和维护画面等。

5.3.4 主要控制回路分析

顺丁橡胶装置中大部分控制回路采用的都是常规单回路控制方案，比较复杂的有串级、比值、分程和批量控制方案。

5.3.4.1 氮气保护分程控制

在配置工段，为防止化学药剂与控制接触，必须实行氮气保护，即溶剂储罐内应充以氮气，并保持氮气压力恒定。因此设计了氮气压力分程控制系统。被控变量是储罐的压力，压力调节器的输出控制氮气进口和氮气放空两个调节阀。调节器对这两个调节阀进行分程控制，先打开进气阀，关闭放气阀，这样使得罐内的压力升高，进气阀随着压力的升高应不断关小，直至完全关闭；如果此时的压力超过给定值，则打开放空阀，使罐内压力回到给定值。为保证罐内始终有氮气，充气阀应选用气关式，而放空阀选用气开式，调节器应选用正作用，分程点为 50%。以 PIC100 氮气分程控制回路为例，当调节器输出低于 50% 时，PV100B 氮气放空调节阀全关，PV100A 氮气进口阀打开，阀的开度随压力的增加而减少，直至全关；当调节器的输出大于 50% 时，PV100A 全关，而 PV100B 打开，阀的开度随压力的增加而增加，直至系统压力回到给定值。

分程控制的组态框图如图 5-3 所示。压力变送器 PT-100 输出信号送 PIC-100 模块，经过 PID 运算后分别送到线性化处理模块 GENLN1、GENLN2；经过线性化处理后分别送到手/自动处理站 AMP100A、AMP100B；最后分别经过 A01、A02 控制相应的执行机构 PV100A、PV100B。

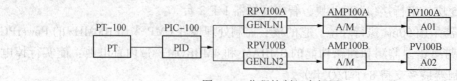

图 5-3　分程控制组态框图

5.3.4.2 比值控制

顺丁橡胶装置中的比值控制是单回路比值控制，采用一个常规比值控制点 FK-101，一个常规 PID 控制点 FQIC101 即可实现。为了能及时了解主/副流量的实际比值，增加常规计算输入点 PV(RAT-101)，主物料流量测量变送器为 FT-101，副物料流量测量变送器为 FT-102，比值控制系统框图如图 5-4 所示。

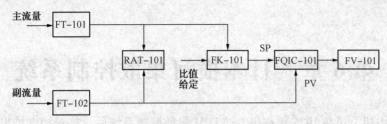

图 5-4 比值控制系统组态框图

由图 5-4 可知，FK-101 主要是根据设定的比值，按主物料流量计算出副物料流量的给定值。RAT-101 主要用来计算实际的流量比值，在屏幕上显示，方便操作员对比值设定进行修改。

5.3.4.3 批量控制

催化剂配置过程采用的是批量控制方式。使用质量流量计作为测量仪表，根据催化剂配方的不同，分别控制进入配置罐的溶剂量。为此，质量流量计需要对溶剂量进行累计，当达到定量值时，即向对应的阀门发出关闭信号，同时对累加器进行清零，准备下一次溶剂的定量计算。根据这一思路，可利用混合控制器的顺序控制功能，通过 ControlBuilder 组态顺控模块 SCM 来实现，控制方案如图 5-5 所示。

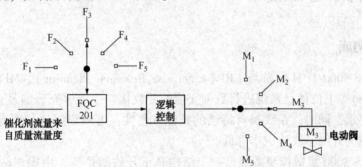

图 5-5 催化剂配置控制方案

由图 5-5 可知：质量流量计的输出送 FQC-201 进行累加，当达到设定的剂量时发出关闭阀门信号，FQ-201 的累加设定，需按配方在 $F_1 \sim F_5$ 之间选择，另外，FQC-201 的输出究竟控制哪个阀门，也要根据配方在 $M_1 \sim M_5$ 之间自动选择。

习题及思考题

1. 简述 TDC-3000 系统的构成。
2. TDC-3000BASIC 的控制器有哪些？它们的主要作用是什么？
3. TDC-3000LCN 的主要功能是什么？
4. 简述 TPS 系统的特点。
5. 简述 Experion PKS 系统的主要功能。
6. 试举例说明 TDC-3000 的应用。

第6章 日本横河集散控制系统

日本横河电机公司在 1975 年推出 CENTUM 集散控制系统后，接着相继推出了 CENTUM-V、CENTUM-XL 中大型集散控制系统和相应的 YEWPACK、μXL 等中小型系统。1993 年又推出了新一代集散控制系统 CENTUM-CS，该系统把生产过程的控制和管理、设备管理、安全管理、环境管理和与企业有关的信息管理综合起来，使整个工厂的信息被充分地利用，从而实现了无停顿的连续控制，使整个系统的寿命延长，成本下降，质量和产量提高。

CENTUM CS 3000 是横河电机公司立足于多年来积累的过程控制业绩和技术诀窍，推出的生产控制系统。该系统采用了在 CENTUM CS 系列中先进、高灵活度的控制功能和控制总线（V 网）等技术，其功能性与可靠性都有了很大的发展，是目前世界上最先进的大型集散控制系统之一。

6.1 系统构成与特点

6.1.1 系统构成

CENTUM CS 3000 具有容易与 ERP（Enterprise Resource Planning）、MES（Manufacturing Execution System）等上位信息系统进行数据交换的开放接口，能够充分满足企业战略信息系统构建的各种要求。同时，系统具有持续的扩建方便性，可以很好地与原有 CENTUM 系统兼容，使得企业的升级、改造成本降低。

CENTUM CS 3000 集散控制系统是一个结构真正开放的系统，由操作站、现场控制站、工程师站、通信总线、通信网关等所组成，其基本配置构成如图 6-1 所示。

最小配置的域中包括一个 FCS 和一个 HIS。

最大配置的域中可以包含 HIS、FCS、BCV 等设备，总共最多 64 个站，其中 HIS 最多 16 个。

6.1.2 系统特点

CENTUM-CS3000 系统作为一款先进的集散控制系统，在我国石油、化工、冶金、发电等行业中得到广泛应用。其主要特点体现在以下几个方面。

（1）综合性

CENTUM-CS3000 开创了大规模集散型控制系统的新纪元，系统功能较前几代横河电机的 DCS 系统有了很大的提高，是一个真正安全的、可靠的、开放的 DCS 控制系统。

（2）开放的网络结构

采用 Windows XP 标准操作系统，支持 DDE/OPC。既可以直接使用 PC 机通用的 MS-Excel、Visual Basic 编制报表及程序开发，也可以同在 UNIX 上运行的大型 Oracal 数据库进行数据交换。此外，横河提供了系统接口和网络接口用于与不同厂家的系统、产品管理系

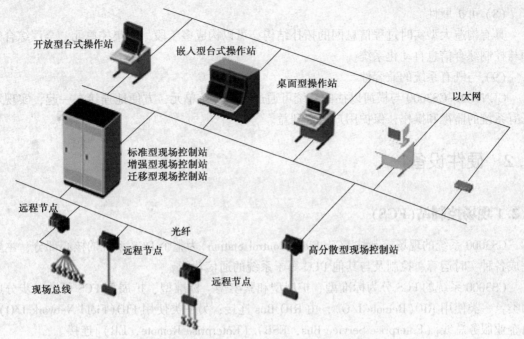

图 6-1　CENTUM CS 3000 系统基本配置构成图

统、设备管理系统和安全管理系统进行通信。

（3）高可靠性

独家采用了 4CPU 冗余容错技术（pair&spare 成对热后备）的现场控制站，实现了在任何故障及随机错误产生的情况下进行纠错与连续不间断地控制；I/O 模块采用表面封装技术，具有 1500VAC/min 抗冲击性能；系统接地电阻小于 100Ω 等多项高可靠性尖端技术，使系统具有极高的抗干扰、耐环境等特点，适用于运行在条件较差的工业环境中。

（4）高速的控制总线

CS3000 采用横河公司的 V-NET/IP 控制总线，该控制总线速度可高达 1Gbps，满足了用户对实时性和大规模数据通信的要求。在保证可靠性的同时，又可以与开放的网络设备直接相连，使系统结构更加简单。横河公司已经将该标准提交 IEC 组织，希望将该标准作为下一代控制系统的总线标准。

（5）现场控制站的高效性

控制站 FCS 采用用于高速的 RISC 处理器 VR5432，可进行 64 位浮点运算，具有强大的运算和处理功能。此外，还可以实现诸如多变量控制，模型预测控制，模糊逻辑等多种高级控制功能。

（6）支持各种工业标准信号的输入/输出卡。

CS3000 有丰富的过程输入/输出接口，并且所有的输入/输出接口都可以冗余。

（7）高效的工程化方法

CENTUM-CS3000 采用 Control Drawing 图进行软件设计及组态，使方案设计及软件组态同步进行，最大限度地简化了软件开发流程。提供动态仿真测试软件，有效地减少了现场软件调试时间，工程人员可以在更短的时间内熟悉系统。

（8）可扩展性

具有构造大型实时过程信息网的拓扑结构，可以构成多工段，多集控单元，全厂综合管理与控制综合信息自动化系统。

（9）与既有系统的兼容性

CENTUM-CS3000与横河以往的系统可通过总线转换单元，方便地连接在一起，实现对既有系统的监视和操作，保护用户投资利益。

6.2 硬件设备

6.2.1 现场控制站（FCS）

CS3000系统的现场控制站FCS（Field Control Station）为整个DCS系统的核心部分，主要完成各种实时运算、控制及与其他PLC等子系统的通信功能。

CS3000系统的FCS分为标准型、扩展型和紧凑型。标准型、扩展型FCS可进一步分成两类：一类使用RIO（Remote I/O），由RIO Bus连接；另一类使用FIO（Field Network I/O），由企业服务总线〔（Enterprise Service Bus，ESB）/（Enterprise Remote，ER）〕连接。

标准型的现场控制站FCS主要由中央控制单元FCU、节点（NODE）、输入/输出（I/O）卡件及连接总线（RIO Bus或ESB Bus/ER Bus）组成。

RIO标准型FCS的硬件配置关系如图6-2所示。

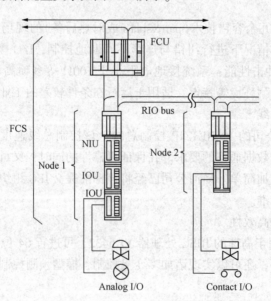

图6-2　RIO标准型FCS的硬件配置

主要构成部件：现场控制单元（FCU），节点（NODE）〔包括节点接口单元（NIU，每个FUC最多8个）、输入/输出单元（IOU，每个NIU最多接5个）〕，远程输入/输出总线（RIO）。

（1）现场控制单元FCU

现场控制单元FCU由卡件和单元构成，是执行FCS控制运算的核心部分，包含了三种类型的卡件：处理器卡、节点通信卡和电源卡，全都采用双重配置。FCU 结构如图 6-3 所示。

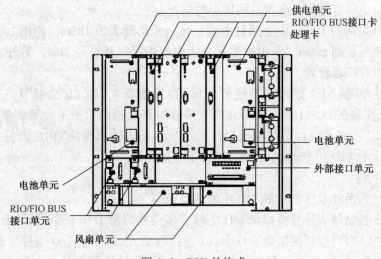

图 6-3　FCU 的构成

（2）节点

节点是将来自现场的模拟信号或数字信号等过程输入输出信号进行信号转换后传送到现场控制单元(FCU)的信号处理装置。由"节点接口单元"和"输入输出单元"构成。

① 节点接口单元(NIU)。经过 RIO 总线与 FCU 进行通信的部分，由通信卡和电源卡构成，可以双重化配置。一个 NIU 最多可以连接 5 个各种类型的 I/O 单元(IOU)。

② 输入输出单元(IOU)。由连接过程信号的"输入/输出模块"及相应的"输入/输出模块插槽"构成。

（3）RIO 总线

RIO 总线(Remote Input Output Bus)是连接 FCU 和节点的可以双重化的通信总线。通过 RIO 总线，不仅可以将节点安装在同一机柜中，也可以设置在较远的场所。使用带屏蔽的双绞线，传送距离为 750m，如果使用总线中继器或者光缆中继器最长可以延伸到 20km。

FIO 标准型 FCS 的硬件配置关系如图 6-4 所示。

主要构成部件：FCU、ESB 总线、ER 总线、节点（NODE）（包括 Node Unit、总线连接模块 FIO）。

（4）ESB 总线和 ER 总线

① ESB 总线(Extended Serial Backboard Bus)是连接 FCU 和直接节点的可以双重化的通信总线。传送距离最大为 10m。

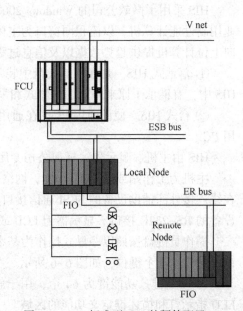

图 6-4　FIO 标准型 FCS 的硬件配置

② ER 总线(Enhanced Remote Bus)是通过安装在直接节点上的 ER 总线接口模块与远程节点相连接的可以双重化的高速通信总线。可以把节点设置在同一机柜内,也可以设置在较远的场所,适合电源容量紧张或者空间狭小的场所。

使用符合以太网的 10BASE-2 同轴电缆,传送距离最大为 185m。使用 10BASE-5 同轴电缆可以将距离延长到 500m,采用通用光总线中继器可以延长到 2km。另外,通过无线或者公用线路可以在广域设置。

FIO 用节点单元(NU)有 ESB 总线节点单元(直接节点)和 ER 总线节点单元(远程节点),直接节点安装在 FCS 上,远程节点则安装在现场较近的机柜上。节点单元由"ESB 总线从属接口模块"、或者"ER 总线从属接口模块"、"输入输出模块"构成。另外,FIO 用高分散型 FCS 将 1 台 FIO 用节点单元(NU)进行了一体化。

(5) 卡件介绍

现场控制站的两种卡件 RIO 和 FIO 不能相互通用。

RIO 型 FCS 控制站卡件有模拟量 I/O 卡件、多点模拟量 I/O 卡件(端子型/连接器型)、继电器 I/O 卡件、多点控制模拟量 I/O 卡件(连接器型)、数字量 I/O 卡件、通信模件、通信卡等 7 类。见附录 4。不同的 I/O 卡件必须安装在不同的插件箱中,安装个数也有要求。

FIO 型 FCS 控制站的 AI/AO 与 DI/DO 均可实现双重化。FIO 型卡件分为模拟量 I/O 卡、数字量 I/O 卡、通信卡等 3 类。见附录 5。

6.2.2 人机接口站(HIS)

HIS 是 CENTUM CS 3000 的人机接口之一,相当于操作员站和工程师站。人机接口站主要用于操作人员对生产过程的监视和操作;工程师站进行系统生成、系统维护、控制组态和模拟调试等。

(1) 硬件构成

HIS 采用了微软公司的 Windows 2000 或 Windows XP 作为操作系统和横河公司指定的工业用高性能计算机,以流程图窗口为主体负责装置的操作监视,使用开放数据接口功能可以向上位计算机提供趋势数据以及信息过程数据等信息。类型有:

① 落地式 HIS。是在落地式盘中装入通用的 PC 的落地式人机接口站(HIS)。在落地式 HIS 中,有继承了原来外观的整体式和采用液晶显示器可灵活选择构成的开放式两种。

② 台式 HIS。使用通用 PC。在通用 PC 中,使用一般的 PC 或可得到长期支持的工业用 PC。

HIS 由主机、显示器、横河公司专用操作员键盘和外围设备等组成,如图 6-5 所示。

主机为工作站或通用工业 PC,网络接口有冗余配置的 V-net 和 Ethernet,另外还有用于在线连接外部辅助设备的 SCSI 通信接口、用于连接打印机的并行接口、用于连接系统维护设备的 RS-232C 接口。显示器为 LCD 或触摸屏。

操作员键盘按照以一触式操作为基本进行功能性的键排列,采用防尘、防水的平面薄膜键,共有 181 个键位,如图 6-6 所示。主要包括:

① 功能键。功能键为 64 个,用于触发应用程序,调出画面和窗口。每个键均有一个 LED 指示灯和描述键定义功能的区域。

② 控制键。控制键主要用于改变反馈控制的设定值,操作输出值和块。这些键可同时

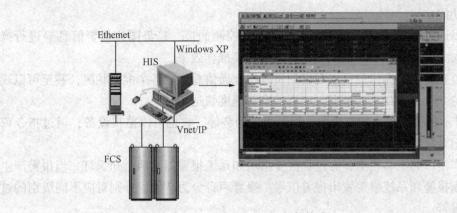

图 6-5　HIS 硬件构成

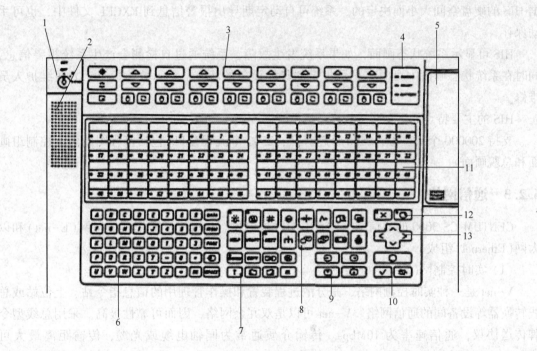

图 6-6　操作员键盘

1—键锁定工作方式开关；2—蜂鸣器(内装喇叭)；3—控制键；4—状态显示 LED；
5—系统维修板面；6—数据输入键；7—辅助画面调出键；8—画面调用键；
9—滚动键；10—报警确认键；11—功能键；12—操作确认键；13—光标键

操作 8 个回路块。

③ 画面调用键。画面调用键用来从各种类型的画面中选择需要的画面。

④ 数据输入键。数据输入键用来指定位号和输入数据。

⑤ 钥匙锁定方式开关。钥匙锁定方式开关位于键棠左上方，用来选择通过键盘允许进行的操作。确切地说，这个开关规定的操作范围取决于安全要求和操作组划分。

⑥ 状态显示灯 LED。状态显示灯 LED 指明电源状态(POWER)，系统操作状态(READY)和干电池状态(BATTRY)。

（2）基本功能

操作员可以通过键盘或鼠标对不同的流程图、控制面板、趋势图或报警信息等进行操作。这样可以大大提高一个 HIS 的利用率，同时提高操作效率。

在 HIS 的监视器上，操作员可以观察到所有挂在通信总线的各个配备状况，甚至可以观察到控制站上的某一个 I/O 点的情况。屏幕的刷新速度快达 1s。

HIS 可以显示各种画面；如流程图、控制组、趋势等。它也可以监视设备，通过指令窗口发送指令，记录报警及其他事项和确认报警。

在 HIS 操作窗口的工具栏上，有过程报警指示和系统报警指示两个知识灯。当报警产生时各自针对过程报警和系统报警发出报警信号。报警声音分为 7 种，分别对应不同级别的过程报警和系统报警。

在过程报警信息画面中可显示最新生成的报警信息。每个 HIS 可存储的报警信息量是根据 HIS 的硬盘空间大小而决定的，系统可自动定期导出报警信息到 EXCEL 文件中，也可手动保存。

HIS 可显示系统状态画面，如果系统发生故障，系统通过自检测会产生系统报警信息，同时在系统状态画面中可时实显示报警的具体设备的状态，显示故障信息，方便维护人员维修。

HIS 的主要特点如下：

支持 200000 个工位号，2560 个趋势点，2500 个流程窗口（包括流程图画面、控制组画面和总貌画面）。

6.2.3 通信网络

CENTUM CS 3000 的通信网络体系由实时控制网（V-net）、操作站信息网（E-net）和以太网（Ethernet）组成。

（1）实时控制网（V-net）

V-net 是一种实时控制网络，是分散过程装置和操作管理用的信息指令站、上位站或总线转换器等设备间的通信网络。V-net 可以是双冗余网络，因而可靠性极高。采用总线型令牌传送协议，通信速率为 10Mbps。传输介质通常为同轴电缆或光缆，传输距离最大可为 20km。

（2）操作站信息网（E-net）

E-net 是 CENTUM CS 3000 系统的内部局域网，主要用于 HIS 之间的数据传输与通信。E-net 与以太网有相同电气和物理特性。采用总线型拓扑结构，CSMA/CD 信息存取控制方式，通信速率为 10Mbps。传输介质为同轴电缆，最大传输距离为 185m。

（3）以太网（Ethernet）

Ethernet 是作为连接 HIS 和 ENG、HIS 和上位机系统、HIS 间的信息系统 LAN。通过 Ethernet，第三方计算机也可以与系统相连，存取系统数据，从而使系统达到真正的开放。网络采用总线型拓扑结构，采用的协议有传输控制协议/网际协议（TCP/IP）、文件传输协议（FTP）和网络文件系统（NFS），通信速率为 10Mbps。传输介质为同轴电缆，最大传输距离为 500m。

6.3 系统组态

6.3.1 工程环境

所有工程工作应在ENG上或在已经安装了系统生成软件的HIS上完成。

有如下两种工程环境：

(1) 目标系统

组态时信息直接写到在线的目标机器上。

(2) 非目标系统

没有CS3000的硬件也可以开始一个新的工程。ENG和HIS是一个独立的站，只要安装了系统生成软件，就可以提前在HIS上进行用户系统的组态生成工作。然而，在下列情况下，必须离线下载FCS：

① 开始一个新的工程；

② 加一个FCS；

③ 更改FCS的属性。

(3) 组态工作流程

组态工作流程如图6-7所示。

开始
启动System View
第一步：创建项目
·创建目标系统必须的文件夹
第二步：定义项目公共部分
·定义安全机能
·定义操作标记
第三步：定义FCS控制机能
·定义FCS站组态信息
·定义过程I/O模块
·定义软件I/O
·定义信息
·定义调节功能
·定义顺序功能
第四步：定义HIS机能
·定义HIS站组态信息
·定义HIS常数
·定义功能键
·定义调度功能
·定义趋势记录功能
·定义顺序信息功能
·定义用户自定义窗口
·定义帮助信息
第五步：系统测试
·运行测试软件进行系统虚拟测试

图6-7 组态工作流程图

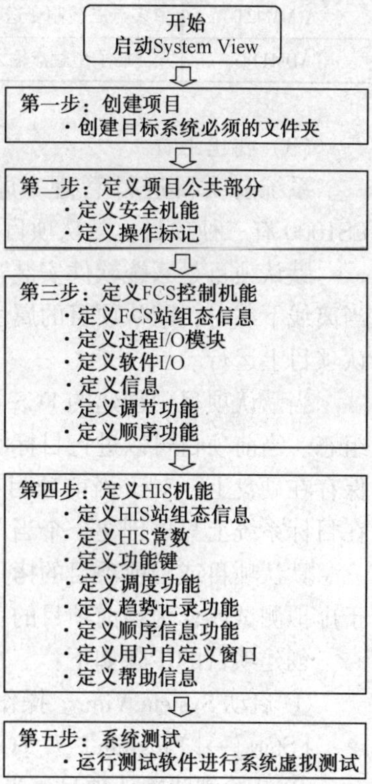

6.3.2 系统组态实例

系统组态主要是指创建项目、创建FCS、创建HIS及定义相关的参数。以下以茂名石化实华公司第一预分离装置的CS1000系统为例介绍CS1000系统的组态过程。

(1) 系统结构

预分离装置CS1000系统采用了2个HIS、4个PFCD。系统结构如图6-8所示。

Ethmet
MO
HISO 124
P2
HISO 123
P1
VL net
PFCD 0101
PFCD 0102
PFCD 0103
PFCD 0104

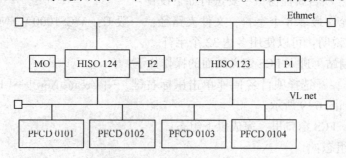

图6-8 茂名石化实华公司第一预分离装置的CS1000系统配置图

(2) I/O卡

系统所使用的I/O卡如表6-1所示。

表 6-1　I/O 卡类型

卡件名称	说明	卡件名称	说明
AMN11	模拟量 I/O 模块卡槽	AMN31	端子型 I/O 模块卡槽
AAM10	电流/电压输入模块	AMM22T	多点热电偶输入模块
AAM21/RJ	mV、热电偶/热电阻输入模块	AAM50	电流/电压输出模块
A MM42T	多点二线制变送器电流输入模块	AMM12T	多点二线制变送器电压输入模块
ADM11T	端子型触点输入模块(32 点)		

(3) 创建工程

系统按项目进行管理。即一个工程的所有组态数据都保存在一个项目文件夹下。CS1000 有三种项目：默认项目、当前项目、用户定义项目。

默认项目是系统软件安装后由 System View 自动建立的，所有组态都从默认项目开始。当离线下载时，默认项目的属性可传递给当前项目。带有 FCS 仿真器的虚拟测试可以在默认项目上运行。

当默认项目中创建的 FCS 运行成功时，项目属性从默认变为当前，这时方可进行在线组态。当前项目可以进行目标测试，可以下载到目标系统的 FCS 或 HIS，下载后，组态文件保存在硬盘上。对于当前项目，硬盘上的数据总是与 FCS 或 HIS 上的数据匹配的，因此，在目标系统上只可创建一个当前项目或默认项目。

默认项目或当前项目的拷贝称为用户定义项目。用户定义项目不能下载到 FCS，只可用于虚拟测试或作为当前项目的备份。

创建项目的步骤如下：

① 启动 System View。操作如下：

[Start]→[Program]→[YOKOGAWA]→[System View]，出现 System View 窗口。

② 开始创建默认项目。当 System View 不能找到一个已存在的项目时便会提示用户创建一个默认项目。

③ 项目规划。在项目规划窗口的项目信息区允许用户输入任意字符，不过建议输入有意义的字符。如预分离 CS1000 系统设定用户名字为 YYFL。

④ 项目属性。项目属性窗口中要进行如下设置：

项目名称：允许最多 8 个字符；文件夹路径：一般 C：\ CS1000 \ ENG \ BkProject \ ；(对 CS1000)项目说明：可以使用多达 32 个字符。

(4) 创建控制站。进入 FCS 定义画面的操作如下：

[System View]→[选择项目名]→[单击鼠标右键]→[Create New]→[FCS]，出现创建控制站对话框，如图 6-9 所示。

在 Create New FCS 窗口里，完成以下组态：

① FCS 类型组态：

Station Type(T)：PFCS-S Single type with CPU(8MB)。

Database Type(A)：Standard Continuous Control Type。

② FCS 地址组态。

Domain number(D)：1(YYFL 只设定了 1 号域)。

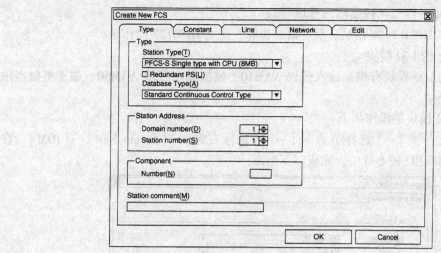

图 6-9 创建控制站对话框

Station number(S): 1(按实际站号填写)。

这样就建立了 FCS0101 控制站。再次选中 FCS，重复以上步骤，分别建立 FCS0102、FCS0103 和 FCS0104 控制站。

(5) 创建操作站

进入 HIS 定义画面的操作如下：

[System View]→[选择项目名]→[单击鼠标右键]→[Create New]→[HIS]，进入创建操作站对话框，如图 6-10 所示。

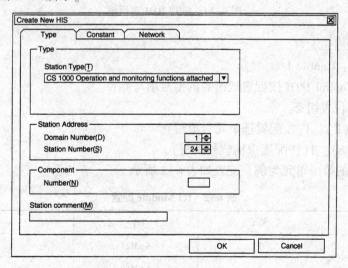

图 6-10 创建操作站对话框

在 Create New HIS 窗口里，完成以下组态：

① HIS 类型组态。

Station Type(T): CS1000 Operation and monitoring functions attached。

② HIS 地址组态。

Domain Number(D): 1。

Station Number(S)：24(按实际站号填写)。

这样就建立了 HIS0124 操作站。重复以上步骤，建立 HIS0123 操作站。

(6) 定义 FCS 的 I/O 模块

FCS 可配置的 I/O 模块有模拟输入模块 AAM10、模拟输出模块 AAM50、端子型触点输入模块 ADM11T 等。

进入定义 IOM 模块的操作如下：

[打开 IOM 文件夹]→[选择节点号]→[按鼠标右键]→[Create New]→[IOM]。在 Create New IOM 窗口里(图6-11)，完成以下组态：

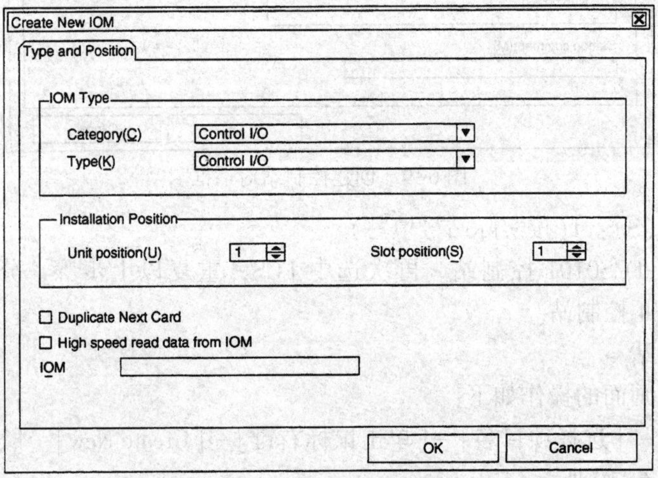

图6-11 创建 IOM 对话框

① IOM 类型组态。

Category(C)：Control I/O。

Type(K)：Control I/O(按配置选所需的型号填写)。

② IOM 安装位置组态。

Unit position(U)：1(按配置选单元号填写)。

Slot position(S)：1(按配置选槽位号填写)。

以 FCS0101 的第一单元为例，配置如表6-2所示。

表6-2 IO Module 配置

Unit	Slot	Type	Status
1	1	AAM21	Ready
1	2	AAM50	Ready
1	3	AAM21	Ready
1	4	AAM50	Ready
1	5	AAM21	Ready
1	6	AAM50	Ready
1	7	AAM21	Ready

续表

Unit	Slot	Type	Status
1	8	AAM50	Ready
1	9	AAM21	Ready
1	10	AAM50	Ready
1	11	AAM10	Ready
1	12	AAM50	Ready

按以上方法分别组态 FCS0101、FCS0102、FCS0103 和 FCS0104 的 I/O 模块（Module）。

（7）FCS 点组态

建点组态即输入输出点的组态是 DCS 组态的灵魂。根据反馈控制、顺序控制和各种特殊控制的需要，CS1000 提供了多种功能模块，可以实现多种不同控制方案。这里以进预分离装置液态烃压力控制回路 PIC-101 的生成为例，作简要介绍。

① IOM 组态。在"System View"环境下，选中目录树下的 FCS0101 图标并双击鼠标左键，单击 IOM，双击 2-1AMN11，打开 IOM 的点组态窗口，如图 6-12 所示。

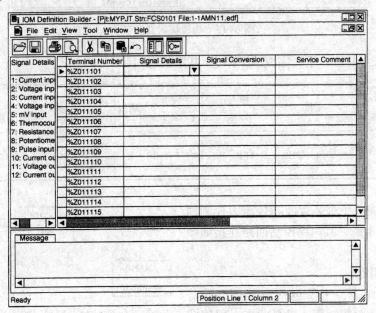

图 6-12　IOM 点定义窗口

在 YYFL/FCS0101/2-1AMN11.edf 窗口里，完成以下组态：

输　入　端	输　出　端
端子号：%Z012101	端子号：%Z012102
卡类型：AAM10	卡类型：AAM50
输入工位号：%%PIC-101	输出工位号：%%PV-101
输入信号范围：4~20mA	输出信号范围：4~20mA
工位号说明：进装置液态烃压控	工位号说明：进装置液态烃压控

② FUNCTION-BLOCK 组态

选中 FCS0101 并双击鼠标左键，单击 FUNCTION-BLOCK，双击 DR0002，打开功能块组态窗口，如图 6-13 所示。

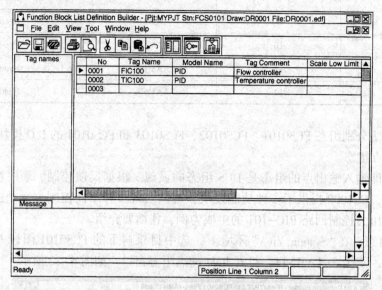

图 6-13　功能块定义窗口

在 DR0002. edf 窗口里，完成以下组态(基本组态)：

编号	工位号	仪表类型	量程	输入位号	输出位号	密级	扫描周期	开/关标记	手操模式	自动模式	串级模式	正反作用
0001	PIC-101	PID	0.00-1.60MPa	%%PIC-101	%%PV-101	3	基本扫描	OC	1	NO	YES	正

这样，就完成了进装置液态烃压力控制回路 PIC-101 的组态，其内部控制回路连接如图 6-14 所示。

(8) HIS 组态

操作站的组态，主要包括流程图、趋势图、控制分组、总貌画面、机泵状态、报警状态、计量汇总表、功能键定义、总体编辑和报表编制等。

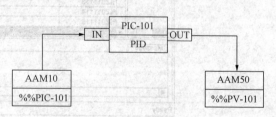

图 6-14　控制回路连接图

(9) 流程图组态

流程图是操作员最直观的操作界面，它把装置汇总并分解出多幅画面，以便进行实时监视和操作。流程图组态要通过图形组态器完成。图形组态器提供了多种现成的图形，同时在创建流程图时可以嵌入 ActiveX 对象，以及使用 VB 编程等手段来丰富流程图功能，因此可以满足用户的各种要求。

进入流程图组态的操作如下：

[HIS0124]→[WINDOWS]→[Create New]→[Windows]，在"File Properties"窗口内，设置流程图的名称，大小区域等字段，如：建立 GR0101。

再回到"System View"窗口，操作如下：

[HIS0124]→[WINDOWS]，双击 GR0101，进入图形绘制窗口，如图 6-15 所示。

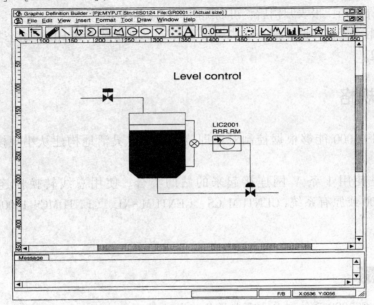

图 6-15　图形绘制窗口

这时，可在展开的 GR0101 画面上绘制所需的流程图。最后进行数据绑定，即将目标对象与过程变量等建立信息连接。

（10）趋势图组态

按工艺操作需要，趋势图分为实时趋势、历史趋势、批量趋势和调节趋势。工程师组态主要是实时趋势和历史趋势。

一个 HIS 共有 8 个 TR，每个 TR 有 16 个 TG，每个 TG 有 8 笔。所以，每个 HIS 可作1024 笔趋势图。

进入实时趋势组态的操作如下：

在"SYSTEM VIEW"下，选[YYFL]→[CONFIGURATION]→[TR0001]，进入趋势组态窗口。在 TR0001.edf 窗口内，设置 TR0001 的采样周期，并填写各 TG 的每笔趋势名称。

（11）控制分组组态

控制分组是把工艺上相关的工位号以控制仪表组的形式组合在同一画面上，方便工艺人员操作。CS1000 中有三种控制组窗口：8 回路/组、16 回路/组、控制台。

进行控制分组组态的操作如下：

[HIS0124]→[WINDOWS]→[Create New]→[Windows]，在"File Properties"窗口内，设置控制分组的名称和笔数，如：建立 CG0101。

再回到"System View"窗口，进行如下操作：

[HIS0124]→[WINDOWS]→双击 CG0101，这时，可在展开的 CG0101 画面上进行控制分组的组态。

（12）报表组态

报表组态功能包括三部分：报表定义功能、报表打印功能、报表文件归档功能。

① 报表定义：设计报表的内容、格式和动态连接。

② 报表打印设置：定时打印和命令请求打印。

③ 报表文件归档：报表归档后，可以随时再打印和浏览。

④ 报表的组态流程：设计报表格式→报表定义→加载报表到 HIS→组态报表打印输出→查看报表历史。

6.4 系统规格

CENTUM CS 3000 能够根据控制对象即装置规模，灵活地构建从小规模到大规模的系统。

所谓域就是使用 1 条 V 网连接起来的站的集合。使用总线转换器连接的其他的 CENTUM CS 3000 或原有系统（CENTUM CS、CENTUM-XL、CENTUMCS 1000、μXL 等）也分别称为域。

习题及思考题

1. CENTUM CS3000 系统主要由哪些设备构成？

2. CENTUM CS3000 系统的主要特点是什么？

3. 叙述操作站 HIS 的基本功能。

4. 操作员键盘由哪几部分组成？各部分的作用是什么？

5. CENTUM CS3000 系统的通信网络体系由哪几个部分组成？

6. 如何完成一个简单 PID 控制回路的组态？

7. CENTUM CS3000 最小系统由哪些部分组成？画出其系统结构图。

第 7 章　其他集散控制系统

7.1　I/A Series 集散控制系统

7.1.1　概述

早期的 DCS 系统是一种封闭式的系统，各个制造商采用各自的技术规范和标准，产品自成体系。美国福克斯波罗公司于 1987 年在世界上第一个推出了体现开放概念的超越一般 DCS 的新一代工业控制系统——I/A Series 智能自动化系列。

I/A Series 率先突破了封闭式发展的制约，广泛地采用国际标准，其产品符合国际标准化组织(ISO)提出的开放系统互联(OSI)参考模型。这样的系统允许将其他制造厂家的产品纳入自己的系统，也考虑到把将来新开发的设备容纳到 I/A Series 中来。这样随着硬软件技术的发展，I/A Series 必将得到进一步加强。

1988 年底，第一套 I/A Series 系统正式在中国工业现场安装并投入使用。目前，Foxboro 公司已经在全世界销售出约 10000 多套 I/A Series 系统，广泛地应用于各种工业领域。在中国，已经有 700 多个用户的 1000 多套装置选择了 I/A Series 系统。I/A Series 系列经过多年的实际运行考验，发展到第八代版本，被世界公认为最成熟的真正的开放型工业系统之一。

为了达到开放系统的目的，I/A Series 在硬件、软件和通信网络的设计上均全面采用国际公认的标准。

① 采用与 UNIX SVR4 完全兼容的 Solaris 操作系统以及 Windows XP 操作系统。

② 世界上第一个采用 IEEE 802 标准的工业控制系统，支持 IEEE 802.3、802.4、RS-485 等标准，支持 Ethernet TCP/IP 协议。

③ 支持 OPC 协议，采用 C 和 FORTRAN 等高级编程语言，便于软件资源的共享。

④ 支持 FF、Profibus、HART 等现场总线标准。

⑤ I/A Series 的应用软件与硬件彼此可以独立发展，不会因为软件的更新换代而使现有的硬件失效。

⑥ 与 UNIX/Windows XP 兼容的第三方软件或用户开发的应用软件，可以不作修改或稍作修改即可移植应用于 I/A Series 中。

由于 I/A Series 是完全采用国际标准的开放系统，它对第三方的标准产品是完全开放的。它是新一代开放式工业控制系统的标志，具有广阔的发展前景。

7.1.2　I/A Series 系统硬件结构

I/A Series 系统的硬件结构如图 7-1 所示。由节点网络及应用处理器(Application Processor, AP)、操作站处理器(Workstation Processor, WP)、应用操作站处理器(Application Workstation Processor AW)、控制处理器(Control Processor, CP)、通信处理器

（Communication Processor，COMP）和现场总线组件（FieldBus Module，FBM）等构成。

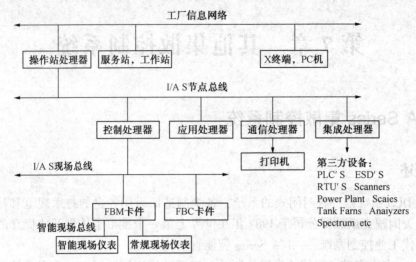

图 7-1   I/A Series 系统结构

（1）应用处理器 AP

应用处理器完成两个基本功能：

① 作为应用处理机（计算机）站，它们完成了大量的计算和管理；

② 作为文件服务器站，它们处理来自文件服务器站本身或其他站的文件请求。用于 AP 的大容量存储设备，包括软盘驱动器、硬盘驱动器、光盘驱动器和磁带驱动器。

AP 和其他系统站（例 WP 和 CP）协调工作，提供了数据输入/输出和操作员接口的必要手段。一个较小的智能自动化系列系统可以使用单个应用处理机，而一个较大的系统可以由几个 AP 组成，每个 AP 组态实现专门的功能。有些功能可以由各个 AP 分别完成，有些功能可以由同一网络中的两个或多个 AP 共同来完成。

应用处理机在生产过程中的主要功能包括：

A. 系统和网络管理功能。AP 实现系统管理功能，包括收集系统性能统计、对从属的站重新装载、存储过程操作信息、实时数据、历史数据、提供报文广播、处理所有站的报警和报文，并在所有系统站中，维护一致的时间和日期。AP 还支持各种组态功能（系统组态、控制组态、显示组态、报警组态、历史组态等），运行应用软件，完成网络管理功能。

B. 数据库管理。数据库管理包括存储、操作和检索包含系统接收和由系统产生的数据文件。

C. 文件请求。每个 AP 包含一个文件管理器，它用于管理与 AP 所连接的大容量存储器有关的所有文件请求，AP 亦支持一个远方文件系统，这一系统允许一个站中的任务可存放另一个站中的文件。

D. 历史数据库的存储。AP 可组态成包括历史数据库管理软件功能、连续量值或离散量的历史数据。这些值可以代表任何参数，如测量值、给定值、输出值和状态转换，这些站被组态成收集数据并把它们送到历史数据库中。另外，历史数据库管理软件计算和存储平均值、最大值、最小值以及其他统计算法的历史数据；这些信息可用于显示画面、报表以及供应用程序存取。AP 能组态作保存错误、报警状态以及选择的操作员的操作动作的历史；通过向一个或多个 AP 发出定义文件的报文，可以存储其他站发生的错误、报警及其他文件。

E. 控制功能。AP 能和 CP 一起实现控制功能，但没有直接过程输入/输出能力。所有输入/输出是 AP 和其他站之间的可连续的参数。AP 可使协调装置控制功能与其他装置和生产控制功能合理地分配。

F. 图形显示支持。应用处理机通过显示格式的储存和检索，提供对应用处理机中存储目标的存取，以及存储在操作站处理机中执行的任务等来支持图形显示，应用处理机不仅存储信息并为显示画面作文件管理，而且亦执行实现显示画面和趋势服务的程序。

G. 诊断。AP 采用三种诊断方式，以检测和/或查出故障。

a. 通电自检；

b. 运行时间和监视时钟检查；

c. 离线诊断。

(2) 操作站处理机 WP

WP 和与它连接的外部设备一起，在用户和所有系统功能之间提供一个界面，即作为系统站和操作员之间的接口。

除视频监视器外，连到 WP 设备还可以包括触摸屏幕，鼠标或球标，工程师键盘和组合键盘。这些可任意选择的鼠标提供作为命令和数据输入，显示选择和报警管理的系统。

① 过程显示画面可从本身硬盘读出，也可从逻辑上位机 AP 中读出。

② 工程师键盘，类似于标准的计算机键盘，稍稍作了一点改进。

③ 组合键盘，又称操作员键盘，每个 CRT 最多可带二个操作员键盘，每个操作员键盘由三块告示　小键盘或二块告示小键盘加一块数字小键盘组成，二个操作员键盘中最多只能有一块数字小键盘，告示小键盘上有 16 个带发光二极管的按键，在工作站处理机软件的控制下按过程的状态呈现发光，不发光或闪烁发光，提醒操作员把注意力转向系统的某些特定区域上去。每个按键的功能可通过报警组态指定，操作员键盘上也有报警确认键和蜂鸣器。

④ X-Terminal，图形终端，50 系列的 WP 可以挂二台 CRT，总共四个操作员键盘，但只能共用一个工程师键盘和鼠标，即在二个屏幕中只能看到一个老鼠，它能以你指定的方式从一个屏幕走到另一个屏幕，这样的二台 CRT 只能由一个操作员操作。X-Terminal 使得二台 CRT 彻底独立，就像用了二个 WP。

(3) 应用操作站处理机 AW

AW 具有 AP 和 WP 的双重功能。作为 AP 承担网络上的服务器功能，同时作为 WP 提供人机接口。因此它的功能是 AP 和 WP 功能的集合。

(4) 控制处理机 CP

控制处理机是一个可选的容错站，和与它相连的现场总线组件(FBM)一起，按组态好的控制方案对过程进行控制。可实现连续控制、梯型逻辑控制和顺序控制，完成数据采集、检测、报警和传送信息的功能。

(5) 通信处理机 COMP

通信处理机 COMP 作为 I/A Series 系统的一个节点，提供与外部设备的连接。它有 4 个兼容的用于终端输入/输出设备的 RS-232C 串行接口，还可以与 RS-499 和 RS-485 兼容的设备连接，其异步图像的传输速率为 9.6kbps。

通信处理机的主要功能包括：

① 报警和出错报文的优先级设定；

② 报表和打印文件的打印处理；

③ 报文的后备；

④ 终端用户接口。

（6）现场总线组件 FBM

I/A Series 系统的现场总线组件 FBM，可连接到运行 I/A Series 综合控制软件的控制处理机或 PC 机上，现场总线组件可与控制处理机或 PC 机一起就地安装，也可进行远程安装。

FBM 分为模拟和数字 2 种信号类型，每个模拟组件有 8 个输入输出通道，数字组件为 16~32 通道。数字现场总线组件可执行多种功能，如事件序列监视、梯型逻辑控制和脉冲计数，具体执行哪一种功能由其装载的软件决定，系统组态时应为其定义软件。所有现场信号与控制电子线路隔离，对模拟量输入/输出信号采用变压器耦合与光电双重隔离，且每路 A/D 和 D/A 转换独立，保证故障对系统影响最小。在大多数情况中，每一点与其他所有点是隔离的，现场总线组件可与智能变送器通信，也可对现场变送器供电。

7.1.3　I/A Series 系统网络结构

I/A Series 系统的通信网络是建立在国际标准化组织（ISO）所定义的开放系统互连（OSI）标准基础上，并符合 IEEE 的规范，是按照局域概念构造的标准网。

I/A Series 的通信网络结目前有两种，一种是广大老用户在使用的，以 NodBus 为通信节点，它共有四个层次，如图 7-2 所示；另一种是最新发展的以 Mesh 网为基础共有两个层次。

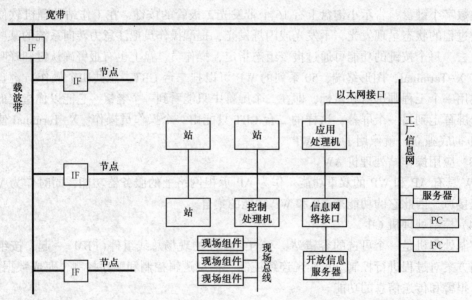

图 7-2　I/A Series 系统 NodBus 网络结构简图

NodBus 网络结构的通信网络由四个层次组成，它们分别是宽带局域网（BROADBAND-LAN）、载波带局域网（CARRIERBAND LAN）、节点总线（NODE BUS）、现场总线（FIELD BUS）。这些通信标准的低层通信（物理层和逻辑层）与制造商自动化协议（MAP）兼容。出于通信的安全考虑，节点总线是冗余的，载波带可选冗余。

I/A 8.0 以后的版本采用商用交换机组成 Mesh 网。通信标准 IEEE 802.3u/802.1w；传输速率 100M/1G；传送介质光缆；传送距离多模光缆 2km，单模光缆 10km，单模光缆加中继器 100km。网络结构可以有线型、环型、星型和树型，树型结构最多四层，最多可挂 1920 个站/节点。

7.1.4　I/A Series 系统软件结构

I/A Series 软件是一套完善的软件，它为用户提供最优化过程和管理能力，实际上适合所有的应用场合。该软件充分利用了 I/A Series 的客户机/服务器（Client/Server）结构的全部优势，该结构是建立在开放系统互连模型（OSI）上的以对象为基础的通信结构。它允许将功能和计算能力分散在很大的地理区域内，提供了与不同制造商的计算机系统的联网能力，以及提供了适合第三方工业应用的大型平台。

I/A Series 系统的控制和运算功能软件包括：系统操作软件、控制组态软件、人机接口软件、历史数据库管理软件和安全的应用开发环境。

（1）系统操作软件

操作系统软件是控制和组织 I/A Series 系统活动的程序集合。它不需要用户的参与或监控，就可以指挥系统模块活动、管理多用户多任务环境，以及管理系统文件。系统操作软件包括操作系统和其他子系统，例如进程间通信，目标管理程序（OM）和其他应用程序接口（API）。

I/A Series 50 系列操作系统支持 SunSoft Solaris 及 MicroSoft Windows 操作系统。它基于 UNIX 系统 V 版本 4（SVR4），是一种多任务操作系统，并支持多种工业标准通信协议。同时，Windows 支持动态数据交换（DDE）技术，可以方便地访问整个 I/A Series 系统数据和信息网络数据。

（2）控制组态软件

控制组态软件提供了连续量、顺序量、梯形逻辑控制，它们可以单独或混合使用从而满足应用的需要。除了综合控制外，I/A Series 同时将控制组态和操作员接口综合在上述范围内。

过程控制算法的连续量、顺序量、梯形逻辑主要在与之相连的控制处理机（CP）内进行。执行各种控制算法的基本单元是模块（Block），Block 完成控制功能，它可组织和组态成一个叫做组合模块（Compound）的组。Compound 是 Block 逻辑上的集合，它完成指定的控制任务。控制组态软件可在 Compound 内综合连续量，梯形逻辑和顺序功能，从而设计出有效的控制方案。

（3）人机接口软件

人机接口软件是由实时显示管理程序和一系列有关的子系统和工具组成，它们支持所有与图像显示和组态工作有关的活动。由于该软件在所有的操作站（个人操作站 PW、操作处理机 WP 和应用操作站 AW）之间的差异，某个操作站上的显示应用状态能直接传送到另一个操作站上。中央控制室的操作员可以使用多个过程显示和应用画面，而且工厂的工程技术人员或信息管理网络上的工厂管理层人员也可调阅。

I/A Series 系统向各类使用人员提供单一的人机操作界面。用户可以建立自己的使用环境。操作和显示画面本身可以按用户要求随意绘制。

人机接口软件包括了用于过程控制和管理的实时软件和组态软件。

（4）历史数据库管理软件

历史数据库管理软件采集、存储、处理和归档来自控制系统的过程数据，为趋势显示、统计过程控制（SPC）图表、记录、报表、电子表格和应用程序提供数据。该软件为过程工程师和操作员提供了广泛的数据采集、管理和显示功能。

（5）安全的应用开发环境

I/A Series 系统可为操作和显示确定级别，根据不同用户的权限，通过设置不同的口令来限制访问的环境。

7.2　DeltaV 集散控制系统

7.2.1　DeltaV 系统概述

DeltaV 系统是在传统 DCS 系统优势基础上结合 20 世纪 90 年代的现场总线技术，并基于用户的最新需求开发的新一代控制系统。它充分发挥众多 DCS 系统的优势，如：系统的安全性、冗余功能、集成的用户界面、信息集成等，同时克服传统 DCS 系统的不足，具有规模灵活可变、使用简单、维护方便的特点。与其他 DCS 系统相比，DeltaV 系统具有下列不可比拟的技术优势：

① 系统数据结构完全符合基金会现场总线（FF）标准，在实行 DCS 所有功能的同时，可以毫无障碍地支持将来 FF 功能的现场总线设备。DeltaV 系统可在接受目前的 4~20mA 信号、1~5VDC 信号、热阻热偶信号、HART 智能信号、开关量信号的同时，非常方便地处理 FF 智能仪表的所有信息。

② OPC 技术的采用，可以将 DeltaV 系统毫无困难地与工厂管理网络连接，避免在建立工厂管理网络时进行二次接口开发的工作；通过 OPC 技术可实现各工段、车间及全厂在网络上共享所有信息与数据，大大提高了过程生产效率与管理质量；同时通过 OPC 技术可以使 DeltaV 系统和其他支持 OPC 的系统之间无缝集成，为工厂以后的 CIMS 等更高层次的工作打下坚实的基础。

③ 规模可变的特点可以为全厂的各种工艺、各种装置提供相同的硬件与软件平台，更好、更灵活地满足企业生产中对生产规模不断扩大的要求。

④ 即插即用、自动识别系统硬件的功能大大降低了系统安装、组态及维护的工作量。

⑤ 内置的智能设备管理系统（AMS）对智能设备进行远程诊断、预维护，减少企业因仪表、阀门等故障引起的非计划停车，增加连续生产周期，保证生产的平稳性。

⑥ 工作站的安全管理机制，使得 DeltaV 接收 NT 的安全管理权限，可以使操作员在灵活、严格限制的权限内对系统进行操作而不需要担心操作员对职责范围以外的任务的访问。

⑦ 系统的远程工作站可以使用户通过局域网监视甚至控制过程，从而满足用户对过程的远程组态、操作、诊断、维护等要求。

⑧ 系统的流程图组态软件采用 Intellution 公司的最新控制软件 iFix，并支持 VBA 编程，使用户随心所欲开发最出色的流程画面。

⑨ Web Server 可以使用户在任何地方，通过 Internet 远程对 DeltaV 系统进行访问、诊断、监视。

⑩ 强大的集成功能，提供 PLC 的集成接口，提供 ProfiBus、A-SI 等总线接口。

⑪ APC 组件，基于 DeltaV 系统的 APC 组件，使用户方便地实现各种先进控制要求，功能块的实现方式使用户的 APC 实现同简单控制回路的实现一样容易。

7.2.2　DeltaV 系统的硬件构成

DeltaV 系统由硬件、软件两大部分组成，系统的基本硬件如图 7-3 所示。系统硬件由冗余的控制网络、操作站及控制部分构成；系统软件由组态软件、控制软件、操作软件以及诊断软件等组成。

图 7-3　DeltaV 系统基本结构

（1）控制网络

DeltaV 系统的控制网络是以 10M/100M 以太网为基础的冗余的局域网（LAN）。系统的所有节点（操作站及控制器）均直接连接到控制网络上，不需要增加任何额外的中间接口设备。简单灵活的网络结构可支持就地和远程操作站及控制设备。

网络的冗余设计提供了通信的安全性。通过两个不同的网络集线器及连接的电缆，建立了两条完全独立的网络，分别接入工作站和控制器的主副两个网口。DeltaV 系统的工作站和控制器都配有冗余的以太网口。

为保证系统的可靠性和功能的执行，控制网络专用于 DeltaV 系统。与其他工厂网络的通信通过使用集成工作站来实现。

DeltaV 系统可支持最多 120 个节点，100 个（不冗余）或 100 对（冗余）控制器、60 个工作站，80 个远程工作站；它支持的区域也达到 100 个，使用户安全管理更灵活。

（2）工作站

DeltaV 系统工作站，如图 7-4 所示。它是 DeltaV 系统的人机界面，通过这些系统工作站，企业的操作人员、工程管理人员及企业管理人员随时了解、管理并控制整个企业的生产及计划。工作站上的 Configure Assistant 给出了用户具体的组态步骤，用户只要运行它并按照它的提示进行操作，则图文并茂的型式，很快就可以使用户掌握组态方法。

DeltaV 系统的所有应用软件均为面向对象的 32 位操作软件，满足系统组态、操作、维护及集成的各种需求。

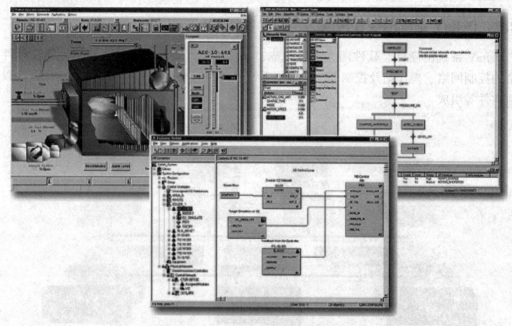

图 7-4　DeltaV 系统操作、组态画面示例

DeltaV 系统工作站分为三种：ProfessionalPlus 工作站、操作员工作站及应用工作站。

① ProfessionalPlus 工作站。每个 DeltaV 系统都需要有一个 ProfessionalPlus 工作站。该工作站包含 DeltaV 系统的全部数据库。系统的所有位号和控制策略被映象到 DeltaV 系统的每个节点设备。

ProfessionalPlus 配置系统组态、控制及维护的所有工具：从 IEC1131 图形标准的组态环境到 OPC、图形和历史组态工具。用户可以设置系统许可和安全口令。

② 操作员工作站。DeltaV 操作员站可提供友好的用户界面、高级图形、实时和历史趋势、由用户规定的过程报警优先级和整个系统安全保证、大范围管理和诊断功能。操作员界面为过程操作提供了先进的艺术性的工作环境，并有内置的易于访问的特性。不论是查看最高优先级的报警、下一屏显示，还是查看详细的模块信息，都采用直观一致的操作员导航方式。

DeltaV 系统操作员站的主要功能包括：生产过程的监视和操作控制，直观的流程画面显示及操作，报警及报警处理，历史趋势记录及报表，历史趋势信息显示，事件记录及系统状态信息检索和归档管理，系统诊断及故障信息，智能设备的管理信息等。

③ 应用工作站。DeltaV 系统应用工作站用于支持 DeltaV 系统与其他通信网络，如工厂管理网(LAN)之间的连接。应用工作站可运行第三方应用软件包，并将第三方应用软件的数据连接到 DeltaV 系统中。应用工作站同样具有使用简单、位号组态唯一性的特点。

应用工作站通过经现场验证的 OPC 服务器将过程信息与其他应用软件集成。OPC 可支持每秒 2 万多个过程数据的通信，OPC 服务器可以用于完成带宽最大的通信任务，任何时间、任何地点都可获得安全可靠的数据集成功能。

通过应用工作站，可以在与之连接的局域网上设置远程工作站，通过远程工作站可以对 DeltaV 系统进行组态、实时数据监视等，远程工作站可以具备与 DeltaV 系统本地工程师站或操作员站完全相同的功能。

另外通过应用工作站，可以监视最多 25000 个连续的历史数据、实时数据及历史趋势。

（3）控制器与 I/O 卡件

DeltaV 系统的控制器用于管理所有在线 I/O 子系统、控制策略的执行及通信网络的维护。控制器从输入通道读取数据，然后执行控制策略，到最后送到输出通道的整个过程会在 100ms 中完成。

DeltaV 系统采用 MD/MD plus 控制器。体积小但功能强大，完成控制功能的软件功能块符合基金会现场总线标准。可提供现场设备与控制网络中其他节点之间的通信和控制。可同时混合安装 I/O 卡件和 FF 接口卡件。所有的控制器与 I/O 卡件均为模块化设计，符合 I 级 II 区的防爆要求，可直接安装在现场。控制器和 I/O 卡件安装位置如图 7-5 所示。

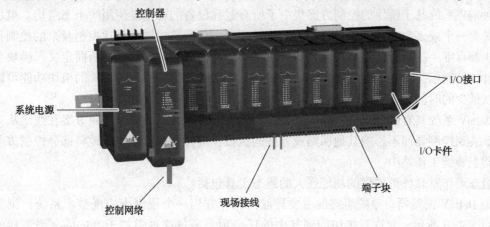

图 7-5　DeltaV 控制器和 I/O 卡件

① 控制器。控制器的功能特点包括：

A. 速度快，具有即插即用特性及自动向 Delta V 控制网络标识自己的能力；自动 I/O 检测功能。

B. 使用方便。接收所有 I/O 信号，实现控制功能，并完成控制网络的所有通信功能，向下兼容。数据保护功能，备份所有下装到控制器的数据和在线更改的信息。

C. 余量功能设计，不仅提供批量操作功能，而且还提供先进控制功能；信息传输方便，通过 AMS 可将现场总线设备信息管理起来，并传送到控制网络的各个节点，易于扩展，可在线扩展。

D. 简单的冗余设计，高安全性，不受控制器意外故障的影响；安装方便，自动分配地址和组态；可在线升级。

② I/O 卡件。系统所有的 I/O 卡件均为模块化设计，可即插即用、自动识别、带电插拔。系统提供的 I/O 卡件分为两大类：一类是传统 I/O 卡件，另一类是现场总线接口卡件

（H1）。这两大类卡件可任意混合使用。

7.2.3　DeltaV 系统软件

DeltaV 系统软件包括组态软件、控制软件、操作软件及诊断软件等。

（1）组态软件

DeltaV 组态工作室软件可以简化系统组态过程。利用标准的预组态模块及自定义模块可方便地学习和使用系统组态软件。组态工作室还配置了一个图形化模块控制策略（控制模块）库、标准图形符号库和操作员界面。拖放式、图形化的组态方法简化初始工作并使维护更为简单。

DeltaV 系统预置的模块库完全符合基金会现场总线的功能块标准，从而可以在完全兼容现在广泛使用的 HART 智能设备、非智能设备的同时，在不修改任何系统软件和应用软件的条件下兼容 FF 现场总线设备。

连接到控制网络中的 DeltaV 控制器、I/O 和现场智能设备能够自动识别并自动地装入组态数据库中。单一的全局数据库完全协调所有组态操作，从而不必进行数据库之间的数据映象，或者通过寄存器或数字来引用过程和管理信息的操作。

DeltaV 系统基于模块的控制方案集中了所有过程设备的可重复使用的组态结构。模块通常定义为一个或多个现场设备及其相关的控制逻辑。如回路控制、马达控制及泵的控制；每个模块都有唯一的位号。除了控制方案外，模块还包括历史数据和显示画面定义。模块系统中通过位号通信，对一个模块的操作和调试完全不影响其他模块。DeltaV 的模块功能可以让用户以最少的时间完成组态。

DeltaV 系统具有部分下装、部分上装的功能，即将组态好的部分控制方案在线地从工作站中下装到控制器而不影响其他回路或方案的执行，同样，也可以在线地将部分控制方案从控制器上装到工作站中。

组态工作室软件可提供的功能强大的组态工具包括：

① DeltaV 浏览器。系统组态的主要导航工具。它用一个视窗来表现整个系统，浏览器界面如图 7-6 所示。允许直接访问到其中的任一项，通过这种类似于 Windows 浏览器的外观，可以定义系统组成（例如区域、节点、模块和报警），查看整体结构和完成系统布局。

DeltaV 浏览器还可提供向数据库中快速增加控制模块的方法，可以将控制模块从模块库中拖放到某个工厂区域，并定义符合应用要求的模块参数。

② 图形工作室。用图形、文字、数据和动画制作工具为操作人员组态高分辩率、实时的过程流程图。系统操作人员通过操作员界面进行过程监控。

图形工作室已安装了一些预定义的功能，例如控制面板、趋势、显示目录和报警简报等。用户可以将精力集中于制作合适的显示图形，而不是整个操作员界面的设计和布局。当在图形显示中使用模块信息时，不需要了解模块的物理位置或执行任何数据库映象操作，只需要知道模块名称就可以从系统中浏览该模块。

③ 控制工作室。以图形方式组态和修改控制策略的功能块。控制工作室将每个模块视为单独的实体，允许只对特定模块进行操作而不影响同一控制器中运行的其他模块。

用户可以选择适合需要的控制语言组态系统，如可选择功能块图和顺序功能图。因此用户可以用图形方式组态控制模块，只要将所需功能模块从模块库中拖放到模块图里用连线组

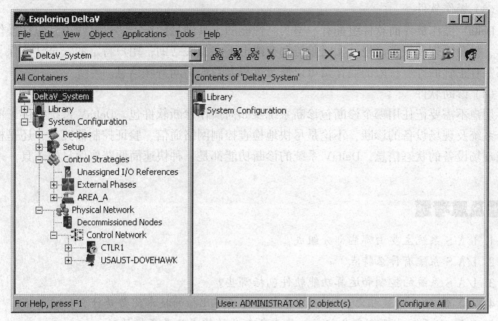

图 7-6 DeltaV 系统浏览器

合模块算法即可。所有的 DeltaV 系统通信都基于模块位号，控制器间模块与模块的通信对组态完全透明。

由于控制语言是图形化的，因此组态中见到的控制策略图即是系统真正执行的控制策略，不需要另外编辑。

④ DeltaV 用户管理器。DeltaV 包括了功能强大、使用灵活的系统安全结构，甚至可以为每个参数定义系统范围内的安全性。所有对 DeltaV 系统的操作甚至从应用工作站的第三方应用软件中的操作都要进行安全性检查以保证每个用户的每项操作都有正确的权限。

DeltaV 用户密码作为 NT 安全性的一部分来进行维护。使用 DeltaV 用户管理器定义系统用户的操作权限。例如操作员或管理人员具有不同的操作权限，操作员可以只允许修改他操作工段范围内的操作参数，而工艺主任或仪表工程师用户还可以修改所选的整定参数。

（2）控制软件

DeltaV 的控制软件在 DeltaV 系统控制器中提供完整的模拟、数字和顺序控制功能。可以管理从简单的监视到复杂的控制过程数据。IEC1131-3 控制语言可通过标准的拖放技术修改和组态控制策略，而在线帮助功能使 DeltaV 系统的学习和使用都变得更直观更简单。

控制软件包括显示、趋势、报警和历史数据的能力，这些数据通过 I/O 子系统（传统 I/O、HART、基金会现场总线及串行接口）送到控制器。

控制软件还包括数字控制功能和顺序功能图表。数字马达和数字阀门控制提供了全面的控制策略，该策略在单个易于组态的控制位号下混合了联锁、自由、现场启动-停止、手动-关闭-自动和状态控制。顺序功能图表可以组态不依赖于操作员而随时间变化的动作，它们最适合于控制多状态策略，可用于顺序和简单的批量应用。

DeltaV 使用功能块图来连续执行计算、过程监视和控制策略。

（3）操作软件

DeltaV 操作员界面软件组拥有一整套高性能的工具满足操作需要；这些工具包括操作员图形、报警管理和报警简报、实时趋势和在线上下文相关帮助；用户特定的安全性确保了只有那些有正确的许可权限的操作员可以修改过程参数或访问特殊信息。

（4）诊断软件

用户不需要记住用哪个诊断包诊断系统及如何操作诊断软件包。DeltaV 系统提供了覆盖整个系统及现场设备的诊断，不论是尽快地检查控制网络通信、验证控制器冗余，还是检查智能现场设备的状态信息，DeltaV 系统的诊断功能都是一种快速简便获取信息的工具。

习题及思考题

1. I/AS 系统主要由哪些部分组成？

2. I/AS 系统有什么特点？

3. I/AS 系统的控制和运算功能软件包括哪些？

4. 与其他 DCS 系统相比，Delta V 系统具有不可比拟的技术优势是什么？

5. Delta V 系统由哪几部分组成？其中各部分的构成又是怎样的？

6. DeltaV 系统工作站有几种？分别是什么？

7. Delta V 工程软件主要有哪几种？各自有什么功能？

第8章 现场总线控制系统

8.1 现场总线的基本概念

按 IEC 和现场基金会的定义,现场总线是连接智能现场设备和自动化系统的数字式、双向传输、多分支结构的通信网络。有通信就必须有通信的协议,从这个意义上说,现场总线本质上是一个定义了硬件接口和通信协议的标准。

现场总线不仅是当今 3C 技术发展的结合点,也是过程控制技术、自动化仪表技术、计算机网络技术发展的交汇点,是信息技术、网络技术的发展在控制领域的集中表现,是信息技术、网络技术延伸到现场的必然结果。现场总线不仅仅是一种通信技术或用数字仪表代替模拟仪表,关键是用新一代的现场总线控制系统 FCS 逐步取代模拟传统的集散系统 DCS,实现智能仪表、网络通信和控制系统的集成。FCS 具有信号传输全数字化、系统结构全分散式、现场设备互操作性、通信网络全互联式、技术和标准全开放式的特点。

现场总线的本质原理和技术特征还可以表现在以下几个方面:

① 现场通信网络,实现过程控制和加工制造现场仪表或设备的现场数字化通信。

② 现场设备互联,仅仅用一对传输线(如同轴电缆、双绞线、光纤和电源线等)将传感器、变送器和执行器等现场仪表与设备互联起来。

③ 互操作性,现场仪表或设备种类繁多,不可能从一家制造公司购齐。在遵守同一通信协议的前提下,现场总线允许选用各制造商性能价格比最高的产品集成在一起,实现对不同品牌的仪表或设备互联,统一组态。

④ 功能分散,将 DCS 的 3 级结构改革为 FCS 的 2 级结构,放弃了 DCS 的输入/输出单元和控制站,将控制功能分散到现场仪表,从而构成虚拟控制站。因此,现场仪表应是智能型多功能仪表。

⑤ 通信线供电,对于本质安全要求的低功耗现场仪表,允许直接从通信线上获取电源。

⑥ 开放式互联,现场总线作为开放式互联网络,既可与同层网络互联,也可以通过网络互联设备与不同层次的控制级网络和信息网络互联,共享资源,统一调度。

总之,现场总线是将自动化最低层的现场控制器和现场智能仪表设备互联的实时控制通信网络,它遵循 ISO/OSI 开放系统互联参考模型的全部或部分通信协议。而 FCS 则是用开放的现场总线通信网络,实现将自动化最低层的现场控制器和现场智能仪表设备互联的实时网络控制系统。

现场总线是控制系统运行的动脉、通信的枢纽,因而应关注系统的开放性、互可操作性、通信实时性,以及对环境的适应性等问题。同时从现场总线的本质原理和技术特征还可以看出,使用现场总线技术,可以使得控制系统的设计、安装、投运和检修维护等方面都体现出优越性。使用现场总线控制系统具有节省硬件数量与投资、节省安装费用、节省维护开销、用户具有系统集成主动权、提高系统的准确性与可靠性等优点。

现场总线发展到现在，已经是百花齐放，发展迅速，各种总线一百多种，其中宣称为开放型总线的就有 40 多种，欧洲、北美、亚洲的许多国家都投入巨额资金与人力进行研究开发，形成了各式各样的企业、国家、地区及国际现场总线标准。

8.2 CAN 总线

8.2.1 CAN 总线概述

CAN 是德国 Bosch 公司在 20 世纪 80 年代初为解决现代汽车中众多的控制器与测试仪器之间的数据交换问题而开发的一种串行数据通信协议。目前，其应用范围已不再受限于汽车工业，在过程控制、机器人、数控机床、纺织机械、农用机械、医疗器械及传感器等领域也得到广泛应用。CAN 总线以其设计独特、低成本、高可靠性、实时性、抗干扰能力强等特点而著称。

1993 年 11 月 ISO 正式发布了道路交通运输工具、数据信息交换、高速通信控制器局域网国际标准 ISO 1198 CAN 高速应用标准以及 ISO 11519 CAN 低速应用标准，这为控制器局域网标准化、规范化铺平了道路。CAN 具有如下的主要特点：

① CAN 网络上的节点不分主从，任一节点均可在任意时刻主动地向网络上其他节点发送信息，通信方式灵活。

② CAN 采用非破坏性的总线仲裁技术。

③ CAN 网络上的节点具有不同的优先级，当多个节点同时向总线发送信息时，优先级较低的节点会主动地退出发送，而最高优先级的节点可不受影响地继续传输数据，从而节省了总线冲突的仲裁时间。可满足对实时性的不同要求，高优先级的数据可在 134μs 内得到传输。

④ 通过报文滤波可实现点对点、一点对多点及全局广播等几种方式收发数据，无需专门"调度"，CAN 的直接通信距离最远可达 10km（速率 5kbps 以下），通信速率最高可达 1Mbps（此时通信距离最长为 40m）。

⑤ CAN 总线上的节点数决定于总线驱动电路，一般可达 110 个。

⑥ 报文标识符：CAN2.0A 有 2032 种，CAN2.0B 扩展帧的报文标识符几乎不受限制，CAN 为短帧结构，传输时间短，受干扰概率低。

⑦ CAN 节点具有良好的检错功能，出错率低节点中均有错误检测、标定和自检能力，同时还具有发送自检、循环冗余校验、位填充、报文格式检查等功能。

⑧ CAN 节点在错误严重的情况下具有自动关闭输出功能，以使总线上其他节点的操作不受影响。

⑨ CAN 的通信介质可为双绞线、同轴电缆或光纤，选择灵活。

⑩ CAN 器件可被置于无任何内部活动的睡眠方式，相当于未连接到总线驱动器，从而可降低系统功耗，其睡眠状态可借助总线激活或者系统的内部条件被唤醒。

8.2.2 CAN 的技术规范

CAN 为串行通信协议，能有效地支持具有很高安全等级的分布式实时控制。制定 CAN

技术规范的目的是为了在任何两个 CAN 仪器之间建立兼容性。可是，兼容性有不同的方面，如电气特性和数据转换解析。为了达到设计透明以及实现柔韧性，CAN 可被细分为：CAN 对象层（The Object Layer）、CAN 传输层（The Transfer Layer）和物理层（The Physical Layer）。

对象层和传输层包括所有由 ISO/OSI 模型定义的数据链路层的服务和功能。对象层的作用范围包括有：①查找被发送的报文。②确定由实际要使用的传输层接收哪个报文。③为应用层相关硬件提供接口。

这里，定义对象处理比较灵活，传输层的作用是传送规则，也就是报文成帧、总线仲裁、出错监测、错误标定等。总线上什么时候开始发送新的报文及什么时候开始接收报文，均在传输层里确定。位定时的一些普遍功能也可以看作是传输层的一部分。当然，传输层的修改是受限制的。

物理层的作用是不同节点间根据所有的电气属性进行位信息的实际传输。当然，同一网络内，所有的节点的物理层必须相同。尽管如此，在选择物理层方面还是很自由的。

8.2.2.1 CAN 的通信参考模型

参照 ISO/OSI 标准模型，CAN 分为数据链路层和物理层。而数据链路层又包括逻辑链路控制子层 LLC（Logic Link Control）和媒体访问控制子层 MAC（Medium Access Control），CAN 的通信参考模型如表 8-1 所示。

表 8-1　CAN 通信参考模型

数据链路层	逻辑链路子层 LLC
	接收滤波
	超载通知
	恢复管理
	媒体访问控制子层 MAC
	数据封装/拆装
	帧编码（填充/解除填充）
	媒体访问管理
	错误监测
	出错标定
	应答
	串行化/解除串行化
物理层	位编码/解码
	位定时
	同步
	驱动器/接收器特性
	连接器

表 8-1 中，逻辑链路子层 LLC 的主要功能是对总线上传送的报文实行接收滤波，判断总线上的报文是否与本节点有关，哪些报文应该为本节点所接收；对报文的接收给以确认；为数据传送和远程数据请求提供服务；当丢失冲裁或被出错干扰时，逻辑链路子层具有自动重发的恢复管理功能；当出现超载时，要求推迟下一个数据帧或远程帧时，可以通过逻辑链路子层发送超载帧，以推迟接收下一个数据帧。

MAC 子层是 CAN 协议的核心。它负责报文成帧、总线仲裁、出错监测、错误标定等传输控制规则。MAC 子层要为开始下一次的发送确定总线是否空闲，在确认总线空闲后开始发送。在丢失仲裁时推出仲裁，转入接收方式。对发送数据实现串行化，对接收的数据实现反串行化。完成应答校验和 CRC 校验，发送出错帧。确认超载条件，激活并发送超载帧，添加或卸除起始位、远程传送请求位、保留位、应答码和 CRC 校验等，即完成报文的打包和拆包。

物理层规定了节点的全部电气特性，并规定了信号如何发送，因而涉及位定时、位同步、位编码的描述。在这部分技术规范中没有规定物理层中的驱动/接收器特性，允许用户根据具体应用，制定相应的发送驱动能力。一般来说，一个 CAN 总线段内，要求实现不同节点间的数据传输，所有节点的物理层应该是相同的。

8.2.2.2 报文传送和帧的结构

在进行数据传送时，发出报文的单元称为该报文的发送器。该单元在总线空闲或丢失仲裁前恒为发送器。如果一个不是发送器，并且总线不处于空闲状态，则该单元为接收器。对于报文发送器和接收器，报文的实际有效时间是不同的。对于发送器而言，如果帧结束末尾都没出错，则对于发送器来说报文有效。如果报文受损，将允许按照优先权顺序自动重发。为了能同其他报文进行总线访问竞争，总线一旦空闲，重发应立即开始。对于接收器而言，如果直到帧结束的最后一位都没出错，则对接收器而言报文有效。

报文中的位流按照非归零(NRZ)码方法编码，这就意味着一个完整位的位电平要么是显性，要么是隐性。

CAN 的技术规范包括 A 和 B 两部分，CAN2.0A 规范所规定的报文帧被称为标准格式的报文帧，具有 11 标识符。而 CAN2.0B 规定了标准和扩展两种不同的帧格式，其主要区别是标识符的长度。CAN2.0A 和 CAN2.0B 的标准格式兼容，都具有 11 位标识符。而 CAN2.0B 所规定的扩展格式中，其报文帧具有 29 位标识符。因此根据报文帧标识符的长度，可以把 CAN 报文帧分为标准帧和扩展帧两大类。

报文有 4 种不同类型的帧：数据帧、远程帧、出错帧、超载帧。数据帧携带数据，由发送器传送至接收器；远程帧用以请求总线上的相关单元，发送具有相同标识符的数据帧；出错帧由检测出总线错误的单元发送；超载帧用于提供当前的和后续的数据帧的附加延迟。

数据帧和远程帧借助帧间空间与当前帧分开。

（1）数据帧

数据帧由 7 个不同的位场(域)组成：帧起始、仲裁场、控制场、数据场、CRC 场、应答场、帧结束。帧起始位(1 个显位)，表示标志帧的开始；后面有仲裁场、控制场、数据场、CRC 场、应答场、帧结束(7 个隐位)。数据场长度可为 0。CAN2.0A 数据帧的组成如图 8-1 所示。

图 8-1　数据帧组成

在 CAN2.0B 存在两种不同的格式帧，主要区别在于标识符的长度不同，具有 11 位标识符的帧称为标准帧,而包括 29 标识符的帧称为扩展帧。标准帧格式和扩展帧格式的数据帧结构如图 8-2 所示。

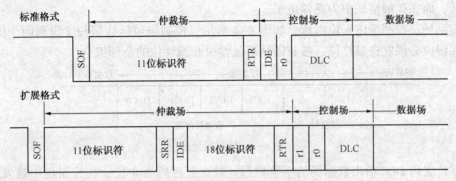

图 8-2 标准格式和扩展格式数据帧

为了使控制器设计相对简单,并不要求执行完全的扩展格式,但必须不加限制地执行标准格式。如新型控制器至少具有以下特性,则被认可同 CAN 技术规范兼容,每个控制器均支持标准格式,即不至于因为它们的格式而破坏扩展帧。

CAN2.0B 对报文的滤波特别加以描述,报文滤波以整个标识符为基准。屏蔽寄存器可用于选择一组标识符,以便映像至接收缓冲器中,屏蔽寄存器每一位都是可编制的。它的长度可以是整个标识符,也可以仅是其中一部分。

① 帧起始(SOF)。标志数据帧和远程帧的起始,它仅由一个显位构成。只有在总线处于空闲状态时,才允许节点开始发送。所有节点都必须同步于首先开始发送的那个节点的帧起始前沿。

② 仲裁场。仲裁场由标识符和远程请求(RTR)组成。如图 8-3 所示,对于 CAN2.0A 标准,标识符的长度为 11 位,这些位以从高到低位的顺序发送,最低位为 ID.0,其中最高 7 位(ID.10~ID.4)不能全为隐性位。

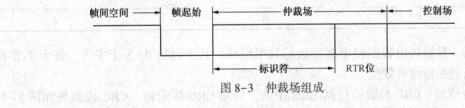

图 8-3 仲裁场组成

RTR 位在数据帧中必须是显性位,而在远程帧中必须为隐性位。所以,相同的 ID 的帧,数据帧优先级比远程帧要高。

CAN2.0B 标准格式和扩展格式的仲裁场格式不同。在标准格式中,仲裁场由 11 位标识符和远程发送请求位 RTR 组成,标识符位为 ID.28~ID.18,而在扩展格式中,仲裁场由 29 位标识符和替代远程请求 SRR 位、标识位和远程发送请求位组成,标识符位为 ID.28~ID.0。

为了区别标准格式和扩展格式,将 CAN 规范较早的版本 1.0~2.0 中的 r1 改记为 IDE 位。在扩展格式中,先发送基本 ID,其后是 IDE 位和 SRR 位,扩展 ID 在 SRR 位后发送。

SRR 位为隐位,在扩展格式中,它在标准格式中的 RTR 位上被发送,并替代标准格式中的 RTR 位。至此,由于基本 ID 相同而造成的标准帧和扩展帧的仲裁冲突问题得以解决。且由于标准数据帧中 RTR 位为显位,而扩展数据帧中 SRR 位为隐位,所以原有的相同基本

ID 的标准数据帧优先级高于扩展数据帧。

IDE 位对于扩展格式属于仲裁场，对于标准格式属于控制场。IDE 在标准格式中以显性电平发送，而在扩展格式中为隐性电平。

③控制场。控制场由 6 位组成，如图 8-4 所示。控制场包括数据长度码和两个保留位，这两个保留位必须发送显性位，接收器认可显性位和隐性位的全部组合。

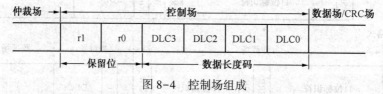

图 8-4 控制场组成

数据长度码 DLC 指出数据场的字节数目。数据长度码为 4 位，在控制场中被发送。数据长度码中数据字节数目编码如表 8-2 所示。其中：d 表示显性位，r 表示隐性位。数据字节的允许使用数目为 0~8，不能使用其他数值。

表 8-2 数据长度码中数据字节数目编码

数据字节数目	数 据 长 度 码			
	DLC3	DLC2	DLC1	DLC0
0	d	d	d	d
1	d	d	d	r
2	d	d	r	d
3	d	d	r	r
4	d	r	d	d
5	d	r	d	r
6	d	r	r	d
7	d	r	r	r
8	r	d	d	d

④数据场。数据场由数据帧中被发送的数据组成，它可包括 0~8 个字节，每个字节 8 位。首先发送的是最高有效位。

⑤CRC 校验场。CRC 校验场包括 CRC 序列，后随 CRC 界定符。CRC 校验场如图 8-5 所示。

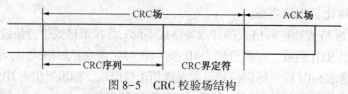

图 8-5 CRC 校验场结构

CRC 序列由循环冗余码求得的帧检查序列组成，为实现 CRC 计算，被除的多项式系统由包括帧起始、仲裁场、控制场、数据场(若存在的话)在内的无填充的位流给出，其 15 个最低位的系数为 0，此多项式被发生器产生的下列多项式除，采用模 2 除法。

$$X^{15} + X^{14} + X^{10} + X^8 + X^7 + X^4 + X^3 + 1$$

发送/接收数据场的最后一位后，CRC-RG 包含有 CRC 序列，CRC 序列后面是 CRC 界定符，它只包括一个隐性位。

⑥应答场 ACR。应答场为 2 位，包括应答间隙和应答界定符，如图 8-6 所示。

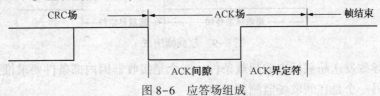

图 8-6 应答场组成

在应答场中，发送器发出 2 个隐性位。一个正确地接收到有效报文的接收器，在应答间隙，将此信息通过发送一个显位，以此来告知发送器。应答界定符是应答场的第二位，并且必须是隐位，因此应答间隙被 2 个隐位（CRC 界定符和应答界定符）包围。

⑦帧结束。每个数据帧和远程帧均以 7 个连续隐位作为结束的标志。

（2）远程帧

激活为数据接收器的站可以借助于传送一个远程帧初始化各自源节点数据的发送。远程帧由 6 个不同位场组成：帧起始、仲裁场、控制场、CRC 场、应答场和帧结束。

同数据帧相反，远程帧的 RTR 位是隐位。远程帧不存在数据场。DLC 的数据值可以是 0~8 中的任何数值，这一数据为对应数据帧的 DLC。远程帧的组成如图 8-7 所示。

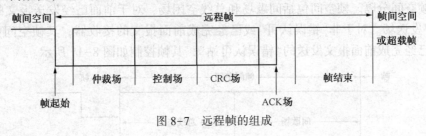

图 8-7 远程帧的组成

（3）出错帧

出错帧由两个不同场组成，第一个场由来自各帧的错误标志叠加得到，随后的第二个场是出错界定符。出错帧的组成如图 8-8 所示。

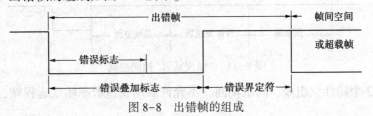

图 8-8 出错帧的组成

为了正确地终止出错帧，一种"错误认可"节点可以使总线处于空闲状态至少三个位时间，从而总线不允许被加载至 100%。错误标志具有两种形式：活动出错标志（Active Error Flag），由 6 个连续的显位组成；认可出错标志（Passive Error Flag），由 6 个连续的隐位组成，除非被来自其他节点的显性位冲掉重写。出错界定符包括 8 个隐位。出错标志发送后，每个节点都送出隐位，并监视总线，直到监测到隐位，然后开始发送剩余的 7 个隐位。

（4）超载帧

超载帧由两个位场组成：超载标志和超载界定符，如图 8-9 所示。

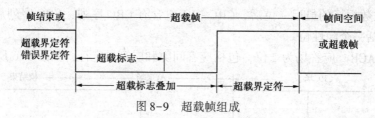

图 8-9 超载帧组成

存在两种导致发送超载标志的超载条件：一个是接收器因内部条件要求推迟下一个数据帧或远程帧；另一个是在间歇场监测到显位。

超载标志由 6 个显位组成，它的形式对应于活动出错标志形式。超载标志的形式破坏了间歇场的固定格式，因而所有其他节点都将监测到一个超载条件，并且各自开始发送超载标志。在间歇场第三位监测到显性位的情况下，节点将不能正确理解超载标志，而将 6 个显位的第一位理解为帧起始。显然，第 6 个显位违背了引起出错条件的位填充规则。

超载界定符由 8 个隐位组成。超载界定符与错误界定符具有相同的形式。节点在发送超载标志后，就开始监视总线，直到监测到下一个显位到隐位的跳变。

（5）帧空间

数据帧和远程帧同前面的帧相同，不管何种帧（数据帧、远程帧、出错帧或超载帧），都以称为帧空间的位场分开；相反，在超载帧和出错帧前面没有帧空间，而且多个超载帧前面也不被帧空间分隔。帧空间包括间歇场和总线空闲场，对于前面已经发送报文的"错误认可"站暂停发送场。对于非"错误认可"或已经完成前面报文的接收器，其帧空间如图 8-10 所示；对已经完成前面报文发送的"错误认可站"，其帧控制如图 8-11 所示。

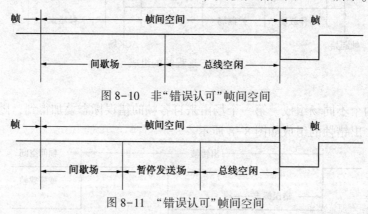

图 8-10 非"错误认可"帧间空间

图 8-11 "错误认可"帧间空间

间歇场由 3 个隐性位组成。间歇期间，不允许启动发送数据帧或远程帧，它仅起标志超载条件的作用。

总线空闲时间可分为任意长度。此时，总线是开放的，因此，任何需要发送的节点均可访问总线。在其他报文发送期间，暂时被挂起的代发送报文在间歇场后第一位开始发送，此时总线上的显位被理解为帧起始位。

暂停发送场是指出错认可节点发送完一个报文后，在开始下一次报文发送或认可总线空闲之前，紧随间歇场后送出 8 个隐位。如果此时另一个节点开始发送（由其他站引起）报文，则本节点将变为报文接收器。

8.2.2.3 错误类型和界定

（1）错误类型

CAN 总线有五种错误类型。

① 位错误。向总线发出一位的某个单元同时也在监视总线，当监视到总线位数值与送出的数值不同时，则在该位时刻检测到一个位错误。例外情况，在仲裁场的填充位流期间或应答间隙送出隐位而检测到显位时，不视为位错误。在送出"认可错误标志"的发送器，在检测到显位时，也不视为位错误。

② 填充错误。在使用位填充方法进行编码的报文中，出现了第 6 个连续相同的位电平时，将检测一个位填充错误。

③ CRC 错误。CRC 序列是由发送器 CRC 计算的结果组成。接收器以同样的方法计算 CRC 结果，如果与接收到的 CRC 序列不同，则检测一个 CRC 错误。

④ 形式错误。当固定形式的位场中出现一个或多个非法位时，则检测一个形式错误。

⑤ 应答错误。应答间隙，发送器未检测到显位时，则由它检出一个应答错误。

检测到出错条件的节点通过发送错误标志进行标定。当任何节点检出位错误、填充错误、形式错误或应答错误时，由该节点在下一个位开始发送错误标志。

当检测到 CRC 错误时，错误标志应在应答界定符后面那一位开始发送，除非其他出错条件的错误标志已经开始发送。

在 CAN 总线中，任何单元可能处于下列三种故障状态之一：活动出错、认可出错和总线关闭。

活动出错是可以参加通信的状态。活动出错的单元检测到错误时，输出活动错误标志。

认可出错是易引起错误的状态。处于活动出错状态的单元虽能参加通信，但不妨碍其他单元，接收时不能积极地发送错误通知；处于认可出错的单元即使检测出错误，如其他处于活动出错状态的单元没有发现错误，整个总线也被认为是没有错误；另外，处于认可出错的单元不能马上开始发送，在间隔帧期间必须插入"延时传送"（8 位隐性位）。

总线关闭是不能参加总线通信的状态。信息的发送和接收均被禁止。

这些状态依靠发送错误计数和接收错误计数来管理，错误状态和计数值的关系如表 8-3 所示。

表 8-3 错误状态和计数值关系表

单元出错状态	发送错误计数值（TEC）		接收错误计数值（REC）
活动出错状态	0~127	且	0~127
认可出错状态	128~255	或	128~255
总线关闭	256~		

（2）错误计数

发送错误计数值和接收错误计数值根据一定的条件发生变化，错误计数值的变动如表 8-4 所示。一次数据的发送和接收可同时满足多个条件，错误计数器在错误标志的第一个位出现的时间点上开始计数。

表 8-4　错误计数值变动表

序号	接收和发送错误计数值的变动条件	发送错误计数值（TEC）	接收错误计数值（REC）
1	接收单元检测出错误时 例外：接收单元在发送错误标志或过载标志中检测出"位错误"时，接收错误计数值不增加	—	+1
2	接收单元在发送完错误标志后检测到的第一个位为显性电平时	—	+8
3	发送单元在输出错误标志时	+8	—
4	发送单元在发送活动错误标志或过载标志时，检测出位错误	+8	—
5	接收单元在发送主动错误标志或过载标志时，检测出位错误	—	+8
6	各单元从活动错误标志、过载标志的最开始检测出连续 14 个位的显性位时。之后，每检测出连续的 8 个位的显性位时	发送时+8	接收时+8
7	检测出在认可错误标志后追加的连续 8 个位的显性位时	发送时+8	接收时+8
8	发送单元正常发送数据结束时（返回 ACK 且到帧结束也未检测出错误时）	−1 TEC=0 时±0	—
9	接收单元正常接收数据结束时（到 CRC 未检测出错误且正常返回 ACK 时）	—	1≤REC≤127 时−1 REC=0 时±0 REC>127 时 设 REC=127
10	处于总线关闭状态的单元，检测到 128 次连续 11 个位的隐性位	TEC=0	REC=0

8.2.2.4　位定时和同步

CAN 总线的位定时包括如下一些重要概念。

① 正常位速率。在非重同步情况下，借助理想发送器每秒发送的位数。

② 正常位时间。即正常位速率的倒数。

正常位时间可分为几个不重叠的时间段。这些时间段包括同步段（SYNC-SEG）、传播段（PROP-SEG）、相位缓冲段 1（PHASE-SEG1）和相位缓冲段 2（PHASE-SEG2）。图 8-12 表示了位时间的各段。

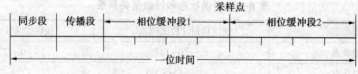

图 8-12　位时间的各组成部分

③ 同步段。它用于总线上各个节点的同步，为此，段内需要有一个跳变沿。

④ 传播段。指总线上用于传输的延时时间。它是信号在总线上的传输时间、输入比较器延时和输出驱动器延时之和的两倍。

⑤ 相位缓冲段 1 和相位缓冲段 2。它们用于补偿跳变沿的相位误差造成的影响，通过重同步，这两个时间段可被延长或缩短。

⑥ 采样点。被读取总线电平并理解该数值位的时刻，它位于相位缓冲段 1 的终点。

⑦ 时间单元。由振荡器工作周期派生出的一个固定时间单元，存在一个可编程的预置比例因子，其整数值范围为 1~32，而位时间的总数必须被编程至少为 8~25。

⑧ 硬同步。硬同步后，内部位时间应以 SYNC-SEG 重新开始，它迫使触发该硬同步的跳变沿处于新的位时间的同步段(SYNC-SEG)内。

⑨ 再同步。在接收过程中检测总线上的电平变化时进行的同步调整。每当检测出边沿时，根据 SJW 值通过加长 PBS1 段，或缩小 PBS2 段，以调整同步。但如果发生超出 SJW 值的误差时，最大调整不能超过 SJW 值。

⑩ 同步规则。硬同步和再同步是同步的两种形式。它们必须遵从下列规则：

A. 1 个位中只进行一次同步调整；

B. 只有当上次采样点的总线值和边沿后的总线值不同时，该边沿才能用于调整同步；

C. 在总线空闲且在隐性电平到显性电平的边沿时，则一定要进行硬件同步；

D. 在总线非空闲时检测到隐性电平的边沿如果满足前面条件的第一和第二条，将进行再同步，但还要满足后面两个条件；

E. 发送单元观测到自身输出的显性电平有延时不进行再同步；

F. 发送单元在帧起始仲裁段有多个单元同时发送的情况下，对延时边沿不再进行再同步。

8.2.3 CAN 通信控制器

CAN 的通信协议由 CAN 通信控制器完成。CAN 通信控制器由实现 CAN 协议部分和与微处理器接口电路部分组成。对于不同型号的 CAN 总线通信控制器，实现 CAN 协议部分的电路结构和功能大部分都相同，而与微处理器接口部分的结构及方式即存在一些差异。下面是实现 CAN 通信控制的几种 ASIC 芯片。

① CAN 通信控制器 82C200：实现 CAN2.0A 的标准格式通信帧的通信控制；

② CAN 通信控制器 SJA1000：实现 CAN2.0B 的两种格式通信帧的通信控制；

③ 带 CAN 通信控制器与 8 位微控制器的 P8XC592；

④ 带 CAN 通信控制器与 16 位微控制器的 87C196CA/CB；

⑤ 带 32 位 ARM7 处理器内核、可编程逻辑、存储子系统、CAN 接口、以太网接口、I/O接口等的片上系统；

⑥ 带 CAN 通信控制器的 CAN 总线 I/O 器件 82C150；

⑦ CAN 总线收发接口器件 82C250。

一般由 CAN 通信控制器芯片完成 CAN 总线协议中物理层和数据链路层的所有功能，应用层功能由微控制器完成，芯片工作的温度范围为：汽车及某些军用领域，-40~+125℃；一般工业领域，-40~+80℃。

8.3 基金会现场总线 FF

8.3.1 FF 总线概述

基金会现场总线简称 FF 总线，它的前身是可操作系统协议 ISP 和世界工厂仪表协议

WorldFIP 标准。FF 属于 IEC61158 国际现场总线标准子集,其开发初衷是希望形成统一的现场总线标准。

按照基金会总线组织的定义,FF 总线是一种全数字的、串行、双向传输的通信系统,是一种能连接现场各种传感器、控制器、执行机构的信号传输系统。FF 总线是专门针对工业过程自动化而开发的,在满足苛刻的应用环境、本质安全、总线供电等方面都有完善的措施。FF 总线采用了标准的功能块和 DDL 设备描述技术,以确保不同厂家的产品有良好的互换性和互操作性。为此,有人称 FF 总线是专门为过程控制设计的现场总线。

在 FF 协议标准中,FF 分为低速 H1 总线和高速 H2 总线。低速总线 H1 主要用于过程自动化,其传输速率为 31.25kbps,传输距离达 1900m,可采用中继器延长传输距离,最多可采用 4 个中继器,支持总线供电及本质安全防爆环境。H1 协议标准已于 1996 年发布,目前已进入实用阶段。高速总线协议 H2 主要用于制造自动化,传输速率分为 1Mbps 和 2.5Mbps 两种,通信距离分别为 750m 和 500m。现在 H2 高速总线标准已被现场总线基金会放弃,取而代之的是基于 Ethernet 的高速总线技术规范 HSE,高速总线 HSE 的通信速率为 10 ~ 100Mbps。

8.3.2 FF 总线的通信参考模型

基金会现场总线的核心部分之一是实现现场总线信号的数字通信。为了实现通信系统的开放性,其通信模型参考了 ISO/OSI 参考模型,并在此基础上根据自动化系统的特点进行改进而得到,其 H1 通信模型如图 8-13 所示。

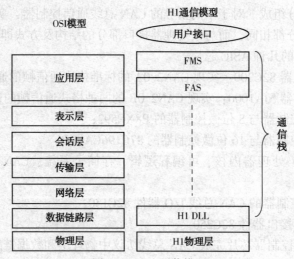

图 8-13 H1 通信模型

由图 8-13 可知,H1 总线的通信模型是以 ISO/OSI 开放系统模型为基础,采用了物理层、数据链路层、应用层,并在其上增加了用户层,各厂家的产品在用户层的基础上开发出来。其中,H1 总线的物理层采用了 IEC 61158-2 的协议规范;数据链路层 DLL 规范如何在设备间共享网络和通信调度;应用层则规定了在设备间交换数据、命令、事件信息以及请求应答中的信息格式。按照现场总线的实际要求,H1 总线把应用层分为两个子层即总线访问子层 FAS(Fieldbus Access Sublayer)和总线报文规范子层 FMS(Fieldbus Message Specification);功能块应用进程只使用 FMS,并不直接访问 FAS,FAS 负责把 FMS 映射到数据链路层(DLL)。用户层则用于组成用户所需要的应用程序,例如规定标准的功能块、设备描述、实现网络管理及系统管理等。不过,在相应软硬件开发的过程中,往往把数据链路层和应用层看成一个整体,统称为通信栈。这时,现场总线的通信参考模型可简单视为三层。

8.3.3 H1总线协议数据的构成

H1总线协议数据经过模型中的每一层都会加上或去除附加的控制信息。H1总线报文信息的形成过程如图8-14所示。

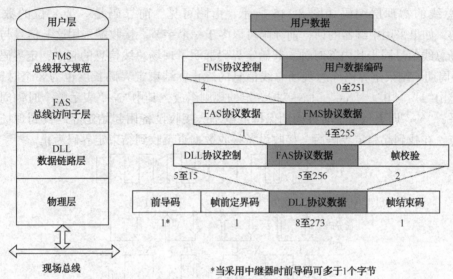

*当采用中继器时前导码可多于1个字节

图8-14 H1协议数据的产生过程

由图8-14可见,各层上传输的数据以8位字节为单位。如用户要将数据通过现场总线发往其他设备,首先要在用户层形成用户数据,并把它们送往总线报文规范层处理,每帧最多可发送251个字节的用户数据;用户数据在FAS、FMS、DLL各层分别加上各层的协议控制信息,在数据链路层加上帧校验信息后,送往物理层将数据打包,在帧前帧后分别加上定界码,并在起始定界码前加上适用于时钟同步的前导码。信息帧形成后,还需通过物理层转换为符合规范的物理信号,在网络系统的管理控制下,发送到现场总线段上。

8.3.4 FF总线协议

8.3.4.1 物理层

物理层用于实现现场设备与总线之间的连接,为现场设备与通信传输介质的连接提供机械和电气接口,为现场设备对总线的发送或接收提供合乎规范的物理信号。物理层接收来自数据链路层的信息,把它转为相应的物理信号,并传送到现场总线的传输介质上,起到发送驱动器的作用;反之,把来自现场总线传输介质的物理信号转换为信息送往数据链路层,起到接收器的作用。

H1总线的物理层根据国际电工委员会IEC和国际测量与控制学会ISA批准的标准定义,符合ISA S50.02 ISA物理层标准、IEC1158-2物理层标准及FF-816 31.25kbps物理层规范。

当物理层从通信栈接收报文时，需按 FF 总线的技术规范，对数据帧加上前导码与定界码，并对其实行编码，再经过发送驱动器，把所产生的物理信号传送到总线的传输介质上。相反，当它从总线上接收来自其他设备的物理信号时，需要去除前导码、定界码，并进行解码后，把数据信息送往通信栈。

FF 总线采用曼彻斯特编码技术对数据进行编码，并将编码数据加载到直流电压或电流上形成物理信号，该信号被称为"同步串行信号"，因为该信号包含了同步时钟信息。即现场总线信号由数据与时钟信号混合形成。

FF 总线的物理层编码如图 8-15 所示，由图可见，前导码是一个 8 位的数字信号 10101010，如果采用中继器的话，前导码可以多于一个字节。接收端采用这一信号与正在接收的现场总线信号同步其内部时钟。起始定界码标明了现场总线信息的起点，定界码长度为 8 个时钟周期。结束定界码标志现场总线信息的终止，结束定界码长度也为 8 个时钟周期。二者都是由"1"、"0"、"N+"、"N-"按一定的规则组成，其中"N+"表示整个时钟周期都保持高电平，"N-"即表示整个时钟周期保持低电平。接收设备用起始定界码找到现场总线报文的起点，在找到起始定界码后，接收设备接收数据直至收到结束定界码为止。

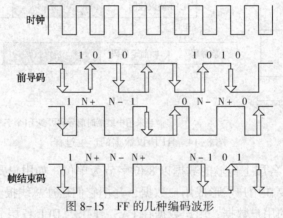

图 8-15　FF 的几种编码波形

图 8-16(a)表示了 H1 总线现场设备的配置，主干电缆的两端分别连接一个终端器，每个终端器由 100Ω 的电阻和一个电容串联组成，形成了 31.25kHz 信号的通带电路，其等效电阻为 50Ω。现场总线网络所配置的电源电压范围为 9~32VDC，对本质安全应用场合的电源电压应由安全栅额定值给定。现场总线信号速度为 31.25kHz、电流范围为 15~20mA 的信号，传送给相当于 50Ω 的等效负载，产生了一个调制在 9~32V 直流电压上的 0.75~1V 的电压信号，如图 8-17(b)所示。

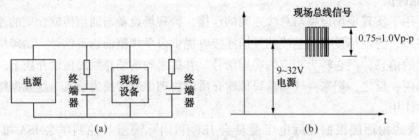

图 8-16　H1 的线路电压波形与网络配置

基金会现场总线支持多种传输介质，双绞线是 H1 总线广泛使用的一种电缆。H1 总线支持总线供电和非总线供电两种方式。如果在危险区域，系统应具备本质安全性能，而且应在安全区域的设备和危险区域的本安设备加上本质安全栅。

8.3.4.2 通信栈

FF总线通信栈包括数据链路层DLL、现场总线访问子层FAS及现场总线报文规范FMS三个部分。

（1）数据链路层DLL

数据链路层为系统管理内核和总线访问子层FAS访问总线媒体提供服务。总的来说，DLL最主要的功能就是对总线访问的调度。

DLL通过链路活动调度器LAS来管理总线的访问，每个总线段上只有一个LAS处于活动状态。LAS拥有总线上所有设备的清单，由它来掌管总线段上各设备对总线的访问。总线段上的其他通信设备只有得到LAS的许可，才能向总线传输数据。按照设备的通信能力，FF定义了如下三种设备类型。

① 链路主设备：链路主设备可以成为LAS。

② 基本设备：基本设备不可成为LAS，只能接受令牌并做出响应，即只具备最基本的通信功能。

③ 网桥：用于总线段进行扩展的连接设备。由于网桥需要对它下游总线段的数据链路时间和应用时钟进行再分配，因而它属于链路主设备。

图8-17显示三种设备在FF总线网络的连接方式，如图所示在一个总线段上可以连接多种通信设备，也可以挂接多个链路主设备，但在同一个时刻只能有一个链路主设备成为链路活动调度器LAS，没有成为LAS的链路主设备起到后备LAS的作用。如果当前的LAS失效，其他链路主设备中的一台将成为LAS。

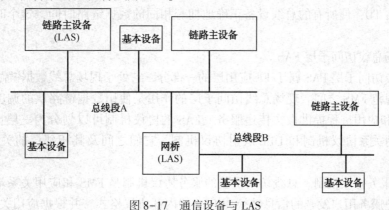

图8-17 通信设备与LAS

H1总线的通信分为受调度/周期性通信（Scheduled/Cyclic）和非调度/非周期性通信（Unscheduled/Acyclic）两类，如图8-18所示。

对于受调度通信来说，LAS中有一张预定的调度时刻表，这张时刻表对所有需要周期性传输的数据起缓冲器的作用，LAS按预定时刻表周期性一次发起通信活动。当设备发送缓冲区数据的传送时刻到来时，LAS向该设备发送一个强制性数据CD。一旦收到CD，该设备将缓冲区的数据发布到总线上，该数据被所有组态为"接收方（Subscriber）"的设备所接收。现场总线系统中的这种受调度通信一般用于设备间周期性地传送测量数据和控制信号，这也是LAS执行的最高优先级的活动，其他操作只在受调度传输之间进行。

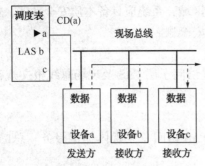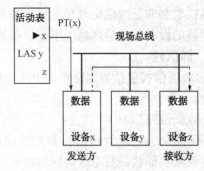

(a) 受调度/周期性通信(Scheduled/Cyclic)　　　　(b) 非调度/非周期性通信(Unscheduled/Acyclic)

图 8-18　调度通信和非调度通信

在现场总线上的所有设备都有机会在两次周期性通信之间发送"非调度"报文。非调度通信在预定调度时间表之外的时间进行，LAS 按活动表发布一个传输令牌 PT 给一个设备，得到这个令牌的设备就允许发送信息，直到它发送完毕或到"最大令牌持有时间"为止。LAS 活动表记录了所有响应传输令牌 PT 的设备清单。非调度通信通常用来传输组态信息、给定值、诊断/维护信息、报警事件等内容。

除了 CD 的调度和令牌 PT 的传递外，LAS 还负责活动表的维护和数据链路的时间同步。LAS 周期性地在总线上发布节点探测报文 PN，若探测到新的通信设备，LAS 就把该设备加到活动表中，因此各种新的通信设备可以随时加到现场总线上。相反，如果原来总线上的设备没有使用令牌或连续三次试验仍未将令牌立即返回给 LAS，则 LAS 就把该设备从活动表中撤走。无论在活动表中加入或撤除一个信息设备，LAS 都会向总线上的所有设备广播该活动表的更改，这使得每台设备可保存一个当前活动表的副本。LAS 还周期性地在总线上广播一个时间报文 TD，使所有的总线设备正确地拥有相同的数据链路时间，这个时间可以用于系统同步。

（2）现场总线访问子层 FAS

现场总线访问子层 FAS 属于 FF 应用层的一部分，它处于现场总线数据链路层 DLL 和现场总线报文规范 FMS 之间。现场总线访问子层的作用是使用数据链路层的调度和非调度特点，为 FMS 和应用进程提供报文传递服务。FAS 的协议机制可以划分为三层：FAS 服务协议机制、应用关系协议机制和 DLL 映射协议机制。它们之间及其相邻层的关系如图 8-19 所示。

① FAS 服务协议机制。总线访问子层的服务协议机制是 FMS 和应用关系端点之间的接口。它负责把服务用户发来的信息转换为 FAS 的内部协议格式，并根据应用关系端点参数，为该服务选择合适的应用关系协议机制。反之，根据应用关系端点的特征参数，把 FAS 的内部协议格式转换成用户可接受的格式，并传送给上层。

② 应用关系协议机制。应用关系协议机制是 FAS 层的中心，它包括三种虚拟通信关系 VCR(Virtual Communication Relationships)，虚拟通信关系 VCR 即是指现场设备应用进程之间的逻辑连接。FAS 采用虚拟通信关系 VCR 来描述的三种服务类型包括：客户/服务器型、报告分发型和发布/预订接收型，它们的区别主要在于 FAS 如何应用数据链路层进行报文传输。

A. 客户/服务器虚拟通信关系。客户/服务器 VCR 类型是实现现场总线设备间排队的、

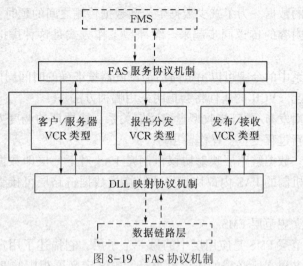

图 8-19　FAS 协议机制

非调度的、用户触发的、一对一的通信。这里的排队意味着信息的发送与接收是按所安排的顺序进行，先前的信息不会被覆盖。

当一个设备得到传递令牌 PT 时，这个设备就可以对现场总线上的另一个设备发送一个通信请求，这个请求者被称为客户，而接受这个请求的称为服务器。当服务器收到这个请求，并得到来自链路活动调度器 LAS 的传递令牌 PT 时，就可以对客户端的请求做出响应。采用这种通信关系在一对客服和服务者之间进行的请求/响应式数据信息交换，是一种按优先权排队的非周期性通信。由于这种非周期通信是在周期性通信的间隙中进行的，设备与设备之间采用令牌传递机制共享周期性通信以外的间隙时间，因而存在发生传送中断的可能性。当这种情况发生时，采用再次传送机制来恢复中断的传送。

客服/服务器型虚拟通信关系常用于设置参数或实现某些操作，如改变给定值，调整调节器参数，报警确认，设备参数的上载与下载等。

B. 报告分发型虚拟通信关系。报告分发型虚拟通信关系是一种排队式、非周期通信，也是一种由用户发起的一对多的通信方式。当一个带有趋势报告或事件报告的设备收到来自链路活动调度器 LAS 的传递令牌时，就通过这种报告分发型 VCR 把它的报文发给它的 VCR 所规定的一组地址，即有一组设备将接收该报文。它区别于客服/服务器型虚拟通信关系的最大特点是它采用一对多通信，一个报告者对应由多个设备组成的一组接收者，而且不需要接收者作用响应。

这种报告分发型虚拟关系用于广播、多点传送事件或趋势报告。数据持有者按事先规定的 VCR 目标地址向总线设备多点投送其数据。它可以按地址一次分发所有的报告，也可以按每种报文的传送类型进行排队，再按分发次序传送给接收者。由于这种非周期性通信是在周期性通信的间隙进行的，因而要尽量避免非周期性通信中可能存在的、由于传送受阻而产生的断裂。按每种报文的传送类型排队分别发送，则可以在一定程度上缓解这一矛盾。报告分发型虚拟通信关系最典型的应用场合是将报警状态、趋势数据等通知操作台。

C. 发布/预订接收型虚拟通信关系。发布/预订接收型虚拟通信关系主要用来实现一对多通信。当数据发布者收到令牌 PT 时，将对总线上的所有设备广播它的消息。希望接收这一消息的设备就称为预订接收者。缓冲型意味着只有最近发布的数据保留在缓冲区内，新的数据会完全覆盖以前的数据。为了减少数据生成和数据传输之间的延时，要把数据广播者的缓冲区刷新和缓冲区内容的传送同步起来。缓冲型工作方式是这种虚拟通信关系最重要的特点。

这种虚拟通信关系中的令牌可以由链路活动调度器按准确的时间周期性发出，也可以由用户按非周期方式发起。VCR 的属性将会指明采用哪种方法。

现场设备通常采用发布/预订接收型虚拟通信关系，按周期的调度方式，为用户应用功能块刷新数据，如刷新过程变量、操作输出等。

③DLL 映射机制。数据链路层映射协议机制是 FAS 对下一层即数据链路层的接口。它将来自应用关系协议机制的 FAS 内部协议格式转换成数据链路层可接受的服务格式，并送给 DLL，反之亦然。

（3）现场总线报文规范层 FMS

现场总线报文规范层 FMS 是应用层中的另一个子层，它描述了用户应用所需要的通信服务、信息格式和建立报文所必需的协议行为等，FMS 定义了相应的 FMS 通信服务，用户可采用标准的报文格式集在现场总线上相互发送报文。

FMS 把对象描述收集在一起，形成对象字典 OD。应用进程中的网络可视对象和相应的 OD 在 FMS 中称为虚拟现场设备 VFD。在通信伙伴看来，虚拟现场设备 VFD 是一个自动化系统的数据和行为的抽象模型，它用于远距离查看对象字典中定义过的本地设备的数据。

8.3.4.3 用户层

用户层是在 ISO/OSI 参考模型七层结构上添加的一层，用于完成控制应用功能。它定义了标准的基于模块的用户应用，从而使得设备与系统的集成或互操作更容易实现。用户层由功能块和设备描述语言两个重要的部分组成。

（1）功能块与功能块应用进程

FF 提供一种通用结构，把分散在控制系统或现场的各种功能（模拟输入、模拟输出、PID 运算、离散输入、离散输出、偏置等）封装为相应的功能块 FB，使其公共特征标准化，并规定了它们各自的输入、输出、算法条件、参数与块控制图，把它们组成为可在某个现场设备中执行的功能块应用进程 FBAP。功能块 FB 的内部结构如图 8-20 所示。

从图 8-20 中可以看到，不管在一个功能块内部执行的是哪一种算法，实现的是哪一种功能，它们与功能块外部的结构联系是通用的。位于图中左右两边的一组输入输出参数，是功能块与其他功能块之间要交换的数据和信息，其中输出参数是由输入参数、本功能块内含参数、算法共同作用而产生的。图中上部的执行控制用于某个外部事件的驱动下，触发本功能块的运行，并向外部传送本功能块执行的状态。

在现场设备中，如一台温度变送器可以包含一个模拟量输入功能块，一台控制阀可以包含一个 PID 控制功能块和一个模拟量输出功能块，这样由温度变松器和控制阀就可以构成一个完整的控制回路。

功能块的通用结构是实现开放系统架构的基础，也是实现各种网络功能与自动化功能的基础。简单一致的功能块配置，可使功能块分散在不同的制造商产品中，经集成、无缝的方式执行。定义一致的信息可通过通信自由传输，避免了麻烦的映射和接口。功能块应用进程是用户层的重要组成部分，用于完成 FF 总线中的自动化系统功能，它们使得不同制造商产品的混合组态和调用更加容易方便。基金会定义了 10 个基本功能块，19 个先进功能块，4

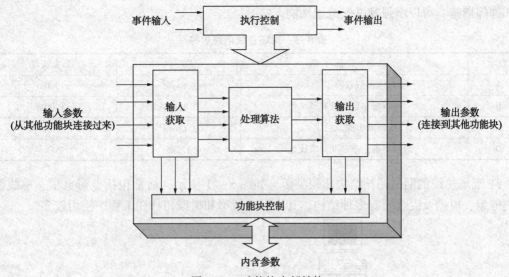

图 8-20 功能块内部结构

个多输入/多输出功能块及 1 个柔性功能块。

（2）设备描述 DD

设备描述 DD(Device Description) 是 FF 总线为实现设备间的互操作性、支持标准的功能块操作而采用的一项重要内容。它为虚拟现场设备 VFD 的每个对象提供了扩展描述，包括参数标签、工程单位、要显示的十进制数、量程、参数关系与诊断菜单等。DD 类似于 PC 机中用来与操作外设联系的驱动程序，由设备描述语言 DDL 实现，采用设备描述编译器，把用 DDL 编写的 DD 源程序转换为机器可读的输出文件。这样只有设备的 DD，任何与现场总线兼容的控制系统或主机就可以识别和操作该设备。

FF 为所有标准功能块提供 DD，供应商通常根据标准的 DD 做一些扩充，在扩充的 DD 中附加描述供应商特定的特性，如标定、诊断程序等。

8.3.5 H1 网段的传输介质与拓扑结构

H1 网段支持多种传输介质，如双绞线、同轴电缆、光缆、无线介质等。目前应用较为广泛的是前两种。H1 标准采用的电缆类型可分为无屏蔽双绞线、屏蔽双绞线、屏蔽多对双绞线、多心屏蔽电缆。

显然，接收信号的幅值、波形与传输介质的种类、导线屏蔽、传输距离、连接拓扑等密切相关。在许多应用场合，传输介质既要传输数字信号，又要传输设备工作电源。要使挂接在总线上的所有设备都满足工作电源、信号幅值、波形等方面的要求，就必须对作为传输介质的导线横截面、允许的最大传输距离等作出规定。线缆种类、导线横截面的大小对传输信号的影响各异。

H1 现场总线中可以使用多种型号的电缆，表 8-5 列出了可供选用的 A、B、C、D 四种电缆，其中 A 型为新安装系统推荐使用的电缆。

不管是否为总线供电，在现场总线电缆与地之间，都应具备低频电气绝缘性能。在低于 63Hz 的低频场合，在总线主干电缆屏蔽层与现场设备地之间进行测试时，其绝缘阻抗应该大于 250kΩ。通过在设备与地之间增加绝缘，或在主干电缆与设备间采用变压器、光耦合隔离部件等措施，可以增强其电气绝缘性能。

表 8-5　现场总线电缆规格

型号	特　征	规　格	最大长度
A	屏蔽双绞	0.8mm^2	1900m
B	屏蔽多股双绞线	0.32mm^2	1200m
C	无屏蔽多股双绞线	0.13mm^2	400m
D	外层屏蔽、多芯非双绞线	0.125mm^2	200m

　　FF 现场总线的网络拓扑结构比较灵活，如图 8-21 所示，通常包括点对点型、总线型、菊花链型、树型及混合型等多种结构。其中，总线型和树型拓扑在工程中使用较多。

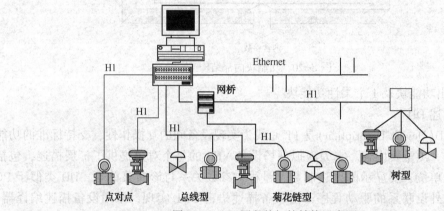

图 8-21　H1 网段的拓扑结构示意图

　　在总线型中，现场总线设备通过一段称为支线的电缆连接到总线段上，支线长度一般小于 120m。它适用于现场设备分布比较分散、设备密集度低的应用场合，分支上现场设备的拆装对其他设备不会产生影响。在树型结构中，现场总线上的设备都是独立连接到公共的接线盒、端子、仪表板或 I/O 卡上。它适用于现场总线设备局部比较集中的应用场合。树型结构还必须考虑支线的最大长度。表 8-6 列出了 H1 总线段的主要参数。

表 8-6　H1 网段的主要参数

项　　目	低速总线 H1		
传输速率	31.25kbps		
信号类型	电压		
拓扑结构	总线型、树型、菊花链等		
最大传输距离	1900m（屏蔽双绞线）		
分支距离	低速总线 H1		
供电方式	非总线	总线	总线
本质安全	不支持	不支持	支持
设备数/段	2~32	1~12	2~6

8.3.5.1　H1 总线的连接

　　H1 网段的基本构成如图 8-22 所示，图中基本网段包括：作为网段节点的现场设备（应有主设备)、总线供电电源、电源耦合(调理)器、连接在网段两端的终端器、电缆或双绞线、连接端子。现场设备与 H1 总线连接时需注意以下几个方面的问题。

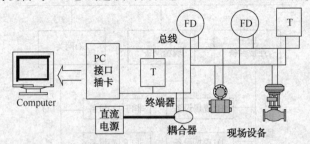

图 8-22　H1 网段的基本组成

①在 H1 主干总线的两端要安装一个终端器,每个中断器由 100Ω 的电阻和一个电容串联组成,形成对 31.25kHz 信号通带。

②每一个 H1 总线段上最多允许安装 32 个 H1 现场设备(非总线供电),其中只能有一个链路活动调度器 LAS。

③总线长度等于主干总线长度加上所有分支总线的长度,它不能超过 H1 总线所允许的最大长度。总线的最大长度与通信介质有关,如果实际的 H1 总线超过了规定的最大长度范围,用户可以采用中继器进行扩展,一个总线段最多可以安装 4 个中继器。例如,H1 总线采用带屏蔽的双绞线作为通信介质,不加中继器的最大允许范围是 1900m,如果连接 4 个中继器,则总线长度可以扩展到 9500m。

④通信速度不同或传输介质不同的网段之间需要采用网桥连接。在 FF 网络中的网桥需要对它下游总线段提供数据的转发、数据链路时间再分配和应用时钟再分配等功能,为此,该网桥必须是下游网段的 LAS。

⑤在本质安全防爆的危险场所,应配有本质安全防爆栅,安全栅将向危险区送入的能量限制在一定的范围。

⑥为了保证现场总线的正常运行,电源的阻抗必须与网络匹配。无论是内置或外置的现场总线电源,这个网络都是电阻或电感网络。

8.3.5.2　HSE 的网络拓扑结构

HSE 的网络拓扑结构如图 8-23 所示,图中包含 4 种典型的 HSE 设备。

① 主设备(Host Device):一般指安装有网卡和组态软件,具有通信功能的计算机类设备。

② HSE 现场设备(HSE Field Device):本身支持 TCP/IP 通信协议,它们由现场设备访问代理提供 TCP 和 UDP 的访问。

③ HSE 连接设备:实现 H1 与 HSE 的协议转换,把 H1 连接到 HSE 上,提供 UDP/TCP 的协议方式来访问 H1 现场设备。HSE 连接设备是利用现场设备访问代理(FDA Agent)和虚拟现场设备 VFD,通过 H1 的通信栈对具体的 H1 现场设备进行的存取操作。HSE 连接设备上的每一个 H1 通信栈都包括整个的 H1 总线协议:FMS、FAS、DLL、PHY、NMA 和 MK。

④I/O 网关(I/O Gateway):用于把非 FF 的 I/O 装置连接到 HSE 上,提供 UDP/TCP 的协议方式来对它们进行访问,并能够把外部的 I/O 映像到功能模块中去,这就允许 Profibus、DeviceNet 等其他标准网络系统与 HSE 网络连接在一起。

从 HSE 设备连接示意图上可以看出,基于以太网的高速总线可以把各种 HSE 设备连接

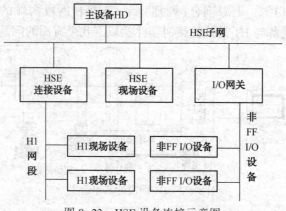

图 8-23 HSE 设备连接示意图

在一起，组成任意复杂的网络。但用于过程自动化的 HSE 总线系统在实际应用中不宜过于复杂，一般比较清晰的 1~2 层次为宜。HSE 网络系统可以充分利用基于 COTS（commercial off-the-shelf，指低成本商业化的普通计算机硬件这一范畴）的计算机网络设备，如 HUB、路由器、网桥、防火墙等。

8.4 PROFIBUS 总线

8.4.1 PROFIBUS 概述

PROFIBUS 是在 1987 年由 SIEMENS 等 13 家企业和 5 家研究机构联合研发的开放式现场总线标准，共包括 PROFIBUS-FMS、PROFIBUS-DP 和 PROFIBUS-PA 三个兼容系列。1989 年被批准称为德国标准 DIN19245（PROFIBUS-FMS/-DP），经应用完善后 1996 年 3 月被欧洲电工委员会批准列为欧洲标准 EN50170（PROFIBUS-FMS/-DP），1988 年 PROFIBUS-PA 被批准纳入 EN50170（PROFIBUS-FMS/-DP/-PA），1999 年 PROFIBUS 称为国际标准 IEC 61158 的组成部分。目前在 20 多个国家和地区建立了地区性组织，中国的 PROFIBUS 组织 CPO 于 1997 年 7 月成立。

PROFIBUS 现场总线是世界上应用最广泛的现场总线技术之一，DP 和 PA 的完美结合使得 PROFIBUS 现场总线在结构和性能上优越于其他现场总线。PROFIBUS 的应用领域包括加工制造、过程和工业自动化等领域。

8.4.2 PROFIBUS 总线技术的主要构成

PROFIBUS 是一种不依赖厂家的开放式现场总线标准，采用 PROFIBUS 的标准系统后，不同厂商所生产的设备不需要对其接口进行特别调整就可通信。PROFIBUS 为多主主从结构，可以很方便地构成分布式控制系统。

8.4.2.1 系列

为适应不同的应用场合，PROFIBUS 分为三个系列。

（1）PROFIBUS-DP

它用于传感器和执行器级的高速数据传输，以 DIN19245 的第一部分为基础，根据其所需达到的目标对通信功能加以扩充，DP 的传输速率可达 12Mbit/s，一般构成单主系统，主站、从站之间采用循环数据传送方式工作。它的设计旨在用于设备一级的高速数据传送。在这一级，中央控制器(如 PC/PLC)通过高速串行线同分散的现场设备(如驱动器、I/O、执行器等)进行通信。

（2）PROFIBUS-PA

为了适应安全性要求高的场合，制定了 PROFIBUS-PA 协议，这由 DIN19245 的第四部分描述。PA 具有本质安全特性，实现了 IEC1158-2 所规定的通信规程。PROFIBUS-PA 是 PROFIBUS 的过程自动化解决方案，PA 将自动化系统、过程控制系统与现场设备连接起来，如温度、压力、流量变送器等现场设备。这就可以取代 4~20mA 模拟信号传输技术，在现场设备的规划设计、电缆铺设、调试、投运和维护成本等方面可节约 40%之多，并大大提供了系统功能性和安全可靠性，因此 PA 尤其适用于化工、石油、冶金等行业的过程自动化控制系统。

（3）PROFIBUS-FMS

它是为了解决车间一级通信而设计的，FMS 提供大量的通信服务，用以完成以中等传输速度进行的循环和非循环通信任务。由于它是完成控制器和智能现场设备间的通信以及控制间的信息交换，因此它考虑的主要是系统的功能而不是系统的响应时间，应用过程通常要求的是随机的信息交换(如改变给定值、修改控制器参数等)，强有力的 FMS 服务向人们提供了广泛的应用范围和更大的灵活性，可用于大范围和复杂的通信系统。

8.4.2.2　协议结构

PROFIBUS 协议结构是根据 ISO7498 国际标准，以 7 层开放式系统互联网络作为参考模型的，各系列的协议结构如表 8-7 所示。

表 8-7　PROFIBUS 协议结构

用户接口		FMS 行规	DP 行规	PA 行规
			DP 扩展功能	DP 扩展功能
			DP 基本功能	
OSI （ISO7498）	应用层	FMS	没有定义	没有定义
	表示层	没有定义		
	会话层			
	传输层			
	网络层			
	数据链路层	现场总线数据链路（FDL）		IEC 接口
	物理层	RS485，光纤		IEC1158-2

PROFIBUS-FMS 定义了物理层、数据链路层、应用层和用户接口，3~6 层未加描述。FMS 协议中的物理层提供了 RS485 和光纤两种传输技术，数据链路层完成总线的存取控制并保证数据的可靠性，应用层定义了低层接口 LLI 和现场总线信息规范 FMS。LLI 的作用是协调不同的通信关系并提供了不依赖设备的第 2 层访问接口，FMS 提供了广泛的功能来保证它的普遍应用。在不同的应用领域中，具体需要的功能必须与应用要求相适应，这些适应性定义称为行规。行规提供了设备的互操作性，保证不同厂商生产的设备具有相同的通信功

能。FMS 在用户接口中规定了相应的用户和系统以及不同设备可调用的应用功能,定义了现场设备的行规。

PROFIBUS-DP 定义了物理层、数据链路层及用户接口,3~7 层未加以描述,这种结构是为了确保数据的传输快速地进行。DP 中的物理层和数据链路层是与 FMS 中的定义完全相同,两者采用了相同的传输技术和统一的总线控制协议,直接数据链路映像 DDLM 为用户接口的数据链路层之间的信息交换提供了方便。用户接口规定了用户和系统以及不同设备可调用的应用功能,并详细说明了各种不同 DP 行规。

PROFIBUS-PA 主要用于过程控制领域,可以把传感变送器、阀门、执行机构用同一根总线连接起来。PROFIBUS-PA 数据传输采用了扩展的 PROFIBUS-DP 协议,只是在上层增加描述现场设备行为的 PA 行规。简单来说,PROFIBUS-PA 就相当于 PROFIBUS-DP 通信协议加上最合适现场仪表的传输协议 IEC1158-2 标准,PA 可以通过总线给现场设备供电,并可确保数据传输的本质安全。当使用分段耦合时,PA 装置能很方便地连接到 PROFIBUS-DP 网络。

8.4.3 PROFIBUS 的技术

(1) 总线存取协议

三种系列的 PROFIBUS 均使用单一的总线存取协议,数据链路层采用混合介质存取方式,即主站间按令牌方式,主站和从站间按主从方式。当主站得到令牌时,就可以在一定的时间内执行本站的工作,这种方式保证了任一时刻智能有一个站发送数据,并且任何一个主站在一个特定时间周期内都可以得到总线的使用权,这就避免了冲突。这样的好处在于传输速率较快,而其他的一些现场总线则采用的是冲突碰撞检测法。在这种情况下,某些信息组需要等待,然后才能发送,从而使得系统的传输速率降低。

(2) 灵活的配置

PROFIBUS 可根据不同的应用对象,灵活选取不同规格的总线系统,如简单的设备一级的高速数据传送,可以选用 PROFIBUS-DP 单主系统;再复杂一些的设备级的高速数据传送,可以选用 PROFIBUS-DP 多主系统;比较复杂的系统可将 PROFIBUS-DP 与 PROFIBUS-FMS 混合选用,两套系统可方便地在同一根电缆上操作,而不需附加其他转换装置。

(3) 本质安全

本质安全性一直是工业控制网络在过程控制领域应用时首要考虑的问题,否则,即使网络功能设计得再完善,也无法在化工、石油等工业现场使用。目前,过程自动化中现场总线技术的成熟解决方案是 PROFIBUS-PA,它的供电电源和通信信号都是走同一对电缆,即总线的操作电源来自单一的供电装置,它不需要绝缘和隔离装置,设备在操作过程中进行的维修、接通或断开,即使是在潜在的爆炸区也不会影响到其他站点。使用分段式耦合器,PROFIBUS-PA 可以很方便地集成到 PROFIBUS-DP 网络上。

8.4.4 PROFIBUS 行规

PROFIBUS 的三个部分分别具有自己的行规。行规对用户数据的含义做了具体的说明,利用行规可使不同厂商生产的设备可以互换使用。

（1）PROFIBUS-DP 行规

PROFIBUS-DP 有 NC/RC 行规、编码器行规、变速传动行规及操作员控制和过程监视行规。NC/RC 行规描述如何通过 PROFIBUS-DP 对操作机器人和装配机器人进行控制。从高级自动化设施的角度描述机器人的运动和程序控制，因为该行规主要是针对机器人的，又称为机器人行规。编码器行规描述带单转或多转分辨率的旋转编码器、角度编码器和现行编码器与 PROFIBUS-DP 的连接。这些设备分两种等级定义了基本功能及附加功能，如标定、终端处理和扩展的诊断。变速传动行规规定了传动设备如何参数化及如何传送给定值和实际值。该行规包括对速度控制和定位的必要参数规格及基本的传动功能。操作员控制和过程监视行规规定了操作员控制和过程监视设备如何通过 PROFIBUS-DP 连接到更高级的自动化设备上。此行规使用扩展的 PROFIBUS-DP 功能进行通信。

（2）PROFIBUS-PA 行规

PROFIBUS-PA 行规是 PROFIBUS-PA 的组成部分。PA 行规的任务是为现场设备类型选择实际需要的通信功能，并为这些设备功能和设备行为提供所需的规格说明。PA 行规包括用于所有设备类型的一般要求和用于各种设备类型组态信息的数据单。目前，已对所有通用的测量传感器和某些设备的数据单做了规定，如温度、液位、压力和流量的测量传感器，数字量输入、输出，模拟量输入、输出等。每个设备都提供 PA 行规中所规定的参数。

（3）PROFIBUS-FMS 行规

PROFIBUS-FMS 提供了广泛的功能，该行规包括控制器通信行规、楼宇自动化行规以及低压开关设备行规。控制器间通信行规，定义了用于 PLC 控制器之间通信的 FMS 服务，根据控制器的等级，对每个 PLC 必须支持的服务、参数和数据类型做了规定。楼宇自动化行规，用于给楼宇自动化领域应用提供了特定的分类和服务。该行规描述了使用 FMS 的楼宇自动化系统如何进行监控、开环/闭环控制、操作员控制、报警处理和档案管理。低压开关设备行规，规定了通过 FMS 通信过程中的低压开关设备的应用行为。

8.4.5 PROFIBUS 总线网络拓扑结构

由 PROFIBUS 总线构成的控制网络包括现场层和车间监控层，其网络拓扑结构如图 8-24 所示。

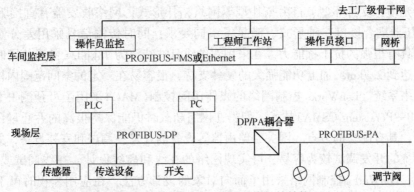

图 8-24 PROFIBUS 总线网络拓扑结构

现场层的从站有传感器、传动设备、执行机构、开关、变松器及阀门等，主设备有可编程控制器 PLC 及 PC 等。它们由 PROFIBUS-DP 和 PROFIBUS-PA 连接起来，完成生产线上现场设备的控制任务，并进行通信管理，实现主、从设备之间以及现场层与监控层的信息传输功能。PROFIBUS-PA 通过 DP/PA 分段耦合器与 DP 相连。

车间监控层有操作员监控站、工程师工作站、操作员接口等设备，它们由 PROFIBUS-FMS 连接起来，完成对生产设备的监控、故障报警、统计、调度等功能，该层通过通信处理器与现场层相连，也可通过集线器与上一级管理层连接，构成规模更大的工业控制网络。

8.5 LonWorks 控制网络

1990 年美国 Echelon 公司研制的现场总线网络——LonWorks，LonWorks 技术的核心元件是由 3 个 8 位 CPU 的神经元芯片(Neuron Chip)构成，具有通信与控制，固化 LonTalk 协议，以及 34 种常见的 I/O 控制对象等。它采用了 ISO/OSI 模型中完整的七层通信协议以及面向对象的设计方法。

LonWork 技术发展经历了以下几个主要阶段：

① 1990 年，发明 LonWork 技术、LonTalk 协议；

② 1993 年，LonMark 互操作协会成立；

③ 1997 年，LNS 网络操作系统体系结构；

④ 1999 年，协议成为 ANSI/EIA-709.1 标准；

⑤ 2001/2002 年，LonWorks/IP 路由技术 PLT-22 电力线以及双绞线成为 ANSI/EIA-790.2/3 标准；

⑥ 2002 年，第 3 代工具——NodeBuilder3 问世；

⑦ 2006 年 LonWorks 技术成为中国国家标准化指导性技术文件 GB/Z 20177—2006。

目前，LonWorks 控制网络是最为流行并且通信能力较强的一种现场总线。它是由美国 Echelon 公司推出并与 Motorola、Toshiba 公司共同倡导而形成的，该技术包括 Echelon 公司设计的神经元芯片(内嵌装有 LmTalk 协议的固件)及相应的收发器、路由器、网络管理工具及开发系统等，由这一套产品设计的各控制器件完全可进行互联，组网及维护。

LonWorks 的核心神经元芯片实现了 LonTalk，可提供 34 种常见的 I/O 控制对象，工作温度范围可达-40~85℃；LonWorks 控制网络的信号传输媒体可为电力线、双绞线、红外线、无线、光缆，支持环型、自由拓扑型等网络拓扑形式；网络收发器有直接驱动、EIA-485 型、变压器耦合接口三种形式，满足了不同要求；同时传输信号采用差分曼彻斯特编码，使网络具有很强的抗干扰能力。在采用双绞线且波特率为 78kbit/s 的通信网时，其直接通信距离可达到 2.7km。加上功能强大的硬件支持，很容易在一定的空间范围内构成功能复杂的智能网络系统。LonWorks 控制网络的媒体访问控制(MAC)采用了可预测 P 保持 CSMA(Predictive P-Persistent CSMA)技术，使得在网络超载时仍能保持很高的吞吐量；网络结构采用对等式，具有配套的节点、网关、路由器等设备的开发、调试和安装设备，集成化的开发环境使系统的开发调试较为容易，可实现网络的在线和离线设计、在线调试或通过 IP 网的远程调试。LonWorks 控制网络采用了面向对象的设计方法，在应用编程时可不用考虑通信部分的繁琐编程，使网络通信的设计简化为参数设置，加上 Echelon 推出的 LNS/LCA 技术，能使用户在其基础上很容易开发出自己的网络管理工具和网络接口，这样极大地减少了网络设计的工作量，而且它有集成化的开发环境，易于开发、安装和调试，开放式的系统设计易于实现网络的扩展和升级。同时 LonTalk 协议解决了网络过载的冲突及响应问题，采用的报文鉴别服务增加了通信的可靠程度。

LonWorks 是一个开放的标准。它使得 OEM 厂商可以生产出更好的产品；系统集成商可以借此来创建多于厂商产品的系统，最终为规范制定人员和业主提供更高的可选择性。LonWorks 网络系统的规模，可以从只有几个节点构成的微小单元到集成成千上万个节点涵盖全球的庞大网络体系。在全世界，目前有 4500 多家厂商生产开发基于 LonWorks 技术的产品，在中国从事 LonWorks 技术研发、集成的单位也有上百家。Echelon 公司提供一整套的产品，来帮助客户开发基于 LonWorks 的产品和集成基于 LonWorks 的系统。它们包括开发工具、收发器和智能收发器、网卡、模块、路由器、互联网服务器、LNS 软件和企业级的平台软件 Panaromixo。目前，各系统集成商为在技术上支持 Lonworks 总线标准，也成立了独立于各制造商、非赢利、国际性的行业协会 LonMark（总部在美国加州）。

LonWorks 全分布式智能控制网络技术被普遍用于家电自动化、工业楼宇自动化等各领域。在目前现场总线技术尚未形成统一标准的情况下，LonWorks 技术十分出色，已被欧美许多厂商使用，它是一套开放式架构，各 LonWorks 产品可直接互联，易于扩展。

LonWorks 网络控制技术在控制系统中引入了网络的概念，在该技术的基础上，可以方便地实现分布式的网络控制系统，并使得系统更灵活高效、更便于维护与扩展。它具体有以下显著特点：

① 系统的开放性。开放系统是指通信协议公开，使各不同厂家的设备之间可进行互联并实时信息交换，网络协议完整，任何制造商的产品都可以实现互操作。该技术提供的 MIP（微处理接口程序）软件允许开发各种低成本网关，方便了不同系统的互联，也使得系统具有高的可靠性。现场总线开发者就是要致力于建立统一的工厂底层网络的开放系统。这里的开放是指对相关标准的一致、公开性，强调对标准的共识与遵从。一个开放系统，它可以与任何遵守相同标准的其他设备成系统相连。一个具有总线功能的现场总线网络系统必须是开放的，开放系统把系统集成的权利交给了用户，用户可按自己的需要和对象把不同供应商的产品组成大小随意的系统。

② 可互操作性与可互换性。这里的可互操作性，是指实现互联设备间、系统间的信息传送与沟通，而可互换性则说明了不同生产厂家的性能类似的设备可进行互换而实现互用。

③ 对现场环境的适应性。工作在现场设备的前端，作为工厂网络底层的现场总线，是专为在现场环境工作方面设计的，可支持同轴电缆、双绞线、光纤、红外线、电力线等，具有较强的抗干扰能力，能采用两线制实现送电与通信，并可满足本质安全防爆要求等。

④ 分布式处理。网络上的每个设备都不依赖于其他设备，都是独立地发送、接受和处理网络信息。这意味着 LonWorks 控制网络上的每个设备都可以进行决策和信息处理，而不依赖于 PLC、计算机或者其他形式的中央处理器，消除了中央处理器，意味着减少 LonWorks 控制网络的总成本。由于个别设备的故障并不会影响网络中其他部分的工作，也使得 LonWorks 控制网络更加可靠。但如果是 PLC 或中央处理器出现故障就会造成控制网络的其他部分不能正常工作。

除上述特点外，LonWorks 控制网络本身就是一个局域网，和 LAN 网有很好的互补性，且又可方便地实现互联，易于实现更加强大的功能。LonWorks 以其独特的技术优势，将网络技术、计算机技术与控制技术融为一体，实现了组网和测控的统一，而在此基础上开发出的 LonWorks/IP 功能将进一步使得 LonWork 网络与以太网更为方便地互联。

LonWorks 网络系统由智能节点组成，每个智能节点可具有多种形式的 I/O 功能，节点之间可通过不同的传输方式进行通信，并遵守 ISO/OSI 的 7 层模型。LonWorks 技术是诸多现场总线中唯一涵盖 Sensor Bus、Device Bus 和 Field Bus 三种应用层次的总线技术；是目前各种现场总线中技术最完整、应用领域最广的一种技术。LonWorks 作为一个完整的控制网络平台，其包括网络的设计、开发、安装和调试、监控等一整套工具，以及智能收发器、神经元芯片、网络接口、中继器、IP 网络连接设备、网络操作系统等一整套齐全的端到端的解决方案，其核心技术是神经元通信控制微处理器芯片和 LonTalk 通信协议。LonWorks 网络是局部操作网络，它是底层设备网络，跨越传感器级、现场设备级和控制级，其网络规模类似于局域网，但可以比局域网大；它提供 LonPoint 产品和 OEM 厂商与其他开发商的 LonWorks 节点的互操作性认证服务等，这就构成了完整的 LonWorks 技术，可以满足智能网络开发和应用的各种要求。

LonWorks 网络采用分布式结构，为无主结构，实现网络上节点互相通信，即点对点方式或对等通信。从控制的角度看，为自治服务系统，这很适用于智能大厦、家庭自动化、交通运输系统、公共事业和众多的工业系统。

LonWorks 控制网络结构包括五大部分：网络协议(LonTalk)，网络传输媒体、网络设备、执行机构和管理软件。其中，网络设备包括智能测控单元、路由器和网关等；执行机构包括传感器、变送器等；管理软件包括 LonTalk 开放式通信协议，并为设备之间交换控制状态信息建立一个通用的标准。在 LonTalk 协议的协调下，以往那些孤立的设备融为一体，形成一个网络控制系统。LonTalk 是面向对象的网络协议，支持 OSI 七层协议，设备节点之的数据传递通过网络变量的互联实现。神经元芯片(Neuron Chip)是除 LonTalk 协议之外的又一 LonWorks 技术核心产品。它不仅是 LonWorks 总线的通信处理器，同时也可以作为采集和控制的通用处理器，LonWorks 技术中所有关于网络的操作实际上都是通过它来完成的。

8.6　PLC 网络系统

8.6.1　PLC 网络拓扑结构

网络拓扑结构指网络站点物理连接之间的抽象图形。拓扑结构与传输媒体及媒体访问控制方法的确定紧密相关，涉及网络的费用、可靠性、灵活性、响应时间和吞吐量等问题。PLC 网络拓扑主要有：

（1）两点连接

两点连接也就是简单的站点间链接。当距离近时，如几十米、几百米，可用通信接口、介质直接相连距离远的可用光纤，也可用电缆但要加中继器。也可通过公网，如电话网，用调制解调器连接，后者的连接距离不受地理限制，凡是电话能到达的地方都可连接。此外，还可利用无线调制解调器，通过电波或光波进行连接。在这种点到点的拓扑结构中，可以没有信道竞争，几乎不存在介质访问权控制问题。

（2）多点连接

多点连接的拓扑结构有星形结构、总线结构、环形结构、树形结构、网状结构及混合结构。

8.6.2 PLC 网络特点

PLC 网络大体有如下一些特点:

(1) 类型多、差别大

PLC 网络与普通计算机网络相比,因为它的站点类型多,所以其网络的类型也很多。除了计算机站点比较单一外,其余的如 PLC 站点、现场设备站点的类别、品牌、型号则是多种多样。因此给它的网络赋予了不同的功能与结构。PLC 网络类型很多还由于它的网络是 PLC 厂家专用的,即使是开放的网络,由于标准多,又各有所长,类型也就很多。网络类型多虽然给网络配置提供了更多的选择机会,但差别大给网络的使用、维护增加了难度,而且给网络互连、互通也带来很多不便。

同一公司的 PLC 的不同网络之间,一个或多个 PLC 安装时可连接不同网络的相应模块,并用它做网桥,通过这些网桥实现网络站点间的互连、互通,交换数据、相互操作。只是有的要设定路由表,有的则要有专用软件。

(2) 要求高、造价贵

PLC 网络与普通的计算机网络相比,PLC 网络要求较高。首先,PLC 网络多用于实时控制,特别是它的控制网络及设备网络更是如此。造成对其通信的延时不能太长,通信的确定性也要有保证,否则将影响系统控制的实时性与精确性。其次,PLC 网络多在现场使用,工作环境恶劣,受各种各样的现场不确定因素干扰影响,易出故障。为此,要求网络能适应恶劣环境,抗干扰能力要强。再者,如果 PLC 网络出现故障,为了减少损失,要求系统修复速度非常快。这就要求 PLC 网络要便于诊断,便于维修。最后,为了安全及数据保密,更不允许在 PLC 网络上传播"病毒"或"黑客"入侵,以确保系统的数据及控制进程的绝对安全。

由于 PLC 网络要求高,各个 PLC 厂家都投入大量精力对其进行研究,因而所开发的网络产品价格自然比普通计算机网络产品要高得多;价格高一定程度上限制了 PLC 网络的推广与普及。处于企业的现场高层的 PLC 信息网,也可考虑选用普通计算机网络的组件,这既可降低造价,又便于维修。事实上,很多 PLC 厂家已经这样做了。

(3) 发展快、前景光明

与普通的计算机网络相比,PLC 网络的发展速度更快。因为它既受计算机网络技术进步的影响,还受 PLC 自身产品升级换代的推进。随着计算机与 PLC 工作速度的提升,PLC 网络速度也不断加快。例如,后推出的设备网 CompoNet 与先推出的设备网 DeviceNet,尽管前者的"档次"要低些,但其网速还比后者高了不少。不论信息网、控制网或设备网,后推出的网络速度几乎都比原有的要高,这也是 PLC 网络发展的一个重要趋势。

虽然 PLC 网络类型多、差别大,难以互连、互通,但随着网络标准化的推进及各大公司间的协调,已出现网络趋同的趋势。不仅网络标准的类型在域少,目前基本上已集中于推广几个用户占有率较高的若干网络,而且不少大公司不但生产自身主推的标准网络产品,也生产其他公司主推的网络产品,使自身的 PLC 也可接入其他标准的 PLC 网络。如三菱公司,它的主推网络产品是 CC- Link,但它也生产 Profibus、AS-i 等其他网络产品,这为自身 PLC 与这些网络互连、互通创造了条件。一些公司虽没有自身的网络体系与标准,但可使用若干个市场占有率高的开放网络标准，开发自身网络，使自身的 PLC 也可接入这些网络。如国产和比利时生产的 PLC，它开发 Profibus 等模块，其 PLC 就可接入 Profibus 等网络，这样的结果就使自身的 PLC 不会成为当今信息化时代的"孤岛"。

最后要指出的是，由于工业以太网通信速度的不断提高，通信的可靠性大为增强，以太网通信的实时性已不再令人担心。所以，近年来几乎各个级(层)的设备大多都配备以太网接口；第 1 章介绍的 3 级(层)网络，都使用以太网是完全可能的。这样，PLC 网络配置既可降低成本，又可提高兼容性，变得简单与方便了，这将是未来 PLC，甚至其他工业网络发展的一个趋势与新的亮点。

8.6.3 PLC 网络行业标准

PLC 网络是分层结构，它的分层是把 ISO/RM 相邻几层的功能进行合并，目的是使网络简单化，并具有适应性、可扩展性，用户可以根据投资及生产的发展情况，从单台 PLC 到网络，从底层向高层逐步扩展。

它的对应层有相关的协议，该协议参考计算机网络的标准制定。但如果不能满足要求，就可能是全部或部分由自己定义。这个协议要处理的问题主要有：

① 站点数量约定，如同一个网段的最多站点数，网络的最多站点数等；

② 通信环境约定，如电磁环境、通信距离等；

③ 站点数据交换约定，是点对点，还是点对多点等；

④ 网络拓扑约定，是星型、总线型，还是环型等；

⑤ 传输媒介冲突仲裁方式约定，是 CSMA/CD，还是令牌等；

⑥ 数据传输速率约定；

⑦ 传输数据量约定；

⑧ CPU 处理能力约定；

⑨ 数据传输实时性约定。

这里要指出的是，PLC 网络协议多是专用的，出自商业利益，相当多是不公开的，使用这样的协议，要用到厂家提供的工具软件。

8.6.3.1 PLC 行业标准

PLC 行业标准为 IEC61131。目前，不仅 PLC，而且 DCS、HMI 以及现场总线等制造商都在逐步提供基于此标准的产品。

IEC61131 标准将信息技术领域的一些先进的思想和技术(如软件工程、结构化编程、模块化编程、面向对象的思想，以及网络通信技术等)引入工业控制领域，克服或弥补了传统的 DCS、PLC 等控制系统的弱点(如开放性差、兼容性差、应用软件可维护性差以及可再用性差等)。对于符合这一标准的控制器，即使它们由不同制造商生产，其编程语言也是相同的，其使用方法也是类似的。因此工程师们可以做到"一次学习、到处使用"，从而减少了企业在技术咨询、人员培训、系统调试和软件维护等方面的成本。

在 IEC61131 的各个部分陆续公布之后，我国的工业过程测量和控制标准化委员会按与 IEC 国际标准等效的原则，组织了该标准的翻译出版工作。于 1995 年 12 月 29 日以 GB/T 15969.1~4 颁布了 PLC 的国家标准。该标准只涉及 IEC61131 的第一至四部分，没有纳入 1995 年以后出版的第五部分通信、第七部分模糊控制编程软件工具、第八部分 IEC61131-3

语言的实现导则。进入 21 世纪，国产 PLC，如比利时 LK、LM 机，其编程语言也采用了 IEC61131-3 标准。许多公司新推出的 DCS 也公开宣称符合或兼容 IEC61131-3 标准。

8.6.3.2 PLC 行业标准中通信部分

（1）IEC61131-5 的通信服务

包括两个方面：服务器设备和客户设备。

IEC61131-5 以国际标准化组织(ISO)的网络的 7 层协议模型为基础，在第 7 层应用层之上建立了 IEC61131-5 的通信模型。从理论上来说，IEC61131-5 允许各 PLC 之间通过任何类型的网络进行通信。通信功能块和相关的数据类型用 IEC61131-3 中的概念和语言来定义。IEC61131-5 的通信模型如图 8-25 所示。

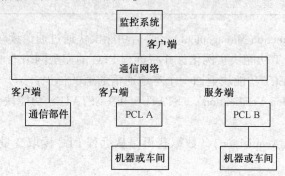

图 8-25　IEC61131-5 的通信模型

一方面，一个 PLC 可以相当于一个服务器，为客户提供信息和对客户的请求做出反应；另一方面，也可以相当于一个客户，向服务器请求信息和要求服务。其他的设备诸如监控系统(Supervisory System)和其他非 IEC61131-3 相容设备也可以作服务器或客户。

通信协议(如以太网)允许非限定数量的 PLC 服务器和客户共存在同一个网络中，在许多情况下，一台 PLC 既可以作为一些 PLC 的服务器，又可以作为其他 PLC 的客户。

（2）IEC61131-5 规定支持的应用功能

每一台 PLC 可提供通信设备，以支持特殊应用功能如：数据获得、设备检验、控制程序执行和 I/O 控制、应用程序传送、用户应用程序的同步、连接管理及警告报告。

（3）IEC61131-5 规定的 PLC 主要子系统(如表 8-8 所示)。

表 8-8　PLC 主要子系统

序　号	子　系　统	序　号	子　系　统
1	PLC 系统	5	内存子系统
2	I/O 子系统	6	通信接口
3	处理器	7	特殊功能子系统
4	电源单元子系统		

对每一个子系统，其状态信息用 IEC61131-3 中的数据类型的数据结构来描述。各个 PLC 子系统有相似的状态信息项，每一个子系统有一个称为"health(健康状况)"的初始化项，它有 3 个状态：good，warning，bad。每一个子系统的状态信息还包括特定的产品状态信息，诸如操作状态、诊断错误等。每一个子系统能够通过预定义的存取路径和直接地址，

存取状态信息。IEC61131-5定义了一套复杂的保留直接地址用于存取PLC内的每一个子系统的状态。如%S0是主PLC状态的直接地址,%S3是第三子系统状态的直接地址等。

（4）IEC61131-5标准允许PLC之间交换信息和控制信号

表8-9列出了标准提供的通信设备和通信功能块。

表8-9 PLC通信设备和通信功能块

通 信 设 备	通信功能模块	通 信 设 备	通信功能模块
连接管理	链接	控制	写、发送、接收
部件确认	在状态、不在状态	报警	提示、报警
数据访问	读、发送、接收	变量管理	远程变量

① 连接管理（Connection Management）。通信功能模块通过通信读写远程PLC。通信的建立是通过调用CONNECT功能块实例化，并将远程PLC的完全网络地址提供给CONNECT功能块来实现的。CONNECT功能块返回一个本地通信通道的标识。

② 设备确认（Device Verification）。STATUS和UNSTATUS功能块读取远程PLC状态的设备。

③ 数据获得（Data Acquisition）。数据获得是从远程PLC读取变量值，读取变量值的方法有两种：

A. 轮询（Polled）：READ功能块能周期性地或在特定触发器条件下读取被选变量的值。

B. 编程（Programmed）：远程PLC能够自主决定在何种条件下提供数据消息，远程PLC内的UPEND功能块能够传送由URCV功能块接收的未经请求的数据。

④ 控制（Control）。用于实现本地控制软件和远程控制软件交互的两种方法：

A. 参量法（Parametric）：此方法允许本地PLC通过写值到关键变量，调整远程PLC的行为，使用WRITE功能块，允许将值写入到远程PLC内的被选的"存取路径（access-path）"变量中。

B. 互锁法（Interlocked）：此方法提供了一种控制事务处理的方法，即本地PLC请求远程PLC执行一个操作，接着返回操作完成的信号；这种事务处理是通过使用本地PLC（客户）内的SEND的功能块和远程PLC内的RCV功能块来完成的。

⑤ 报警报告（Alarm report）。当某一预定的报警条件产生时，PLC能向被选的远程PLC发出信号，远程PLC能够发送一个确认信号，返回给本地PLC，告知报警报告已经收到了，ALARM和NOTIFY功能块能够产生确认和非确认的报警报告。

⑥ 变量范围管理（Variables Cope Management）。变量范围管理标识了各种各样的IEC51131-3语言或其他特定实现的名称范围。

（5）与MMS的关系

IEC61131-5考虑到了通信功能块映射到ISO/IEC9605-5的制造报文规范MMS（Manufacturing Message Specification）中的给定服务的情况，MMS特定于MAP（Manufacturing Automation Protocol）的应用层。MAP最初是由美国的通用公司在1980年推出的一种工业通信系统，MMS标准定义了一系列服务，用于允许工业设备、单元控制器和监控系统通过一个通信网络交换信息。其中每一个服务特定为一个事务处理。一系列事先定义的数据项被传送给一个远程设备，接着就要求一系列事先定义的响应中的一个做出响应，请求信息和响应信息具有足够的柔性来考虑附加的特定数据的实现。

IEC61131-5 定义了 IEC61131-3 与 MMS 之间的映射以及相应的数据类型，同时定义了数据类型的兼容性规则，定义了 IEC61131-3 名称范围到各式各样的 MMS 域以及 MMS 事务处理的映射关系。

IEC61131-5 的通信模型的建立及其通信功能块到 ISO/IEC9605-5 的制造报文规范 MMS 中的给定服务映射的建立，不仅从理论上实现了各 PLC 之间通过任何类型的网络进行通信的能力，而且还大大地扩展了 PLC 系统与其他的自动化控制系统如数控机床(NC)、机器人等进行通信、集成的能力。IEC61131-5 标准很好地适应了自动化系统的未来发展对开放性提出的要求，这使得 IEC61131 可以很好地适应于 21 世纪的发展需求。

8.7　Micro830 控制网络的介绍

8.7.1　Micro830 可编程序控制器硬件特性

Micro830 控制器是一种经济型砖式控制器，它应用广泛，具有嵌入式输入和输出的控制类型，它可容纳 2 ~5 个插件模块。按照其 I/O 点数可以分为四种款型：10 点，16 点，24 点和 48 点，具体如下：

10 点：2080-LC30-10QVB，2080-LC30-10QWB；

16 点：2080-LC30-16AWB，2080-LC30-16QWB，2080-LC30-16QVB；

24 点：2080-LC30-24QWB，2080-LC30-24QVB，2080-LC30-24QBB；

48 点：2080-LC30-48QWB，2080-LC30-18AWB，2080-LC30-48QBB，2080-LC30-48QVB；

本书介绍的是 16 点的 2080-LC30-16QWB(其中有 10 点的输入和 6 点的输出)。

16 点 Micro830 可编程控制器的外形图如图 8-26 所示。

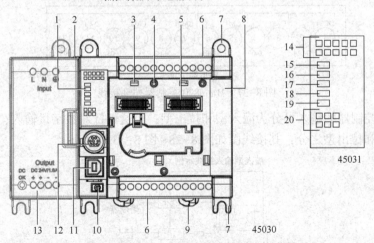

图 8-26　点 Micro830 可编程控制器外形图

Micro830 控制器是一种固定式控制器，具体描述如表 8-10 所示。

表 8-10 点 Micro830 控制器说明

序号	说　　明	序号	说　　明
控制器说明			
1	状态指示灯	8	安装螺丝孔/安装脚
2	可选电源插槽	9	DIN 导轨安装锁销
3	插件锁销	10	模式开关
4	插件螺丝孔	11	B 型连接器 USB 端口
5	40 针高速插件连接器	12	RS232/RS485 非隔离式组合串行端口
6	可拆卸 I/O 端子块	13	可选交流电源
7	右侧盖		
状态指示灯说明			
14	输入状态	18	强制状态
15	电源状态	19	串行通信状态
16	运行状态	20	输出状态
17	故障状态		

8.7.2　Micro830 可编程序控制器的 I/O 配置

Micro830 可编程序控制器有 12 种型号，不同型号控制器的 I/O 配置不同。下面以 16 点的 2080-LC30-16QWB 控制器为例，介绍 Micro830 控制器的输入输出端子。该控制器的外部接线如图 8-27 所示。

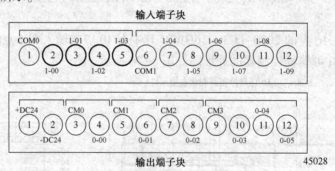

图 8-27　Micro830 控制器外部接线

Micro830 控制器的输入可分为灌入型和拉出型，但这仅针对数字量输入，对模拟量输入则没有灌入型和拉出型之分，其接线图如图 8-28~图 8-31 所示。

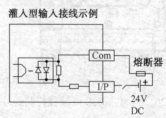

图 8-28　灌入型输入接线图

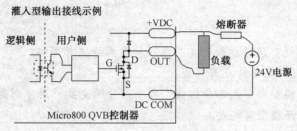

图 8-29　灌入型输出接线图

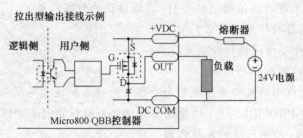

图 8-30　拉出型输出接线图

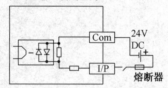

图 8-31　拉出型输入接线图

8.7.3　Micro830 控制器的外部交流电源

在较小系统中，当 24V 直流电源不可用时，可以使用型号为 2080-PS120-240VAC 的电源模块，如图 8-32 所示。

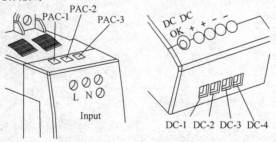

交流输入连接器			直流输出连接器(DC24V/1.6A)	
PAC-1	交流火线	100~240V AC	DC-1	+
PAC-2	交流零线	100~240V AC	DC-2	+
PAC-3	安全接地		DC-3	-
			DC-4	-

图 8-32　外部交流供电模块接线图

习题及思考题

1. 什么叫现场总线？现场总线的本质原理和技术特征有哪些？

2. 简述 CAN 总线的主要特点有哪些？

3. CAN 总线通信模型由哪几部分组成？各个部分的主要作用分别是什么？

4. CAN 总线的错误类型有哪些？

5. 什么是 H1 总线？它主要使用于什么场合？

6. 简述 FF 现场总线的通信模型以及 H1 总线协议的数据构成。

7. 现场总线终端器的作用是什么？

8. H1 和 HSE 的介质访问协议分别是什么？

9. 简述 FF 总线的网络拓扑。

10. PROFIBUS 总线由哪几部分组成？每个部分的特点和适用范围分别是什么？

11. FIBUS-DP 和 PROFIBUS-PA 的物理层有什么不同？它们是如何实现互联的？

12. 简述 LonWorks 控制网络的发展经历。

13. PLC 网络拓扑结构有哪几种？

第9章　紧急停车控制系统

9.1　概述

9.1.1　紧急停车系统(ESD)的定义

ESD 是 Emergency Shutdown System 的简称，中文的意思是紧急停车系统。紧急停车系统(ESD)也称为安全仪表系统(Safety Instrumented System，SIS)、安全联锁系统(Safety Interlocking System，SIS)或仪表保护系统(Instrument Protection System，IPS)等。

紧急停车系统对生产装置或设备可能发生的危险或不采取紧急措施将继续恶化的状态进行及时响应，使其进入一个预定义的安全停车工况，从而使危险和损失降到最低程度，保证生产、设备、环境和人员的安全。简要的说，ESD 是指能实现一个或多个安全功能的系统。

紧急停车系统在石油、石油化工等领域已有较多的产品：例如 Honeywell 公司的 FSC (Fail Safe Control System) 故障安全控制系统、德国 HIMA 公司的 PES (Programmable Electronic System) 可编程电子系统等。

9.1.2　ESD 的分类

从硬件结构划分，ESD 系统可以分为继电器系统、硬接线固态电路系统和可编程电子型系统。这三类系统分别适用于不同的控制环境中。

(1) 继电器系统

系统采用单元化结构，通过继电器来执行逻辑。此种系统的使用历史长，目前仍然在一些场合中使用，如连锁点少于 10 点的场合、未采用计算机控制的装置或单元。

(2) 硬接线固态电路系统

系统多为模块化结构，采用独立的固态器件通过硬接线来构成系统，实现要求的逻辑功能。

(3) 可编程电子型系统

系统以微处理器技术为基础，采用模块化结构，通过微处理器和编程软件来执行逻辑。具有强大、方便灵活的编程能力。系统有内部自测试和自诊断功能，可进行双重化串行通信，可以与工厂通信网络集成为一体构成综合控制系统。是目前应用最广泛的一种安全系统。

9.1.3　ESD 的特点

① 能够检测潜在的危险故障，具有高安全性，覆盖范围宽的自诊断功能。

② 符合国际安全标准规定的仪表安全标准，从系统开发阶段开始，要接受第三方认证机构(TüV 等)的审查，取得认证资格，系统方可投入实际运行。

③ 自诊断覆盖率大，维修时检查的点数非常少。诊断覆盖率是指可在线诊断出的故障系统占全部故障的百分数。

④ 由采取冗余逻辑表决方式的输入单元、逻辑结构单元、输出单元三部分组成系统，逻辑表决的应用程序修改容易，特别是可编程型 ESD，根据工程实际要求，修改软件即可。

⑤ 由局域网、DCSI/F(人机接口)及开放式网络等组成多种系统。

⑥ 设计特别重视从传感器到最终执行机构所组成的回路整体的安全性保证，具有 I/O 断线、短路等的监测功能。

9.2 ESD 的构成

9.2.1 ESD 系统的组成

ESD 系统分为传感器部分、逻辑运算部分和最终执行器单元三部分。其结构简图如图 9-1 所示。

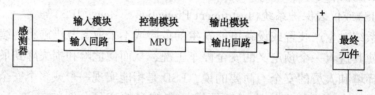

图 9-1 ESD 系统简图

①传感器单元采用多台仪表或系统，将控制功能与安全联锁功能隔离，即采用传感器分开独立配置的原则，做到安全仪表系统与过程控制系统的实体分离。

②最终执行元件(切断阀、电磁阀)是安全仪表系统中危险性最高的设备。其动作的可靠性直接影响着装置的安全，是安全保护系统的一个重要环节。

③逻辑运算单元由输入模块、控制模块、诊断回路、输出模块 4 部分组成。

ESD 故障有两种类型，即显性故障(安全故障)和隐性故障(危险故障)。显性故障(如系统短路等)，由于故障出现使数据产生变化，通过比较可立即检测出，系统自动产生矫正作用，进入安全状态，因此显性故障不影响系统安全性，仅影响系统可用性，故又称为无损害故障(Fail to Nuisance，FTN)。隐性故障(如 I/O 短路等)，开始不影响到数据，仅能通过自动测试程序方可检测出，它不会使正常得电的元件失电，因此又称为危险故障(Fail to Danger，FTD)，系统不能产生动作进入安全状态。隐性故障影响系统的安全性，隐性故障的检测和处理是 ESD 系统的重要内容。

紧急停车系统的逻辑单元结构选择如表 9-1 所示。

表 9-1 紧急停车系统的逻辑单元

逻辑单元结构	IEC61508 SIL	TüV AK	DIN V19520
1oo1	1	AK2，AK3	1，，2
1oo1D	2	AK4	3，4
1oo2	2	AK4	3，4
1oo2 D	3	AK5，6	5，6
2oo3	3	AK5，6	5，6
2oo4	3	AK5，6	5，6

9.2.2 ESD 与 DCS 的区别

ESD 与 DCS 在石油、石化生产过程中分别起着不同的作用，它们在生产装置中的安全层次如图 9-2 所示。

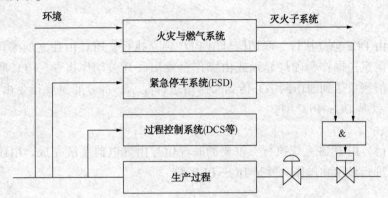

图 9-2 ESD 与 DCS 在生产装置中的安全层次

生产装置从安全角度来讲，可分为 3 个层次：第一层为生产过程层，第二层为过程控制层，第三层为安全仪表系统停车保护层。ESD 与 DCS 的区别如表 9-2 所示。

表 9-2 ESD 与 DCS 的区别

DCS	ESD
DCS 用于过程连续测量、常规控制（连续、顺序、间歇等）、操作控制管理，保证生产装置平稳运行	ESD 用于监视生产装置的运行状况，对出现异常工况迅速进行处理，使故障发生的可能性降到最低，使人和装置处于安全状态
DCS 是动态系统，它始终对过程变量连续进行检测、运算和控制，对生产过程动态控制，确保产品质量和产量	ESD 是静态系统，在正常工况下，它始终监视装置的运行，系统输出不变，对生产过程不产生影响，在异常工况下，它将按着预先设计的策略进行逻辑运算，使生产装置安全停车
DCS 可进行故障自动显示	ESD 必须测试潜在故障
DCS 对维修时间的长短的要求不算苛刻	ESD 维修时间非常关键，弄不好造成装置全线停车
DCS 可进行自动/手动切换	永远不允许离线运行，否则生产装置将失去安全保护屏障
DCS 系统只做一般联锁、泵的开停、顺序等控制，安全级别要求不像 ESD 那么高	ESD 与 DCS 相比，在可靠性、可用性上要求更严格，IEC61508，ISA·S84.01 强烈推荐 ESD 与 DCS 硬件独立设置

9.2.3 ESD 系统的配置方案

（1）a 型

控制系统和联锁系统全部由 DCS 控制站完成。过程控制信息由通信网络传给操作站显示报警，操作员的操作指令由操作站通过通信网络传给控制站执行，这就是控制、联锁一体化型。

（2）b型

控制系统信号由一组控制站完成，报警联锁信号由另一组控制站完成。两站信息由通信网络送到操作站，操作员的指令由操作站经通信网络送达各个控制站执行，就是控制、联锁站站分开型。

（3）c型

控制信号由DCS独立执行。联锁信号由PLC独立执行，PLC由独立的编程器进行软件编写，重要的信息送操作台硬灯显示或由操作台发出硬开关动作指令。PLC联锁报警的非重要信号由通信接口送到通信网络并传到操作站进行显示，部分非重要指令由操作站发出，送PLC执行，就是DCS+PLC型。

（4）d型

控制报警信号由DCS系统执行，重要的联锁信号由继电器系统完成。由硬开关及硬灯组成的操作台进行显示和操作，就是DCS+PLY型。

（5）e型

控制信号由DCS独立完成，联锁报警信号由三重冗余的紧急联锁控制器ESD完成。软件编程器独立设置，重要动作及操作指令由独立操作台显示和发出，非重要信号和指令由通信接口经通信网络送操作站显示和发出，就是DCS+ESD型。

总之ESD原则上应单独设置，独立于DCS和其他系统，并与DCS进行通信；ESD应具有完善的诊断测试功能，采用经TüV安全认证的PLC系统；ESD关联的检测元件、执行机构原则上单独设置，中间环节应保持最少；ESD应采用冗余或容错结构，设计成故障安全型，I/O模件应带电磁隔离或光电隔离，每通道应相互隔离，可带电插拔；来自现场的三取二信号应分别接到三个不同的输入卡，当模拟量输入信号同时用于ESD、DCS时，应先接到ESD的AI卡，采用ESD系统对变送器进行供电。

9.3 风险评估及安全功能 ESD 等级的确定

9.3.1 相关的几个概念

（1）安全度及安全度等级

安全联锁系统在一定条件和一定时间周期内执行指定安全功能的概率称为安全度。安全联锁系统的安全等级称为安全度等级，用PED(Probability of Failure on Demand)即危险概率来定义。

（2）SIL及SIL分级

SIL是Safety Integrity Level的简称，中文的意思是综合安全级别也称为安全度等级。它是美国仪表学会(ISA)在S84.01标准中对过程工业中安全仪表系统所作的分类等级，SIL分为1、2、3三级：

SIL1级：每年故障危险的平均概率为0.10~0.01之间，装置可能很少发生事故。如发生事故，不会立即造成环境污染和人员伤亡，经济损失不大。

用于本级别的安全仪表系统，需取得SIL1级和TüV2-3级认证，对装置和产品起一般的保护。

SIL2 级：每年故障危险的平均概率为 0.01~0.001 之间，装置可能偶尔发生事故。如发生事故，对装置和产品有较大的影响，并有可能造成环境污染和人员伤亡，经济损失较大。

用于本级别的安全仪表系统，需取得 SIL2 级和 TüV4 级认证，对装置和产品提供保护。

SIL3 级：每年故障危险的平均概率为 0.001~0.0001 之间，装置可能经常发生事故。如发生事故，对装置和产品将造成严重的影响，并造成严重的环境污染和人员伤亡，经济损失严重。

用于本级别的安全仪表系统，需取得 SIL3 级和 TüV5~6 级认证，对装置和产品提供保护。

（3）IEC61508 标准

IEC61508 标准是国际电工委员会（IEC）对与安全相关的安全控制系统制定的性能安全标准。与 ISA 的 SIL 相比，除了覆盖 ISA 中的 SIL1~3 等级以外，增加了第四级标准，IEC SIL4 级标准每年故障危险的平均概率为 0.0001~0.00001 之间。

（4）TüV 标准

TüV 是德国技术监督协会的缩写。DIN V，19250 是 TüV 证书中评定产品的标准。TüV 标准是德国莱茵认证机构对工业过程安全控制系统所作的分类等级。TüV 共分为 8 级（AK1~AK8），AK2/3 对应于 SIL1 级，AK4 对应于 SIL2，AK5/6 对应于 SIL3 级，AK7 对应于 SIL4 级，AK8 是目前最高级别的安全标准，故障概率大于十万分之一，目前没有与 E/E/PES 安全相关的系统能满足要求，ISA 和 IEC 尚未制定相应于 AK8 的标准。

9.3.2 DIN V，19250/ IEC61508 标准风险分析图

工艺过程的风险是以恶性事故概率及其造成的后果来衡量的。目标安全水平是以可接受的恶性事故概率及其造成的后果来确定的。目标安全水平与恶性事故概率之间的差值就是安全功能的 SIL 等级，即 ESD 系统中采用 SIL 等级的安全功能来使恶性事故概率低于目标安全水平。DIN V，19250/ IEC61508 标准风险分析图如图 9-3 所示。

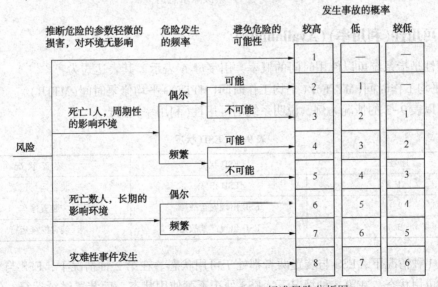

图 9-3　DIN V，19250/ IEC61508 标准风险分析图

9.4 ESD 安全仪表系统常用术语

9.4.1 故障(Failure)

针对控制系统的安全而言,故障分为安全故障和严禁故障。安全故障是指此故障不会引起生产装置灾难性事故,而严禁故障是指故障一旦发生,会引起装置灾难性后果。

下面以紧急停车系统(ESD)为例来说明安全故障和严禁故障的区别,安全故障和严禁故障的示意图如图 9-4 和图 9-5 所示。

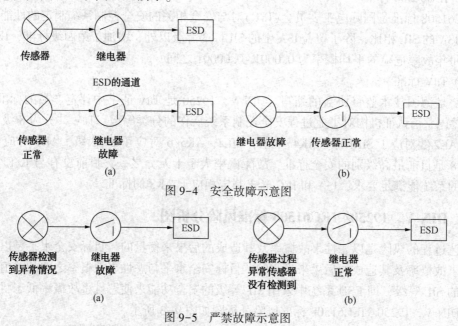

图 9-4 安全故障示意图

图 9-5 严禁故障示意图

9.4.2 可用性(利用率)(Availability)

可用性是指系统可以使用时间的概率,用字母 A 表示。其表达式为:

A = 平均工作时间(MTTF)/(平均工作时间(MTTF)+平均修复时间(MTTR))

下面以表 9-3 的情况为例,说明系统的可用性(利用率)情况。

表 9-3 ESD 状况

序号	ESD 状况	装置状况
1	ESD 正常	装置运行正常
2	ESD 出现安全故障	装置停车
3	ESD 出现严禁故障	装置继续运行

在第 1 种情况下,ESS 与装置两者都处于可用状态。在第 2 种情况下,ESS 与装置两者都处于不可用状态。在第 3 种情况下,ESS 处于不可使用状态,而装置继续运行,但处于危险的可使用状态。分析上表可知:追求高的可用性,其安全风险大,追求高的安全性,则可

用性就要降低。

9.4.3　可靠性(Reliability)

① 可靠性是指系统在规定的时间间隔内发生故障的概率，用字母 R 表示。具体来讲，可靠性指的是安全联锁系统在故障危险模式下，对随机硬件或软件故障的安全度。

② 可靠性计算是根据故障(失效)模式来确定的。

③ 故障模式有显性故障模式(失效-安全型模式)和隐性故障模式(失效-危险型模式)两种。显性故障模式表现为系统误动作，可靠性取决于系统硬件所包含的元器件总数，一般由 MTBF 表示。隐性故障模式表现为系统拒动作，可靠性取决于系统的拒动作率(PFD)，一般表示为：

$$R = 1 - PFD$$

9.4.4　牢固性(Integrity)

可靠性与牢固性在意义上极为相似，很难加以区分。

IEC 和 SP4 对安全性(Safety Integrity)的定义：在规定时间和条件下，PES 完成安全功能的可靠性。

IEC(WG10)：硬件牢固性(Hardware Integrity)：是系统安全性的组成部分，它指在危险方式下硬件的随机故障。

英国的 PES：安全性(Safety Integrity)：安全系统在规定的条件下或者需要它去执行的要求下，按人们的要求完成功能时所表现的特性。

从可靠性、牢固性定义中可以看出，牢固性这个术语用在安全保护系统中，而可靠性的适用范围则相对广泛。

9.4.5　冗余及冗余系统

冗余(Redundant)指为实现同一功能，使用多个相同功能的模块或部件并联。冗余也可定义为指定的独立的 N:1 重元件，且可自动地检测故障，并切换到备用设备上。

冗余系统(Redundant System)指并行使用多个系统部件，并具有故障检测和校正功能的系统称为冗余系统。安全仪表系统的冗余包括两部分：逻辑单元本身的冗余；传感器和执行器的冗余，如图9-6所示。针对不同的场合，冗余的次数及实现冗余的软逻辑不同。

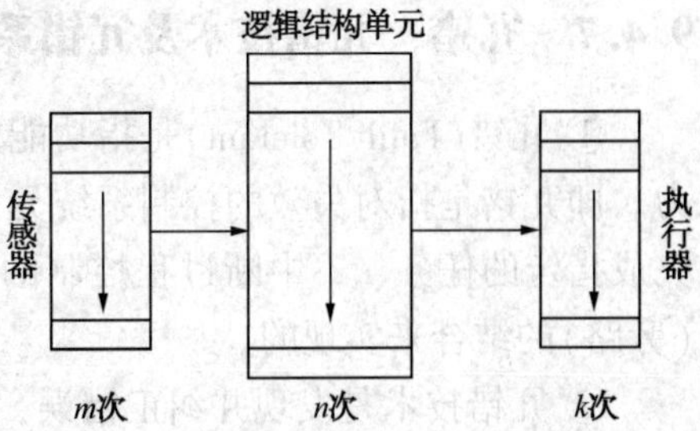

图9-6　安全仪表系统的冗余组成

9.4.6　冗余逻辑表决方式

(1) 表决(Voting)

指冗余系统中用多数原则将每个支路的数据进行比较和修正，从而最后确定结论的一种机理。

(2) 几种冗余逻辑表决方式

1oo1D(1 out of 1D)　　　1取1带诊断

1oo2(1 out of 2)　　　　2 取 1

1oo2D(1 out of 2D)　　　2 取 1 带诊断

2oo3(2 out of 3)　　　　3 取 2

2oo4D(2 out of 4)　　　 4 取 2 带诊断

① 二选一表决逻辑(1oo2)，如图 9-7(a)所示。正常状态下，A、B 状态为 1，只要 A、B 任一信号为 0，发生故障，表决器就命令执行器执行相应的动作，该表决方式适用于安全性较高的场合。

② 二选二表决逻辑(2oo2)，如图 9-7(b)所示。正常状态下，A、B 状态为 1，只有当 A、B 信号同时发生故障为 0 时，表决器才命令执行器执行相应的动作，该表决方式适用于安全性要求一般而可用性较高的场合；其特点是可以有效防止安全故障的发生，但系统有可能造成严禁故障的发生。

③ 三选一表决逻辑(1oo3)，如图 9-7(c)所示。正常状态下，A、B、C 状态为 1，只有当 A、B、C 任一信号发生故障为 0 时，表决器才命令执行器执行相应的动作。该表决方式适用于安全性很高的场合；其特点是它最有效地防止了严禁故障的发生，比 1oo2 方式更严格，但增加了安全故障发生的机会，它的安全故障发生率是单一系统的 3 倍。

④ 三选二表决逻辑(2oo3)，如图 9-8 所示。正常状态下，A、B、C 状态为 1，只有当 A、B、C 任两个组合信号同时为 0 发生故障时，表决器才命令执行器执行相应的动作，该表决方式适用于安全性、使用性高的场合。其特点是克服了二重化系统不辨真伪的缺陷，其可用性和安全性保持在合理的水平。

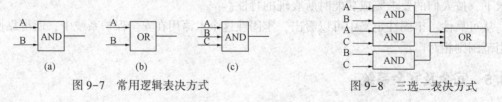

图 9-7　常用逻辑表决方式　　　　　　　　　图 9-8　三选二表决方式

9.4.7　冗错、冗错技术及冗错系统

① 冗错(Fault Tolerant)是指功能模块在出现故障或错误时，可以继续执行特定功能的能力。即冗错是指对失效的控制系统元件(包括软件和硬件)进行识别和补偿，并能够在继续完成指定的任务、不中断过程控制的情况下进行修复的能力。冗错是通过冗余和故障屏蔽(旁路)的结合来实现的。

② 冗错技术是发现并纠正错误，同时使系统继续正确运行的技术，包括错误检测和校正用的各种编码技术、冗余技术、系统恢复技术、指令复轨、程序复算、备件切换、系统重新复合、检查程序、论断程序等。

③ 冗错系统是对系统中的关键部件进行冗余备份，并且通过一定的检测手段，能够在系统内的软件和硬件故障时，切换到冗余部件工作，以保证整个系统能够不因这些故障而导致处理中断。在故障修复后，又能够恢复到冗余备份状态。具备此种能力的系统即为冗错系统。冗错系统又分为硬件冗错系统和软件冗错系统，硬件冗错系统在 ESD 系统中更有优势。

9.4.8 故障安全

故障安全是安全仪表系统在故障时按一个已知的方式进入安全状态。

故障安全是指 ESD 系统发生故障时，不会影响到被控过程的安全运行。ESD 系统在正常工况时处于励磁(得电)状态，故障工况时应处于非励磁(失电)状态。当发生故障时，ESD 系统通过保护开关将其故障部分断电，称为故障旁路或故障自保险，因而在 ESD 自身故障时，仍是安全的。

在设计安全停车系统时，有下列两种不同的安全概念：

① 故障安全停车：在出现一个或多个故障时，安全仪表系统立即动作，使生产装置进入一个预定义的停车工况，该 ESD 系统称为故障-安全(Fail-Safe)型系统。

② 故障连续工作：尽管有故障出现，安全仪表系统仍然按设计的控制策略继续工作，并不使装置停车，该 ESD 系统称为冗错(Fault-Tolerant)型系统。

9.4.9 故障性能递减

故障性能递减指的是在 ESD 系统 CPU 发生故障时，安全等级降低的一种控制方式。故障性能递减可以根据使用的要求通过程序来设定。

在 CPU 发生故障时，安全等级大降，但仍能保持一段时间的正常运行，此时必须在允许故障修复时间内修复，否则系统将出现停车。

9.5 Tricon 系统简介

Tricon 是美国 TRICONEX 公司生产的基于三重化模件冗余(TMR)结构的最先进的容错控制器，具有以下的特点：

① 其 CPU、输入输出卡件均采用三重化技术，对信号的处理采用"三取二"表决方式；

② 每一个分电路都和其他两个隔离，维修过程可在线更换有分电路故障的故障模件；

③ 用户界面友好直观，只需要将传感器和执行机构连接到相应的接线端，并应用一组逻辑编程，其余由 TRICON 自行管理。

Tricon 控制系统应用非常广泛，不仅在石油、化工中应用较广，而且在冶金、铁路等方面也得到广泛的应用。并且正在开拓新的应用领域如核电、交通及其他领域。

9.5.1 系统组成

Tricon 系统分为 Tricon 高密度系统和低密度系统，其主要区别为系统组态的模件数量的多少，具体地说，一个基本的 Tricon 系统包括以下的部件：

(1) 模件/卡件(Modular)

模件/卡件包括：电源、主处理器、通信、I/O。

Tricon 模件由装在一金属骨架内的电子元件所构成，可在现场方便地更换；每个槽位有一保护盖，当模件从机架上取下时，也不暴露任何部分或电路。Tricon 支持数字和模拟输入与输出信号，以及热电偶输入和多种通信能力。

① 电源卡件。位于机架左下方，负责把交流电压转换成 DC 电源，提供给各 Tricon 卡件

使用。每层机架有两个电源卡件，每一个电源都足以支持本层机架的全部电源需求。电源卡件可以在线更换，并可视作热备。电源卡件上部的背板上，有两类接线端，一类是系统接地选择的接线端(3个)，另一类是电源输入/报警连接用的接线端(12个)。

② 主处理器。Tricon 系统包含三个主处理器模块，每个模块是控制系统的独立的一路，并与其他两个主处理器并行工作。

每个主处理器上有一个专用的I/O通信处理器，用以管理在主处理器和I/O模块之间交换的数据。一条三重I/O总线位于机架的背板上，机架间通过I/O总线电缆连接；当每个输入模块被询问时，I/O总线的相应的一支就把新的输入数据汇成表存入主处理器内，并存入存储器以备用于硬件表决。

主处理器内的每一单个输入表通过TriBus传到其邻近的主处理器，在此传送过程中，完成硬件表决。TriBus利用一直接存储器存取可编程逻辑数据并对三个主处理器之间的数据进行同步、传送、表决以及比较。如果发现不一致，信号在两个表中是一致的，则对第三个表进行修正。每个主处理器把数据的必要的修正保持在当地存储器内；任何差异都被标识，并在扫描结束时被Tricon的内部故障分析器判断某一模件是否存在故障。

主处理器把修正过的数据送入控制程序。32位的主微处理器和相邻的主处理器模块一起并行执行控制程序。主处理器模块接受双电源供电，电源母线排列在主机架内。一个电源或电源母线出现故障不会影响系统性能。

Tricon 在没有外部电源的情况下，电池能完整地保持程序和保持性变量，至少可保持六个月。

③ I/O卡件。三重模件冗余(TMR)，保证了设备的容错能力，并且能在元部件出现硬件故障或者来自内部或外部来源的瞬态故障的情况下提供完好的不间断的控制。

每一个I/O卡件内都包容有三个独立的分电路。输入卡件上的每一分电路读取过程数据并将这些信息传送给它相应的主处理器。三个主处理器通过一个专用的被称作TriBus的高速总线系统通信。三重模件冗余(TMR)结构如图9-9所示。

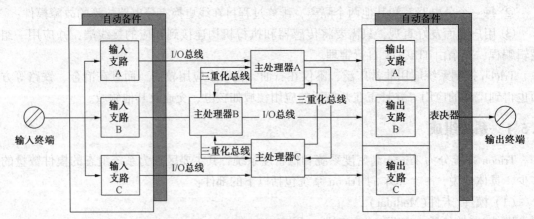

图9-9　Tricon 控制器的三重化结构

Tricon 控制器包括：输入终端、自动备件、输入支路、主处理器、输出支路、表决器、输出终端。

每扫描一次，主处理器都通过TriBus与其相邻的主处理器进行通信，达到同步。TriBus

表决数字输入数据、比较输出数据，并将模拟输入数据拷贝至各个主处理器。主处理器执行控制程序并把由控制程序所产生的输出送给输出模件。除对输入数据作表决之外，Tricon 在离现场最近的输出模件上完成输出数据的表决，使其尽可能地与现场靠近，以便检测出任何错误并予以修复。

对于每个 I/O 卡件，系统可以支持一个可选的热备卡件，如果装有备件，在运行中，如主卡件发生故障时，备件投入控制。热备位置也被用于系统的在线修理。Tricon 系统常用的 I/O 卡件有数字输入/输出卡件、模拟输入/输出卡件、热电偶输入、脉冲输入等。

④通信卡件。利用系统的通信模件，Tricon 可以和 Modbus 主机及从机，点对点网络通信上的其他 Tricon，在 802.3 网络上运行的其他主机，以及 Honeywell 和 Foxboro 分布控制系统(DCS)连接。主处理器通过通信总线向通信模件传递数据，数据通常每次扫描刷新一次，旧数据不会保留两次扫描时间。

Tricon 系统的主要通信模件有，增强型智能通信模件(EICM)、网络通信模件(NCM)、安全管理模件(SMM)、高速通道数据接口模件(HIM)、先进的通信模件(ACM)。

（2）机架（ChasESD）

Tricon Version 9 有三种形式的机架：主机架、扩展机架、远程机架。

A. 一个 TRICON 系统最多包含 15 个机架；

B. 主机架最多安装 6 个 I/O 模件组，主机架和扩展机架不超过 30m；

C. 每个扩展机架最多支持 8 个 I/O 组，主机架和远程机架不超过 12km。

① 主机架。主机架可以支持的模件有：两个电源模件、三个主处理器、通信模件(例如 ICM、NCM、ACM 或者 SMM)、I/O 模件(带热备)、通信模件(仅限于 2#扩展机架)。

每个机架具有不同的总线地址（1 到 15）；机架内的每个模件具有地址，由位置或槽位决定它的具体地址。主机架上有一个四位置的键开关，用以控制整个的 Tricon 系统。开关的设定为 RUN(运行)、PROGRAM(编程)、STOP(停止)和 REMOTE(远程)。

A. Run(运行)：不可对变量进行修改，应用程序处于只读状态，也不可做 Download All 或 Download Change。

B. Program：可写入变量，可做 Download All 或 Download Change。

C. Stop：停止读入输入值，对于输出，若有保留值，则保持；无保留值，则保持输出值全部回"0"。(可通过软件来屏蔽该位置)

D. Remote(远程)：允许外部上位机修改变量，但不能修改逻辑，不可做 Download All 或 Download Change。

② 扩展机架。扩展机架(机架 2 到 15)通过一个三重的 RS-485 双向通信口而和主机架连接。

（3）可编程工作站（Programmable Workstation）

Tricon 系统通过称作 Tristation 的工程及维护用的工作站进行编程。Tristation 1131 的开发平台运行环境是 Windows NT4.0 或更新的操作系统。Tristation 1131 支持三种遵循 IEC 1131-3 标准的编程语言：功能块语言，梯形图语言及结构文本语言。

Tristation 1131 用于以下方面：

① 开发和调试 Tricon 所执行的控制程序；

② 诊断系统的状态；

③ 回路检测和现场设备维护时强制点；

④ 若某一控制程序被开发完成，装载操作可将程序安装入控制器内并校验其是否能正确执行。

（4）现场端子板

对于 Tricon 机架的现场布线，可以使用 Triconex 供应的端子板组件，也可以用用户自己的能和 Tricon 面板接头相匹配的电缆组件。现场端子板是一块电气的无源电路板，现场布线可以很容易与该板连接。端子板只用以把输入信号从现场传输到输入模件或者把由输出模件产生的信号直接传给现场布线，因此可以使卸掉或更换输入或输出模件现场的线路不发生变动。

9.5.2 系统组态

Tricon 系统的组态软件是 Tristation 1131。其应用平台是 Windows NT、Windows XP。Tristation 1131 程序支持函数方块图（FBD）、梯形图（LD）、结构文本（ST）、因果矩阵（CEM）等四种语言。除了因果矩阵需要相应的专用软件，其他三种语言（FBD、LD、ST）完全符合 IEC1131-3 国际标准中的关于程序控制器程序语言的规定。

Tristation 1131 的特点：

① 使用语言编辑器可以开发和执行程序，例如：函数、函数块和数据类型；

② 从 IEC-自适应库（包括过程控制，火气函数）或者用户库中选择函数和函数块；

③ Tricon 系统可以配置每一种模块（卡件）；

④ Tricon 系统可以设置 SOE 功能，以方便查询；

⑤ 运用不同的"用户名"和"密码"权限等级，保护工程文件和程序；

⑥ 可以用仿真功能调试逻辑程序；

⑦ 程序逻辑、硬件设置、变量列表和主过程参数均可以打印出来；

⑧ 单用户的 Tricon 系统中可以执行 250 个程序项；

⑨ 通过控制面板可以显示系统参数和诊断信息。

9.5.3 Tricon 系统的特点

为了保证在任何时候系统都有最高的完整性，Tricon 有如下特点：

① 提供三重模件冗余结构，三个完全相同的分电路各自独立地执行控制程度。

② 耐受严酷的工业环境。能够现场安装，可以现场在线地进行模件级的安装和修复工作而不需打乱现场接线。

③ 支持多达 118 个 I/O 模件（模拟的和数字的）和选装的通信模件，通信模件可以与 Modbus 主机和从属机连接，或者和 Foxboro 与 Honeywell 分布控制系统（DCS）、其他在 Peer-to-Peer 网络内的各个 Tricon 以及在 TCP/IP 网络上的外部主机相连接。

④ 可以支持位于远离主机架 12km（7.5mile）以内的远程 I/O 模件。

⑤ 利用基于 Windows NT 系统的编程软件完成控制程序的开发及调试。

⑥ 在输入和输出模件内备有智能功能，减轻主处理器的工作负荷。每个 I/O 模件都有三个微处理器。输入模件的微处理器对输入进行过滤和修复，并诊断模件上的硬件故障。输出模件微处理器对输出数据的表决提供信息，通过输出端的反馈回路电压检查输出状态的有效性，并能诊断现场线路的问题。

⑦ 提供全面的在线诊断，并具有修理能力；可以在 Tricon 正常运行时进行常规维护而不中断控制过程。对 I/O 模块提供"热备"支持，可用在某些不能及时提供服务的关键场合。

习题及思考题

1. 紧急停车系统的定义是什么？
2. ESD 系统与 DCS 系统有哪些区别？
3. 紧急停车系统有哪些特点？
4. 简述 ESD 系统主要的通用安全标准，并进行比较。
5. 试说明容错技术、容错系统的含义。
6. 基本的 Tricon 系统主要由哪些部件组成？

附录1 加热炉测量点清单

序号	位号	信 号			趋 势 要 求					
		描 述	I/O	类型	量程	单位	报警要求	周期（s）	压缩方式和统计数据
1	PI102	原料加热炉烟气压力	AI	不配电4~20mA	-100~0	Pa	90%高报	1	低精度并记录
2	LI101	原料油储罐液位	AI	不配电4~20mA	0~100	%	100%高高报	2	低精度并记录
3	FI001	加热炉原料油流量	AI	不配电4~20mA	0~500	M³/h	跟踪值250高偏差40报警	60	低精度并记录
4	FI104	加热炉燃料气流量	AI	不配电4~20mA	0~500	M³/h	下降速度10%/s报警	60	低精度并记录
5	TI106	原料加热炉炉膛温度	TC	K	0~600	℃	上升速度10%/s报警	2	低精度并记录
6	TI107	原料加热炉辐射段温度	TC	K	0~1000	℃	10%低报	1	低精度并记录
7	TI102	反应物加热炉炉膛温度	TC	K	0~600	℃	跟踪值300高偏100低偏80报警	2	低精度并记录
8	TI103	反应物加热炉入口温度	TC	K	0~400	℃	跟踪值300高偏30低偏20报警	2	低精度并记录
9	TI104	反应物加热炉出口温度	TC	K	0~600	℃	90%高报	2	低精度并记录
10	TI108	原料加热炉烟囱段温度	TC	E	0~300	℃	下降速度15%/s报警	2	低精度并记录
11	TI111	原料加热炉热风道温度	TC	E	0~200	℃	上升速度15%/s报警	2	低精度并记录
12	TI101	原料加热炉出口温度	RTD	Pt100	0~600	℃	90%高报	1	低精度并记录
13	PV102	加热炉烟气压力调节	AO	正输出					
14	FV104	加热炉燃料气流量调节	AO	正输出					
15	LV1011	原料油罐液位A阀调节	AO	正输出					

序号	位号	信　号			趋 势 要 求				
		描　述	I/O	类型	量程	单位	报警要求	周期 (s)	压缩方式和 统计数据
16	LV1012	原料油罐液位 A 阀调节	AO	正输出					
17	KI301	泵开关指示	DI	NC			ON 报警	1	低精度并记录
18	KI302	泵开关指示	DI	NC			变化率大于 2s 报警，延时 3s	1	低精度并记录
19	KI303	泵开关指示	DI	NC				1	低精度并记录
20	KI304	泵开关指示	DI	NC				1	低精度并记录
21	KI305	泵开关指示	DI	NC				1	低精度并记录
22	KI306	泵开关指示	DI	NC				1	低精度并记录
23	KO302	泵开关操作	DO	NC				1	低精度并记录
24	KO303	泵开关操作	DO	NC				1	低精度并记录
25	KO304	泵开关操作	DO	NC				1	低精度并记录
26	KO305	泵开关操作	DO	NC				1	低精度并记录
27	KO306	泵开关操作	DO	NC				1	低精度并记录
28	KO307	泵开关操作	DO	NC				1	低精度并记录

附录2 流程图菜单命令一览表

菜 单 项		图标	功 能 说 明
文件	新建		建立新的流程图文件，并直接进入新的流程图制作界面
	打开		打开已存在的流程图文件
	保存		将已完成的流程图文件保存在硬盘上
	另存为		将修订后的文件内容以另外一个文件名保存
	退出		退出流程图制作软件
编辑	撤消		支持用户在编辑流程图时通过撤销(十次)来恢复前面的操作
	重复		支持用户在编辑流程图时通过重复(十次)来取消前面的撤销操作
	剪切		将作图区中用户指定区域的内容复制到剪切板内，同时删除该区域里的内容
	复制		将作图区中用户指定区域的内容复制到剪切板内。与编辑/剪切不同之处在于执行此命令后，被复制图形不会被删除
	粘贴		将剪切板中的最新内容(即最近一次剪切或复制的内容)复制到指定作图区中
	复制并粘贴		复制并粘贴流程图中的选取内容。该功能与连续使用复制和粘贴命令的效果相同
	全选		选取流程图作图区中的全部内容
	删除		删除流程图中选取的内容
查看	常用工具条		选中该选项(该选项前打勾)就在界面中相应位置显示常用工具条，否则隐藏
	对象工具条		选中该选项(该选项前打勾)就在界面中相应位置显示对象工具条，否则隐藏
	字体工具条		选中该选项(该选项前打勾)就在界面中相应位置显示字体工具条，否则隐藏
	填充工具条		选中该选项(该选项前打勾)就在界面中相应位置显示填充工具条，否则隐藏
	线型工具条		选中该选项(该选项前打勾)就在界面中相应位置显示线型工具条，否则隐藏
	调整工具条		选中该选项(该选项前打勾)就在界面中相应位置显示调整工具条，否则隐藏
	调色板		选中该选项(该选项前打勾)就在界面中相应位置显示调色板，否则隐藏
	状态条		选中该选项(该选项前打勾)就在界面中相应位置显示状态条，否则隐藏。
绘图对象	选择		选取图形
	直线		绘制直线
	直角矩形		绘制直角矩形(封闭曲线)

菜 单 项		图标	功 能 说 明
绘图对象	圆角矩形		绘制圆角矩形(封闭曲线)
	椭圆		绘制圆及椭圆(封闭曲线)
	多边形		绘制多边形(封闭曲线)
	折线		绘制折线
	曲线		绘制曲线
	扇形		绘制扇形(封闭曲线)
	弦形		绘制弦形(封闭曲线)
	弧形		绘制弧线
	管道		绘制立体管道
	文字		在流程图中键入文本内容
	时间对象		在流程图中插入一个时间显示框显示系统时间
	日期对象		在流程图中插入一个日期显示框显示系统日期
	动态数据		在流程图中设置动态数据显示框
	开关量		在流程图中设置动态开关
	命令按钮		在流程图中设置命令按钮
	位图对象		在流程图中插入位图对象
	Gif 对象		在流程图中插入 GIF 动画图片
	Flash 对象		在流程图中插入 Flash 动画图片
调整	组合		将两个或多个选中的图形对象组合成一个整体作为构成流程图的基本元素
	分解		将多个基本图形合成的复杂图象分解为原来的多个基本图形
	顶层显示		将当前选取对象显示在最上层

续表

菜 单 项		图标	功能说明
调整	底层显示		将当前对象显示在最底层
	提前		将当前选取对象提前一层显示
	置后		将当前对象置后一层显示
	左旋		将图形对象逆时针旋转 90 度
	右旋		将图形对象顺时针旋转 90 度
	水平翻转		将图形以选中框的垂直中线为轴线进行翻转，但所在位置不变
	垂直翻转		将图形以选中框的水平中线为轴线进行翻转，但所在位置不变
	自由旋转		可以将图形对象旋转任意角度
	自定义旋转		将图形对象旋转一指定角度
	渐变设置		对图形对象进行过渡色填充设置
	编辑端点		改变图形对象的形状
	自定义圆心角		用于设置图形对象的起始、终止角度或圆心角
	动态特性		用于设置图形的动态属性，即将图形与动态位号相连接，使图形随着位号的数值变化进行相应的动态变化
浏览位号	组态位号		查看控制站上的各 I/O 数据位号和二次计算变量位号
	浏览/替换位号		浏览本流程图中所选取的位号，并在对话框中完成位号的替换
调试	位号检查		检查流程图中已引入的位号有无错误
	仿真运行		流程图软件提供 _ VAL0、_ VAL1……_ VAL31 共 32 个虚拟位号。在流程图与控制站无连接的情况下，用户通过引用这些虚拟位号，可查看动态设置的效果
工具	画面属性		用于设置流程图画面属性，包括：窗口属性、背景图片、格线设置、提示设置、运行和仿真等五项
	统计信息		显示流程图绘制的统计信息，包括作图区中所有静态图形对象和其他控件等的个数
	模板窗口		进入模板库管理器对话窗口
	格线显示		显示或隐藏流程图绘制桌面背景格线
	画面刷新		刷新画面
	包含选中		选中框将对象全包含，才能选中
	相交选中		选中框与对象有接触，就能选中。
帮助	帮助主题		列出帮助主题
	关于 ScDrawEx		显示软件信息、版本、版权

附录3 操作按钮说明一览表

图标	名称	功能
	操作规程	说明控制系统操作规程。可根据工程实际进行修改
	系统服务	包含"报表后台打印"、"启动实时报警打印"、"报警声音更改"、"打开系统服务"等功能
	查找位号	快速查找 I/O 位号
	打印图标	打印当前的监控画面
	前页	在多页同类画面中进行前翻
	后页	在多页同类画面中进行后翻
	翻页	左击在多页同类画面中进行不连续页面间的切换；右击在任意画面中切换
	报警一览	显示系统的所有报警信息
	总貌画面	显示系统总貌画面
	分组画面	显示控制分组画面
	调整画面	显示调整画面
	趋势画面	显示趋势图画面
	流程图	显示流程图画面
	弹出式流程图	显示弹出式流程图
	报表画面	显示最新的报表数据
	数据一览	显示数据一览画面
	故障诊断	显示控制站的硬件和软件运行情况
	口令	改变 AdvanTrol 监控软件的当前登录用户以及进行选项设置

附录 4 RIO 型卡件

卡件名称	型　号	卡件说明	插件箱/卡件个数	连接方式
模拟 I/O 卡件	AAM10	电流/电压输入卡(简捷型)	AMN11、12/16	端子
	AAM11/11B	电流/电压输入卡/BRAIN 协议	AMN11、12/16	
	AAM12	mV、热电偶、RTD 输入卡	AMN11、12/16	
	APM11	脉冲输入卡	AMN11、12/16	
	AAM50	电流输出卡	AMN11、12/16	
	AAM51	电流/电压输出卡	AMN11、12/16	
	ACM80	多点控制模拟量 I/O 卡(8I/8O)	AMN34/2	连接器
继电器 I/O 卡件	ADM15R	继电器输入卡	AMN21/1	端子
	ADM55R	继电器输出卡	AMN21/1	
多点模拟 I/O 卡件	AMM12T	多点电压输入卡	AMN31、32/2	端子
	AMM22T	多点热电偶输入卡	AMN31、32/2	
	AMM32T	多点 RTD 输入卡	AMN31/1	
	AMM42T	多点 2 线制变送器输入卡	AMN31/1	
	AMM52T	多点电流输出卡	AMN31/1	
	AMM22M	多点 mV 输入卡	AMN31、32/2	
	AMM12C	多点电压输入卡	AMN32/2	连接器
	AMM22C	多点热电偶输入卡	AMN32/2	
	AMM25C	多点热电偶带 mV 输入卡	AMN32/2	
	AMM32C	多点 RTD 输入卡	AMN32/2	
数字 I/O 卡件	ADM11T	16 点接点输入卡	AMN31/2	端子
	ADM12T	32 点接点输入卡	AMN31/2	
	ADM51T	16 点接点输入卡	AMN31/2	
	ADM52T	32 点接点输入卡	AMN31/2	
	ADM11C	16 点接点输入卡	AMN32/4	连接器
	ADM12C	32 点接点输入卡	AMN32/4	
	ADM51C	16 点接点输入卡	AMN32/4	
	ADM52C	32 点接点输入卡	AMN32/4	
通信模件	ACM11	RS-232 通信模件	AMN33/2	连接器
	ACM12	RS-422/RS-485 通信模件	AMN33/2	端子
	ACF11	现场总线通信模件	AMN33/2	端子
	ACP71	Profibus 通信模件	AMN52/4	D-sub9 针连接器
通信卡件	ACM21	RS-232 通信卡件	AMN51/2	连接器
	ACM22	RS-422/RS-485 通信卡件	AMN51/2	端子
	ACM71	Ethernet 通信模件	AMN51/2	RJ-45 连接器

附录 5 FIO 型卡件

型　号	卡件说明	卡件 I/O 通道	连 接 方 式		
			压接端子	KS 电缆	MIL 电缆
AAI141	AI 卡（4~20mA，非隔离）	16	●	●	●
AAV141	AI 卡（1~5V，非隔离）	16	●	●	●
AAV142	AI 卡（−10~+10V，非隔离）	16	●	●	●
AAI841	AI/AO 卡（4~20mA I/O，非隔离）	8AI/8AO	●	●	●
AAB841	AI/AO 卡（1~5V AI/4~20mA　AO，非隔离）	8AI/8AO	●	●	●
AAV542	AO 卡（−10~+10V，非隔离）	16	●	●	●
AAI143	AI 卡（4~20mA，隔离）	16	●	●	●
AAI543	AO 卡（4~20mA，隔离）	16	●	●	●
AAV144	AI 卡（−10~+10V，隔离）	16	●	●	●
AAV544	AO 卡（−10~+10V，隔离）	16	●	●	●
AAT141	TC/mV 输入卡（TC：JIS R，J，K，E，T，B，S，N/mV：−100~150mV，隔离）	16	●	—	●
AAR181	RTD 输入卡（RTD：JIS PT100，隔离）	12	●	●	●
AAI135	AI 卡（4~20mA，通道隔离）	16	●	●	●
AAI835	AI/AO 卡（4~20mA I/O，通道隔离）	4AI/4AO	●	●	●
AAT145	TC/mV 输入卡（TC：JIS R，J，K，E，T，B，S，N/mV：−100~150mV，通道隔离）	16		●	
AAR145	RTD/POT 输入卡（RTD：JIS PT100/POT：0~10kΩ，通道隔离）	16		●	
AAP135	脉冲输入卡（0~10kHz，通道隔离）	16	●	●	●
AAP149	兼容 PM1 脉冲输入卡（0~6kHz，通道隔离）	16	—	●	—
ADV151	DI 卡（24VDC，4.1mA）	32	●	●	●
ADV551	DO 卡（24VDC，100mA）	32	●	●	●
ADV141	DI 卡（100~120VAC，4.7mA）	16	●	●	—
ADV142	DI 卡（220~240VAC，6.2mA）	16	●	●	—
ADV157	DI 卡（24VDC，4.1mA，仅支持端子型）	32	●	—	—
ADV557	DO 卡（24VDC，100mA，仅支持端子型）	32	●	—	—
ADV161	DI 卡（24VDC，2.5mA）	64	—	●	●
ADV561	DO 卡（24VDC，100mA）	64	—	●	●
ADR541	继电器输出卡（24~110VDC/100~240VAC）	16	●	●	—
ADV859	兼容 ST2 数字输入/输出卡（通道隔离）	16DI/16DO	—	●	—

续表

型　号	卡件说明	卡件 I/O 通道	连接方式		
			压接端子	KS 电缆	MIL 电缆
ADV159	兼容 ST3 数字输入卡(通道隔离)	32	—	●	—
ADV559	兼容 ST4 数字输出卡(通道隔离)	32	—	●	—
ALR111	RS-232C 通信卡	2 端口	—	●	—
ALR121	RS-442/RS-485 通信卡	2 端口	—	●	—
ALE111	Ethernet 通信卡	1 端口	—	●	—
ALF111	Foundation 现场总线通信卡	4 端口	●	●	—
ALP111	PROFIBUS-DPV1 通信卡	1 端口	—	●	—
ASI133	带内置安全栅 AI 卡(4~20mA, 隔离)	8	●	—	—
ASI533	带内置安全栅 AO 卡(4~20mA, 隔离)	8	●	—	—
AST143	带内置安全栅 TC/mV 输入卡(TC：JIS R, J, K, E, T, B, S, N/mV：-100~150mV, 通道隔离)	16	●	—	—
ASR133	带内置安全栅 RTD/POT 输入卡(RTD：JIS PT100/POT：0~10kΩ, 通道隔离)	8	●	—	—
ASD143	带内置安全栅 DI 卡(兼容 NAMUR, 隔离)	16	●	—	—

参 考 文 献

[1] 常慧玲．集散控制系统应用．北京：化学工业出版社，2011

[2] 赵众，冯晓东．孙康．集散控制系统原理及其应用．北京：电子工业出版社，2007.

[3] 曲丽萍，白晶．集散控制系统及其应用实例．北京：化学工业出版社，2007

[4] 吴晓帆．集散型计算机控制系统的原理与应用．广州：华南理工大学出版社，2001

[5] 申忠宇，赵瑾．基于网路的新型集散控制系统．北京：化学工业出版社，2009

[6] 周荣富，陶文英．集散控制系统．北京：北京大学出版社，2011

[7] 浙大中控技术股份有限公司．WebField JX-300XP 教程，2009

[8] 浙大中控技术股份有限公司．WebField JX-300XP 系统硬件使用手册，2005

[9] 浙大中控技术股份有限公司．AdvanTrol-Pro 系统软件使用手册，2005

[10] 浙大中控技术股份有限公司．WebField ECS-700 硬件组态软件使用手册，2005

[11] 浙大中控技术股份有限公司．WebField ECS-700 系统结构组态软件使用手册，2005

[12] 浙大中控技术股份有限公司．WebField ECS-700 位号组态软件使用手册，2005

[13] 孙洪程，翁维勤，魏杰．过程控制系统及工程．北京：化学工业出版社，2010

[14] 横河公司．CENTUM CS 3000 系统技术资料，2005

[15] 《石油化工仪表自动化培训教材》编写组．集散控制系统及现场总线．北京：中国石化出版社，2010

[16] 《石油化工仪表自动化培训教材》编写组．安全仪表控制系统(SIS)．北京：中国石化出版社，2009

[17] Foxboro 公司．I/A Series 系统简介，2006

[18] 何衍庆，俞金寿．集散控制系统原理及应用．北京：化学工业出版社，2001

[19] 张雪申，叶西宁．集散控制系统及其应用．北京：机械工业出版社，2006

[20] 王树青，赵鹏程．集散型计算机控制系统(DCS)．浙江：浙江大学出版社，2002

[21] 张培仁，杜洪亮．CAN 现场总线监控系统原理和应用设计．北京：中国科学技术大学出版社，2011

[22] 赵新秋．工业控制网络技术．北京：中国电力出版社，2009

[23] 邬宽明．集散控制系统原理和应用系统设计．北京：北京航空航天大学出版社，2002

[24] 赵瑾．CENTUM CS1000 集散控制系统．北京：化学工业出版社，2001

[25] 何衍庆，黄海燕，黎冰．集散控制系统原理及应用．北京：化学工业出版社，2009

[26] 袁任光．集散型控制系统应用技术与实例．北京：机械工业出版社，2003

[27] 凌志浩．DCS 与现场总线控制系统．上海：华东理工大学出版社，2008

[28] 阳宪惠，现场总线技术及其应用．北京：清华大学出版社，2011

[29] 刘国海，集散控制与现场总线．北京：机械工业出版社，2006

[30] 李正军，现场总线及其应用技术．北京：机械工业出版社，2005

[31] 周泽魁．控制仪表与计算机控制装置．北京：化学工业出版社，2002

[32] 李梅喜，周丙涛，张韶煜．计算机控制技术．北京：中国石化出版社，2007